Projektive und analytische Schulgeometrie

Ein Lehr- und Übungsbuch für die Oberklassen

von

Rudolf Böger

Mit 184 Figuren

Leipzig
G. J. Göschen'sche Verlagshandlung
1910

Druck von E. Haberland, Leipzig-R.

Vorwort.

Das vorliegende Lehrbuch ist eine Erweiterung meines Leitfadens: Elemente der Geometrie der Lage, zweite Auflage, Göschen, Leipzig 1910, und hat wie dieser den Zweck, für die projektive Geometrie zu werben und zwar für die projektive Geometrie im Staudtschen Sinn: die Geometrie der Lage.

Daß die Bestrebungen, die Schule für die Geometrie der Lage zu gewinnen, bisher keine größere werbende Kraft gezeigt haben, hat nach meiner Meinung seinen Grund zum Teil darin, daß die in dieser Richtung unternommenen Versuche entweder zu kühn oder zu zaghaft waren: zu kühn, indem sie die projektive Geometrie losgelöst von der bisherigen Schulgeometrie darstellten oder zu zaghaft, indem sie die neuen Sätze mit den alten Hilfsmitteln beweisen wollten. Die Versuche der letzten Art führen nicht zum Ziel, weil der Wert der projektiven Geometrie für die Schule nicht auf dem Inhalt ihrer Sätze, sondern auf ihrem Beweisverfahren beruht; die Versuche der ersten Art nicht, weil bei der Fremdartigkeit des neuen Beweisverfahrens die Einführung der projektiven Geometrie als ein allzugroßes Wagnis empfunden wird.

Wenn also die projektive Geometrie nicht, ohne Schaden zu nehmen, der Planimetrie genähert werden kann und auf der andern Seite der bisherige Abstand beider zu groß ist, so muß man die Annäherung im entgegengesetzten Sinn versuchen, d. h. man muß die Planimetrie der projektiven Geometrie anpassen. Dieser Weg ist auch aus innern Gründen der richtige; denn die Geometrie der Lage schreitet vom Allgemeinen zum Besondern vor und kann daher der Planimetrie, die den entgegengesetzten Weg geht, überall das Ziel zeigen, sie von der Last unfruchtbarer Sätze befreien und ihren Beweisen allgemeine Gültigkeit geben.

Im folgenden ist daher erstrebt, das Alte dem Neuen zu nähern und ein Buch zu schaffen, das auch da benutzt werden kann, wo die Geometrie der Lage noch nicht gelehrt wird und das gleichwohl dem Lehrer die Möglichkeit bietet, jederzeit einen je nach Neigung größeren oder kleineren Schritt auf das Gebiet der projektiven Geometrie zu wagen. Im einzelnen ist der Inhalt des Buches, das die Lehre von den Kegelschnitten in synthetischer, projektiver und analytischer Darstellung gibt, der folgende.

Die Lehre von den Doppelverhältnissen, der für die Obersekunda bestimmte Teil, gibt die Projektionssätze in planimetrischer Darstellung, aber unter Festhaltung des Sinns und in einer auf die späteren Anwendungen vorbereitenden Sprache; sie endigt mit der Betrachtung der gleichseitigen Hyperbel und einer vorläufigen Zeichnung der Kegelschnitte.

Parabel, Ellipse, Hyperbel werden dann, ebenfalls in planimetrischer Darstellung, in der Unterprima behandelt. Auch hier bilden überall die allgemeinen Methoden der Geometrie der Lage die Richtschnur für die Auswahl der Sätze und fast überall sind die Konstruktionen nichts anderes als für die planimetrische Darstellung geeignete besondere Fälle der allgemeinen Konstruktionen der Geometrie der Lage.

Darauf folgt die Geometrie der Lage in Staudtscher Darstellung, also als selbständige Wissenschaft, losgelöst von der Geometrie des Maßes. Weil für diese Darstellung Vorkenntnisse nicht erforderlich sind, findet an dieser Stelle noch mancher Schüler, der Tertiamängel trotz erwachender Reife nicht zu überwinden vermochte, Vertrauen zu seinen mathematischen Fähigkeiten. Bedingung ist nur, daß die Konstruktion, die im Grunde allein in diesem Abschnitte verwandt wird$^{(56_5)}$, beim ersten Anlauf durch unermüdliches Üben sicherer Besitz aller Schüler wird. Die Freude am Zeichnen, die eigentlich allen Schülern innewohnt, erleichtert hier wie überall in der Geometrie der Lage den Erfolg.

Aus den Konstruktionen der Geometrie der Lage fließen die Maßbeziehungen des folgenden Kapitels, die wiederum durch Anwendung eines einzigen Satzes$^{(79_1)}$ gewonnen werden. Man kann diesen Abschnitt in größerer oder geringerer Vollständigkeit entweder als Vorbereitung zur analytischen Geometrie oder auch als Bestandteil der analytischen Geometrie behandeln.

Das vierte Kapitel enthält die analytische Geometrie, deren Darstellung ebenfalls durch Projektionssätze, im besondern durch die Auffassung des Richtungskoeffizienten als eines Verhältnisses zweier Projektionen$^{(99)}$ beherrscht wird. Der letzte Paragraph lehrt die Zeichnung der Kegelschnitte mit Hilfe des Krümmungskreises.

Hinzugefügt sind 222 Ortsaufgaben, so daß das Buch nicht bloß als Lehr-, sondern auch als Übungsbuch dienen kann. Diese Aufgaben, die durch Betrachtungen der Geometrie der Lage in beliebiger Zahl gewonnen werden, eignen sich gleichzeitig für die analytische Lösung und haben den Vorzug, daß es zu ihrer Lösung keines Kunstgriffes bedarf. Erleichtert wird die analytische Lösung, wenn man zunächst aus der vorangeschickten rein-geometrischen Lösung durch die Sätze des vierten Kapitels über Maßbeziehungen die Gleichung ableitet. Es hat also jede Aufgabe eigentlich drei Lösungen: die rein-geometrische, die analytisch-geometrische und die diese beiden verknüpfende projektiv-geometrische Lösung. Als Beispiele für diese drei Lösungsarten (Nr. 107; 121; 128; 139; 140) sind verwickeltere Aufgaben gewählt, damit an ihnen möglichst viele Einzelheiten gezeigt werden konnten. Man wird auf die ersten Aufgaben, einerlei ob man mit den Aufgaben über die Gerade oder gleich mit den Aufgaben über die Parabel beginnt, viel Zeit verwenden, damit die Schüler die neuen Betrachtungen sich ganz zu eigen machen. Haben sie das getan, so gibt ihnen fast jede Aufgabe Anlaß zu selbständigen Bemerkungen und sehr bald begnügen sie sich nicht mehr mit dem Lösen der ihnen gestellten Aufgaben, sondern bilden selbständig neue. Ein ansehnlicher Teil der hier gebotenen Aufgaben stammt von meinen Schülern.

Nur das Besondere ist mannigfaltig; das Allgemeine ist stets einfach und kann vom Schüler beherrscht werden. Da es sich nun in der projektiven Geometrie immer nur darum handelt, im Besondern das Allgemeine zu sehen, so wird jedes Ergebnis in der projektiv-geometrischen Unterrichtsstunde von Lehrer und Schüler gemeinsam erarbeitet, während es in der Planimetrie dem Schüler vom Lehrer gegeben wird. Der Lehrer hat also nicht Zuhörer, sondern Mitarbeiter; und weil es der Vorzug der Jugend ist, jede im Bereich ihrer Kräfte liegende Aufgabe, die ihr zu selbständiger Betätigung Spielraum gibt, mit Lust und Eifer zu ergreifen, so hat der Lehrer nicht anzuspornen, sondern zu zügeln.

Es steht daher, nach der Erfahrung zweier Jahrzehnte, für mich fest: Wer den ersten Schritt auf dem neuen Wege getan hat, wird weitere tun und bei jedem weiteren Schritt der projektiven Geometrie einen größeren Wert für die Schule beimessen.

Hamburg 24, im Dezember 1909.

Rudolf Böger.

Inhalt.

Kapitel I. Lehre von den Doppelverhältnissen.

Kapitel II. Synthetische Geometrie.

Kapitel III. Geometrie der Lage.

Kapitel IV. Maßbeziehungen.

Kapitel V. Analytische Geometrie.

Obersekunda.

Kapitel I. Lehre von den Doppelverhältnissen.

§ 1. Harmonischer Wurf.

1. Uneigentliche Punkte. Eine Gerade hat mehr Punkte, als wir zählen können; sie hat unzählig oder unendlich viele Punkte. Ebenso hat ein Strahlenbüschel unendlich viele Strahlen. Verbinden wir sämtliche Punkte einer Gerade s mit einem außerhalb der Gerade liegenden Punkte S, so erhalten wir sämtliche Strahlen von S bis auf den einen u, der der Gerade s parallel ist. Die Zahl der Strahlen eines Punktes ist mithin um eins größer als die Zahl der Punkte einer Gerade. Wir dürfen also nicht sagen: Jeder Strahl des Büschels S schneidet die Gerade s, sondern müssen hinzufügen: bis auf einen u, der der Gerade parallel ist. Dieser Strahl u nimmt aber, wie wir im folgenden sehen werden, keine Ausnahmestellung ein; wir wollen deswegen den lästigen Zusatz umgehen, indem wir der Gerade s noch einen Punkt, den wir zum Unterschied von den übrigen den uneigentlichen nennen wollen, beilegen. Da dieser uneigentliche Punkt, in dem nach unserer neuen Ausdrucksweise der parallele Strahl die Gerade s schneidet, von jedem eigentlichen Punkt der Gerade unendlich weit entfernt ist, so nennen wir ihn auch den unendlich fernen Punkt der Gerade.

Der Grundsatz: Durch einen (eigentlichen) Punkt kann man zu einer Gerade eine und nur eine Parallele ziehen, lautet jetzt: Jede Gerade, die durch einen eigentlichen Punkt geht, hat einen und nur einen uneigentlichen (unendlich fernen) Punkt. — Aus diesem Grundsatz folgt, daß alle uneigentlichen (unendlich fernen) Punkte der Ebene in einer Gerade, der uneigentlichen (unendlich fernen) Gerade o der Ebene, liegen. Denn lägen sie in einer anderen Linie, so könnten wir zwei Punkte dieser Linie verbinden und somit eine Gerade mit zwei uneigentlichen Punkten zeichnen.

In Zukunft sprechen wir also nicht mehr von parallelen Geraden, sondern von solchen, die durch denselben Punkt der uneigentlichen Gerade o gehen oder, was dasselbe sagt, die sich in einem uneigentlichen Punkte schneiden.

2. Strecken. 1. Zwei Strecken unterscheiden sich durch ihre Größe, ihre Richtung und, wenn sie in derselben Gerade oder in zwei parallelen Geraden liegen, durch ihren **Sinn.** Solche Größen, die wie die Strecken durch Größe, Richtung, Sinn bestimmt werden, heißen Vektorgrößen (in der Physik z. B. Weg, Geschwindigkeit, Beschleunigung, Kraft). — Den Sinn unterscheidet man in der Geometrie des Maßes durch das positive und das negative Vorzeichen, so daß ist

$$AB = -BA \quad \text{oder} \quad AB + BA = 0.$$

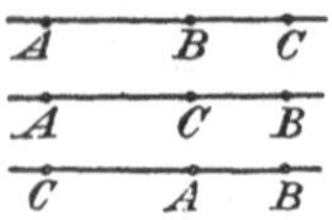

Fig. 1.

2. Sind ABC drei Punkte einer Gerade, so ist, wie auch ihre Lage sein mag (Fig. 1),

$$AB + BC = AC \quad \text{oder} \quad AB + BC + CA = 0.$$

3. Aus $AB = AC$ folgt, daß C in B fällt.

4. Aus $AB = -AC$ oder $AB + AC = 0$ folgt, daß A die Mitte von BC ist.

3. Winkel. 1. Ein Punkt kann sich in einer Gerade in zweierlei Sinn $^{(2_1)}$ bewegen; eine Gerade kann sich um einen Punkt in zweierlei Sinn drehen: entweder mit der Sonne [dem Uhrzeiger] oder gegen die Sonne [den Uhrzeiger]. — Durch zwei Punkte wird eine Strecke gebildet; durch zwei Strahlen ein Winkel. Zwei Strecken, die in verschiedenen Geraden liegen, können wir nur in ihrer Größe vergleichen, nicht aber in ihrem Sinn; zwei Winkel dagegen können wir, auch wenn sie verschiedene Scheitel haben, sowohl ihrer Größe als auch ihrem Sinn nach vergleichen. Wir unterscheiden daher zweierlei Arten gleicher Winkel: solche mit gleichem Sinn und solche mit ungleichem Sinn, und schreiben, je nachdem zwei gleiche Winkel ab und $a_1 b_1$ denselben oder entgegengesetzten Sinn haben,

$$ab = a_1 b_1 \quad \text{oder} \quad ab = b_1 a_1 .$$

Wir setzen nun fest, daß alle Winkel stets in demselben Sinn (also entweder stets mit dem Uhrzeiger oder stets gegen den Uhrzeiger) gemessen werden sollen. Unter dieser Festsetzung gelten die Sätze:

2. Aus $ab = a_1 b_1$ folgt $ba = b_1 a_1$.
3. Ist a parallel a_1 und m eine beliebige Gerade, so ist $am = a_1 m$ und $ma = ma_1$.
4. Aus $am = a_1 m$ (oder aus $ma = ma_1$) folgt a parallel a_1.
5. Aus $am = ma_1$ folgt, daß die Geraden $a m a_1$ ein gleichschenkliges Dreieck mit der Grundlinie m bilden.
6. Winkel mit parallelen Schenkeln sind gleich, d. h. aus a parallel a_1 und b parallel b_1 folgt $ab = a_1 b_1$ und $ab_1 = a_1 b$.

7. Winkel, deren Schenkel aufeinander senkrecht stehen, sind gleich, d. h. aus a senkrecht auf a_1 und b senkrecht auf b_1 folgt $ab = a_1 b_1$ und $ab_1 = a_1 b$.

8. Allgemein: Winkel, deren Schenkel gleiche Winkel miteinander bilden, sind gleich, d. h. aus $aa_1 = bb_1$ folgt $ab = a_1 b_1$.

9. Sind SS_1AB vier Kreispunkte, so ist, wenn wir S(A); S(B); S_1(A); S_1(B) durch a; b; a_1; b_1 bezeichnen, nach dem planimetrischen Satz über Peripheriewinkel, welches auch die Lage der vier Punkte zueinander ist,

$$aa_1 = bb_1 \quad \text{und} \quad ab = a_1 b_1 .$$

10. Umkehrung. Ist Winkel $ab = a_1 b_1$, so bilden die vier Schnittpunkte ab; $a_1 b_1$; aa_1; bb_1 die Ecken eines Kreisvierecks.

4. Teilpunkte. 1. Liegt der Punkt X in der Verbindungslinie AB, so nennen wir X den Teilpunkt der Strecke AB; durch ihn entstehen die Teilstrecken XA und XB. — (Bei der Bezeichnung der Teilstrecken wollen wir immer den Teilpunkt voransetzen.) —

2. Das Verhältnis, in dem der Punkt X die Strecke AB teilt, ist $XA : XB$. Dies Verhältnis, das wir ein einfaches nennen wollen, ist negativ, wenn der Punkt X die Strecke AB innen teilt; positiv, wenn er die Strecke außen teilt. Denn im ersten Fall haben die Teilstrecken ungleichen, im zweiten gleichen Sinn.

3. Zusatz. Jede Strecke wird durch ihren Mittelpunkt nach dem Verhältnis -1 geteilt $^{(2_4)}$. —

Der uneigentliche Punkt F_1 einer Gerade teilt jede in der Gerade liegende Strecke AB nach dem Verhältnis $+1$; denn

$$\frac{F_1 A}{F_1 B} = \frac{F_1 B + BA}{F_1 B} \overset{(2_9)}{=} 1 + \frac{BA}{F_1 B} = 1 + 0 = 1 .$$

Der Endpunkt A teilt die Strecke AB nach dem Verhältnis $AA : AB = 0$; der Endpunkt B teilt sie nach dem Verhältnis $BA : BB = \infty$.

Ist ein Endpunkt der Strecke AB ein uneigentlicher Punkt, so ist das Verhältnis, in dem ein beliebiger eigentlicher Punkt die Strecke teilt, gleich ∞ oder gleich 0, je nachdem A oder B der uneigentliche Punkt ist.

4. Ein Verhältnis kann gegeben sein durch zwei Strecken p und q (von gleichem oder ungleichem Sinn) oder durch eine (positive oder negative) Zahl ε. —

Aufgabe. Eine Strecke AB nach einem gegebenen Verhältnis $p : q[\varepsilon]$ zu teilen.

Lösung. Wir ziehen von B aus beliebig die Strecke BB $= q$ (Fig. 2) und durch A die parallele Strecke AA $= p$. Die Verbindungslinie AB schneidet AB in dem gesuchten Teilpunkte X. —

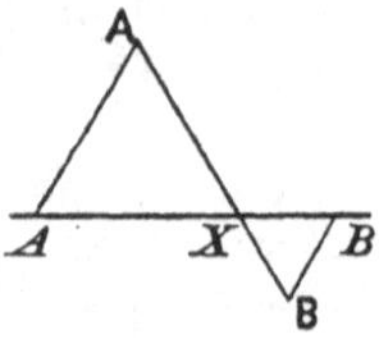

Fig. 2.

Ist das Verhältnis nicht durch $p:q$, sondern durch die Zahl ε gegeben, so ist $B\mathsf{B}$ beliebig und $A\mathsf{A} = \varepsilon \cdot B\mathsf{B}$ zu nehmen. — Haben p und q gleiche [ungleiche] Vorzeichen oder ist ε positiv [negativ], so müssen $A\mathsf{A}$ und $B\mathsf{B}$ gleichen [ungleichen] Sinn haben.

5. Lehrsatz. Zwei Punkte, die eine Strecke nach demselben Verhältnis teilen, fallen zusammen.

Beweis. Teilt X die Strecke AB nach demselben Verhältnis wie X', so ist $XA:XB = X'A:X'B$; folglich [(2_2)]

$$\frac{XB+BA}{XB} = \frac{X'B+BA}{X'B}; \quad 1+\frac{BA}{XB} = 1+\frac{BA}{X'B}; \quad \frac{BA}{XB} = \frac{BA}{X'B};$$

folglich $XB = X'B$; folglich fällt X' in X [(2_3)].

5. Einfaches Verhältnis. 1. Einen Punkt A aus dem Punkt S, dem Perspektivitätspunkt, auf die Gerade s_1 projizieren heißt: den Punkt A_1 zeichnen, in dem die Verbindungslinie SA die Gerade s_1 schneidet. Die Verbindungslinie SA heißt Projektionsstrahl (Bei der Bezeichnung eines Projektionsstrahls wollen wir immer den Perspektivitätspunkt voransetzen); A_1 heißt die Projektion von A. Da sich A auch als Projektion von A_1 auffassen läßt, so hat man noch einen gemeinsamen Namen für beide Punkte: A und A_1 heißen homologe Punkte. — Man projiziert eine Strecke AB aus dem Punkte S auf die Gerade s_1, indem man die Projektionen A_1 und B_1 der Endpunkte A und B zeichnet. Die Projektion der Strecke AB ist A_1B_1 (und nicht B_1A_1).

2. Projiziert man drei in einer Gerade liegende Punkte ABX (Fig. 3) aus einem uneigentlichen Punkt (also durch parallele Strahlen [(1)]) auf eine beliebige Gerade s_1, so ist

$$\frac{X_1A_1}{X_1B_1} = \frac{XA}{XB}.$$

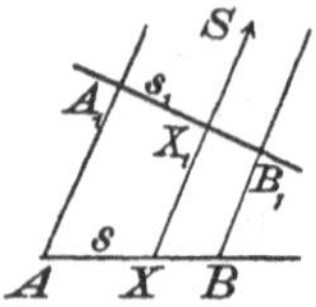

Fig. 3.

Lehrsatz. **Beim Projizieren aus einem uneigentlichen Punkt auf eine beliebige Gerade bleibt das** einfache **Verhältnis** [(4_2)] **unverändert.**

3. Zusatz. Sind $ABXY$ vier Punkte einer Gerade, so ist auch

$$\frac{A_1B_1}{X_1Y_1} = \frac{AB}{XY}. \text{ —}$$

Der Satz bleibt auch richtig, wenn AB und XY nicht in derselben, sondern in zwei parallelen Geraden liegen, schließlich auch, wenn A_1B_1 und X_1Y_1 in zwei parallelen Geraden liegen. — Ist $AB = XY$, so ist immer auch $A_1B_1 = X_1Y_1$.

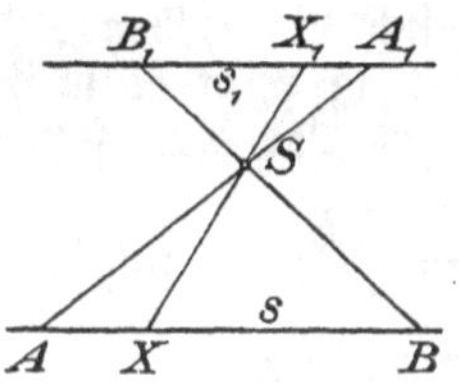

Fig. 4.

4. Projiziert man drei in einer Gerade liegende Punkte ABX (Fig. 4) aus einem **eigentlichen** Punkt auf eine AB parallele Gerade s_1, so ist ebenfalls

$$\frac{X_1A_1}{X_1B_1} = \frac{XA}{XB}.$$

Lehrsatz. **Beim Projizieren aus einem eigentlichen Punkt auf eine parallele Gerade bleibt das einfache Verhältnis unverändert.**

5. Zusatz. Sind $ABXY$ vier Punkte einer Gerade, so ist auch $A_1B_1 : X_1Y_1 = AB : XY$.

6. Projiziert man die Strecke AB aus einem eigentlichen Punkt S auf eine AB parallele Gerade s_1, so ist (Fig. 4)

$$\frac{A_1B_1}{AB} = \frac{SA_1}{SA} = \frac{SB_1}{SB}.$$

Lehrsatz. **Zwei Parallelen verhalten sich wie ihre Projektionsstrahlen** $^{(5_1)}$.

7. Anmerkung. Bei Festhaltung der in Nr. 5_1 festgesetzten Bezeichnungsweise sind die angegebenen Gleichungen auch dem Sinn (dem Vorzeichen) nach richtig, welche Lage auch S, AB, s_1 zueinander haben mögen.

6. **Produkte von Strecken.** 1. Den planimetrischen Satz, daß die Höhe eines rechtwinkligen Dreiecks die mittlere Proportionale zu den Abschnitten der Hypotenuse ist, sprechen wir aus in dem

Lehrsatz. Das Produkt aus den Abschnitten der Hypotenuse ist gleich dem negativen Quadrat der Höhe.

Fig. 5.

Beweis. Wir legen den Abschnitten der Hypotenuse BC des rechtwinkligen Dreiecks ABC (Fig. 5) einen bestimmten Sinn bei, indem wir festsetzen, daß der Fußpunkt D der Höhe bei der Bezeichnung der Abschnitte vorangesetzt werden soll. — Ist nun M die Mitte von BC, also $^{(2_4)}$ $MB + MC = 0$, so ist die Mittellinie MA nach einem bekannten planimetrischen Satz gleich der halben Hypotenuse, so daß wir haben

$$DB \cdot DC = (DM + MB)(DM + MC) \overset{(2_3)}{=} DM^2 + DM(MB + MC)$$
$$+ MB \cdot MC = DM^2 - MB^2 \overset{(2_4)}{=} DM^2 - MA^2 = -DA^2.$$

Dieser Satz ist ein besonderer Fall des folgenden.

2. Lehrsatz. Das Produkt aus den Abschnitten einer Dreiecksseite ist gleich dem negativen Produkt aus der zugeordneten Höhe und ihrem unteren Abschnitt.

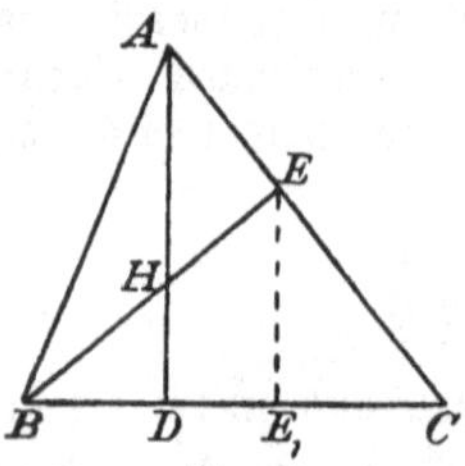

Fig. 6.

Beweis. Schneiden sich die Höhen AD und BE des Dreiecks ABC (Fig. 6) in H, so ist, wenn wir von E auf BC das Lot EE_1 fällen,

$$\frac{E_1E}{DA}=\frac{CE_1}{CD} \text{ und } \frac{E_1E}{DH}=\frac{BE_1}{BD}^{(5_6)}; \text{ folglich}$$

$$\frac{E_1E^2}{DA\cdot DH}=\frac{E_1B\cdot E_1C}{DB\cdot DC};$$

folglich $DB\cdot DC=-DA\cdot DH^{(6_1)}$.

3. **Lehrsatz.** Ein Kreis schneidet auf den Strahlen eines Punktes Längen ab, deren Produkt konstant ist.

Beweis. Schneidet ein Strahl des Punktes S den Kreis in A und A_1 (Fig. 7), so wollen wir SA und SA_1 die vom Kreis abgeschnittenen Längen nennen und ihnen einen Sinn dadurch beilegen, daß wir den Punkt S voransetzen. Ist M die Mitte der Sehne AA_1, also die Verbindungslinie von M mit dem Kreismittelpunkte O senkrecht zu AA_1, so ist

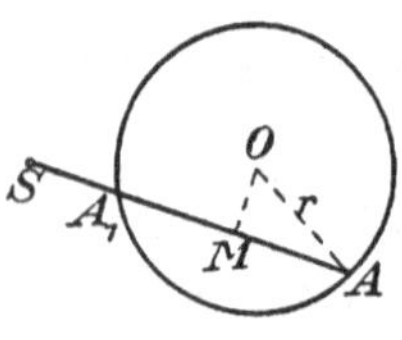

Fig. 7.

$$\begin{aligned} SA\cdot SA_1 &= (SM+MA)(SM+MA_1)^{(2_2)}\\ &= SM^2+SM(MA+MA_1)+MA\cdot MA_1\\ &= SM^2-MA^{2\,(2_4)}=SO^2-MO^2-MA^2\\ &= SO^2-r^2. \end{aligned}$$

Da die rechte Seite nur von der Entfernung des Punktes S vom Mittelpunkt und vom Kreishalbmesser r, nicht aber von der Lage des durch S gehenden Strahles abhängig ist, so würden wir für einen zweiten durch S gehenden Strahl denselben Wert erhalten.

4. **Umkehrung.** Ist für zwei Strecken AA_1 und BB_1, die sich in S schneiden, $SA\cdot SA_1=SB\cdot SB_1$, so sind AA_1BB_1 die Ecken eines Kreisvierecks. — Denn schneidet der durch A; A_1; B gelegte Kreis die Strecke BB_1 zum zweiten Male in B_1', so ist

$$SB\cdot SB_1'=SA\cdot SA_1{}^{(6_3)}=SB\cdot SB_1, \text{ folglich } SB_1'=SB_1,$$

folglich B_1' in B_1 $^{(2_3)}$.

5. **Zusatz.** SO^2-r^2 oder $SA\cdot SA_1$ nennt man die Potenz des Punktes S in bezug auf den Kreis. Diese Potenz ist positiv oder negativ oder Null, je nachdem der Punkt außerhalb oder innerhalb der Kreislinie oder in der Kreislinie liegt.

6. **Lehrsatz** (angewendet in Nr. 43_1). Fällt man vom Höhenschnittpunkt H des Dreiecks ABC (Fig. 8) auf die Mittellinie AM das Lot HK, so ist

$$MK\cdot MA=MB^2.$$

Beweis. Weil $MDHK$ ein Kreisviereck ist $^{(3_{10})}$, haben wir

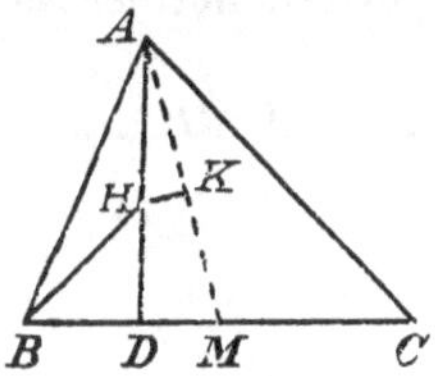

Fig. 8.

$$AH\cdot AD = AK\cdot AM^{(6_3)};$$

$$(AD+DH)AD=(AM+MK)AM^{(2_2)};$$

$$-DH\cdot DA = AM^2 - AD^2 - MK\cdot MA;$$

$$MK\cdot MA = MD^2 - DB\cdot DC^{(6_3)}$$
$$= MD^2-(DM+MB)(DM-MB)^{(2_4)} = MB^2.$$

7. Doppelverhältnis. 1. Teilen die Punkte X und Y die Strecke AB, so entstehen die einfachen Verhältnisse $XA:XB$ und $YA:YB^{(4_3)}$. Aus diesen beiden Verhältnissen bilden wir das neue

$$\frac{XA}{XB}:\frac{YA}{YB},$$

gelesen: XA durch XB zu YA durch YB, das wir das Doppelverhältnis der vier Punkte $ABXY$ nennen und abkürzend durch

$$(ABXY)$$

bezeichnen. Demnach würde z. B. sein

$$(XAYB)=\frac{YX}{YA}:\frac{BX}{BA}.$$

2. Lehrsatz. Stimmen zwei gleiche Doppelverhältnisse in drei Elementen $^{(7_8)}$ überein, so stimmen sie auch im vierten überein.

In Zeichen: $(ABCD)=(ABCD')$; folglich D' in D.

Beweis. Aus der Voraussetzung

$$\frac{CA}{CB}:\frac{DA}{DB}=\frac{CA}{CB}:\frac{D'A}{D'B} \quad \text{folgt} \quad \frac{DA}{DB}=\frac{D'A}{D'B}$$

und daraus, daß D' in D fällt $^{(4_5)}$.

3. Lehrsatz. Der Wert eines Doppelverhältnisses geht in den reziproken über, wenn die beiden ersten oder die beiden letzten Elemente miteinander vertauscht werden.

In Zeichen: $(ABCD)=1:(BACD)=1:(ABDC)$.

Beweis.

$$(ABCD)=\frac{CA}{CB}:\frac{DA}{DB}=\frac{CA\cdot DB}{CB\cdot DA}=1:\frac{CB\cdot DA}{CA\cdot DB}=1:(BACD).$$

4. Zusatz. Aus $(ABCD)=(BACD)$ folgt $(ABCD)=-1$. Weil nämlich $(ABCD)=1:(BACD)$ ist, so folgt $(ABCD)^2=1$; folglich $\frac{CA}{CB}=\pm\frac{DA}{DB}$. Das positive Vorzeichen kann nicht gelten, da sonst C und D zusammenfallen würden $^{(4_6)}$.

5. **Lehrsatz. Ein Doppelverhältnis bleibt unverändert, wenn irgend zwei Elemente und gleichzeitig die beiden übrigen vertauscht werden.**

In Zeichen: $(ABCD) = (BADC) = (CDAB) = (DCBA)$.

Beweis.

$$(ABCD)=\frac{CA\cdot DB}{CB\cdot DA}=\frac{DB}{DA}:\frac{CB}{CA}=(BADC)\ \text{usw.}$$

6. **Lehrsatz. Ist einer der vier Punkte des Doppelverhältnisses der uneigentliche Punkt F_1, so wird aus dem Doppelverhältnis ein einfaches.**

Z. B.

$$(ABCF_1)=\frac{CA}{CB}:\frac{F_1A}{F_1B}=\frac{CA}{CB}:1^{(4_3)}=\frac{CA}{CB}$$

oder

$$(AF_1CD)=\frac{CA}{CF_1}:\frac{DA}{DF_1}=\frac{CA}{DA}:\frac{CF_1}{DF_1}=\frac{AC}{AD}:\frac{F_1C}{F_1D}=\frac{AC}{AD}^{(4_3)}.$$

7. Lehrsatz. Vier Strahlen schneiden in jeder Gerade dasselbe Doppelverhältnis aus — oder —

Beim Projizieren (aus einem eigentlichen Punkt auf eine beliebige Gerade) **bleibt das Doppelverhältnis unverändert.**

In Zeichen: $(ABXY) = (A_1B_1X_1Y_1)$.

Beweis. Ziehen wir durch B (Fig. 9) eine Parallele zum Projektionsstrahl$^{(5_1)}$ SA, welche SX und SY in U und V schneidet, so ist $(ABXY) = BV:BU$; denn

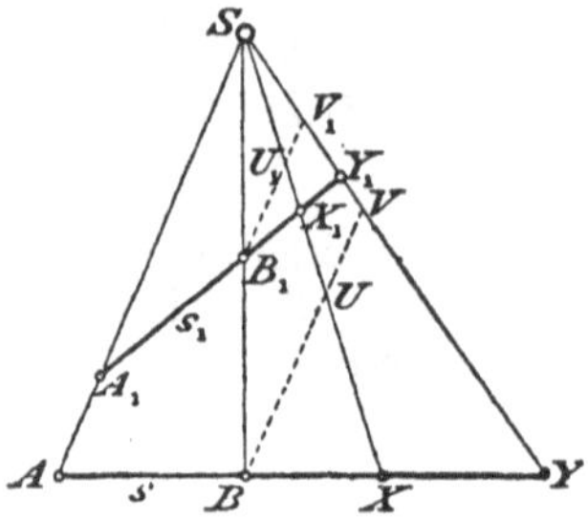

Fig. 9.

$$\frac{XA}{XB}=\frac{AS}{BU}\quad\text{und}\quad\frac{YA}{YB}=\frac{AS}{BV}^{(5_6)},$$

folglich durch Division

$$\frac{XA}{XB}:\frac{YA}{YB}=\frac{BV}{BU}.$$

Ziehen wir ebenso durch B_1 eine Parallele zu SA, so ergibt sich bei entsprechender Bezeichnung $(A_1B_1X_1Y_1) = B_1V_1 : B_1U_1$. Da aber $BV:BU = B_1V_1 : B_1U_1{}^{(5_4)}$ ist, so ist auch $ABXY = (A_1B_1X_1Y_1)$.

8. Da vier Strahlen $abxy$ in jeder Gerade dasselbe Doppelverhältnis ausschneiden$^{(7_7)}$, so ist es erlaubt, auch von einem Doppelverhältnis $(abxy)$ von vier Strahlen zu sprechen. Wir verstehen darunter das Doppelverhältnis der vier Punkte, in denen eine beliebige Gerade von den vier Strahlen geschnitten wird. — Von diesem Doppelverhältnis gelten der zweite, dritte und fünfte Lehrsatz dieser Nummer,

weil wir das sowohl einen Punkt als einen Strahl bezeichnende Wort Element gebraucht haben, unverändert.

9. Anmerkung. Von dem einfachen Verhältnis dreier Strahlen zu sprechen wäre nur erlaubt in dem besonderen Fall, daß der Schnittpunkt der Strahlen ein uneigentlicher Punkt wäre; denn nur dann schneiden die drei Strahlen in jeder Gerade dasselbe einfache Verhältnis aus $^{(5_9)}$.

8. Perspektive und projektive Gruppen.

1. Definition. Den Inbegriff von vier Punkten, die in einer Gerade liegen, wollen wir kurz eine (Punkt-)Gruppe nennen.

1. Definition. Den Inbegriff von vier Geraden, die durch einen Punkt gehen, wollen wir kurz eine (Strahlen-)Gruppe nennen.

2. Definition. Eine Punktgruppe und eine Strahlengruppe heißen perspektiv verwandt oder perspektiv zugeordnet oder kurz perspektiv,

wenn die Punktgruppe ein Schnitt der Strahlengruppe ist.

wenn die Strahlengruppe ein Schein der Punktgruppe ist.

Für die perspektive Verwandtschaft hat man das Zeichen $\overline{\wedge}$, gelesen: perspektiv.

3. Definition. Zwei Punktgruppen heißen perspektiv, wenn sie Schnitte einer und derselben Strahlengruppe sind.

In Zeichen:

$$ABCD \overline{\wedge} A_1 B_1 C_1 D_1.$$

3. Definition. Zwei Strahlengruppen heißen perspektiv, wenn sie Scheine einer und derselben Punktgruppe sind.

In Zeichen:

$$abcd \overline{\wedge} a_1 b_1 c_1 d_1.$$

Die Elemente, die an gleicher Stelle stehen, z. B. A und A_1, b und b_1 usw. heißen zugeordnet oder homolog.

4. Mit Hilfe dieser Definition läßt sich der Fundamentalsatz $^{(7_7)}$ in einer Form aussprechen, die gleichzeitig für Punktgruppen und Strahlengruppen $^{(7_8)}$ gilt:

Lehrsatz. Zwei perspektive Gruppen haben dasselbe Doppelverhältnis.

In Zeichen:

$$\frac{ABCD \overline{\wedge} A_1 B_1 C_1 D_1}{(ABCD) = (A_1 B_1 C_1 D_1)}.$$

5. Dieser Satz läßt sich nicht einfach umkehren: Aus $(ABCD) = (A_1 B_1 C_1 D_1)$ folgt noch nicht, daß AA_1, BB_1, CC_1, DD_1 durch einen Punkt gehen. Um zu erkennen, was aus der Gleichheit der Doppelverhältnisse folgt, haben wir einen neuen Begriff einzuführen durch die

Definition. Die Endglieder einer Kette perspektiver Glieder heißen projektiv verwandt oder kurz projektiv.

In Zeichen: Ist

$$ABCD \overline{\overline{\wedge}} A_1B_1C_1D_1 \overline{\overline{\wedge}} A_2B_2C_2D_2 \ldots\ldots \overline{\overline{\wedge}} A_nB_nC_nD_n,$$

so heißt $ABCD$ projektiv $A_nB_nC_nD_n$ oder, unter Einführung eines neuen Zeichens $ABCD \overline{\wedge} A_nB_nC_nD_n$.

Die Elemente, die an gleicher Stelle stehen, z. B. A und A_n, B und B_n usw. heißen zugeordnet oder **homolog**.

6. Die wiederholte Anwendung von Nr. 8_4 ergibt den

Lehrsatz. Zwei projektive Gruppen haben dasselbe Doppelverhältnis.

In Zeichen:

$$\frac{ABCD \overline{\wedge} A_1B_1C_1D_1}{(ABCD) = (A_1B_1C_1D_1)}.$$

7. Von diesem Satz läßt sich bilden die

Umkehrung: Haben zwei Gruppen dasselbe Doppelverhältnis, so sind sie projektiv.

In Zeichen:

$$\frac{(ABCD) = (A_1B_1C_1D_1)}{ABCD \overline{\wedge} A_1B_1C_1D_1}.$$

Beweis. Um $ABCD$ und $A_1B_1C_1D_1$ (Fig. 10) als Endglieder einer Kette perspektiver Glieder darzustellen, nehmen wir auf der Verbindungslinie zweier homologen$^{(8_5)}$ Punkte, z. B. auf AA_1, zwei beliebige Punkte S und S_1 an und projizieren aus ihnen die Punkte $ABCD$ und $A_1B_1C_1D_1$. Die beiden Punkte B und Γ, in denen sich die homologen Projektionsstrahlen$^{(5_1)}$ $S(B)$ und $S_1(B_1)$, $S(C)$ und $S_1(C_1)$ schneiden, verbinden wir durch die Gerade σ und nennen die Punkte, in denen σ von SS_1, $S(D)$, $S_1(D_1)$ geschnitten wird, A, Δ, Δ'. Es ist dann

$$(\mathsf{AB}\Gamma\Delta) = (ABCD)^{(8_4)} = (A_1B_1C_1D_1) = (\mathsf{AB}\Gamma\Delta')^{(8_4)}.$$

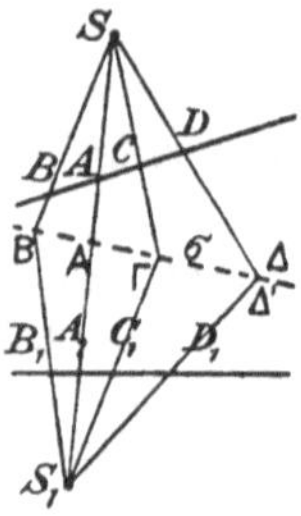

Fig. 10.

Folglich$^{(7_2)}$ fällt Δ in Δ'. Wir haben mithin die folgende Kette perspektiver Glieder

$$ABCD \overline{\overline{\wedge}} S(ABCD) \overline{\overline{\wedge}} \mathsf{AB}\Gamma\Delta \overline{\overline{\wedge}} S_1(\mathsf{AB}\Gamma\Delta) \overline{\overline{\wedge}} A_1B_1C_1D_1$$

d. h. nach der Definition von Nr. 8_5: $ABCD \overline{\wedge} A_1B_1C_1D_1$.

8. Kennzeichen der perspektiven Lage zweier projektiver Gruppen:

Haben zwei projektive Gruppen ein Element entsprechend gemein, so sind sie perspektiv.

In Zeichen:

$$\frac{ABCD \overline{\wedge} A_1B_1C_1D}{ABCD \overline{\overline{\wedge}} A_1B_1C_1D}.$$

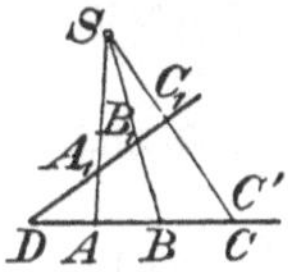

Fig. 11.

Beweis. Um zu zeigen, daß AA_1, BB_1, CC_1 (Fig. 11) durch einen Punkt gehen, projizieren wir aus dem Schnittpunkt S von AA_1 und BB_1 den Punkt C_1 auf den Träger der ersten Punktgruppe und nennen seine Projektion C'. Es ist dann

$$(ABCD) = (A_1B_1C_1D)^{(8_6)} = (ABC'D)^{(8_4)}.$$

Folglich$^{(7_2)}$ fällt C' in C, d. h. CC_1 geht auch durch S.

9. Lehrsatz. Stimmen zwei projektive Gruppen in drei Elementen überein, so stimmen sie auch im vierten überein.

Beweis.
$$\frac{\dfrac{ABCD \barwedge ABCD'}{(ABCD) = (ABCD')}\ ^{(8_6)}}{D' \text{ in } D\ ^{(7_2)}}.$$

10. Lehrsatz. Man erhält eine der ursprünglichen projektive Gruppe, wenn man irgend zwei Elemente und gleichzeitig die beiden übrigen vertauscht.

Beweis.
$$\frac{(ABCD) = (BADC) \text{ usw.}\ ^{(7_5)}}{ABCD \barwedge BADC \quad \text{usw.}\ ^{(8_7)}}$$

11. Zusatz. Die Sätze dieser Nr. gelten gleichzeitig für Punkt- und Strahlengruppen$^{(7_8)}$.

9. Kongruente und symmetrische Gruppen.

1. Definition. Zwei Gruppen heißen **kongruent**,

wenn $AB = A_1B_1$, $AC = A_1C_1$, $AD = A_1D_1$ ist.	wenn $ab = a_1b_1$, $ac = a_1c_1$, $ad = a_1d_1$ ist.

2. Lehrsatz. Zwei kongruente Gruppen sind projektiv$^{(8_7)}$.

Denn aus der Gleichheit der Strecken folgt die Gleichheit der Doppelverhältnisse. — Für zwei Strahlengruppen ergibt sich der Satz daraus, daß man zwei Geraden zeichnen kann, auf denen die beiden Strahlengruppen Punktgruppen von gleichem Doppelverhältnis ausschneiden: Man errichtet auf zwei homologen Strahlen a und a_1 in gleichen Entfernungen von den Strahlenmittelpunkten die Lote.

3. Liegen zwei Punktgruppen $ABCD$ und $A_1B_1C_1D_1$ in demselben Träger oder in zwei parallelen Trägern, so können wir die homologen Strecken auch ihrem Sinn nach vergleichen$^{(2_1)}$. Zwei Winkel, und daher auch zwei Strahlengruppen, lassen sich immer ihrem Sinn nach vergleichen$^{(3_1)}$.

Definition. Zwei Gruppen wollen wir **symmetrisch** nennen,

wenn $AB = B_1A_1$, $AC = C_1A_1$, $AD = D_1A_1$ ist.	wenn $ab = b_1a_1$, $ac = c_1a_1$, $ad = d_1a_1$ ist.

Lehrsatz. Zwei symmetrische Gruppen sind projektiv.

Beweis wie für Nr. 9_2.

10. Harmonischer Wurf. 1. Wird die Strecke AB durch X nach dem Verhältnis $+\varepsilon$ und durch Y nach dem Verhältnis $-\varepsilon$ geteilt $^{(4_4)}$, so ist das Doppelverhältnis $^{(7_1)}$ $(ABXY) = -1$.

Definition. Vier Punkte heißen harmonisch, wenn ihr Doppelverhältnis -1 ist.

Definition. Vier Strahlen heißen harmonisch, wenn sie durch vier harmonische Punkte gehen (ihr Doppelverhältnis $^{(7_8)}$ also -1 ist).

2. Lehrsatz: Vier harmonische Strahlen schneiden jede Gerade in vier harmonischen Punkten $^{(7_7)}$.

3. Weil der reziproke Wert von -1 wieder -1 ist, so folgt aus $(ABXY) = -1$ nach Nr. 7_3 in Verbindung mit Nr. 7_5

$$(ABXY) = (ABYX) = (BAXY) = (BAYX) = (XYAB)$$
$$= (XYBA) = (YXAB) = (YXBA) = -1.$$

Das Charakteristische an den hingeschriebenen Doppelverhältnissen ist, daß immer die Punkte A und B, X und Y nebeneinander stehen, daß sie, wie man sagt, ein Punktpaar bilden.

4. Definition. Der Inbegriff von zwei Elementenpaaren heißt ein Wurf.

In Zeichen: $AB \cdot XY$.

5. Definition. Ein Wurf heißt harmonisch, wenn sein Doppelverhältnis -1 ist.

6. Mit Hilfe dieser beiden Definitionen läßt sich die Gleichheit der in Nr. 10_3 hingeschriebenen Doppelverhältnisse so in Worte fassen:

Lehrsatz. Ein Wurf bleibt harmonisch, wenn man die beiden Elemente eines Paares untereinander vertauscht.

7. Wird die Strecke AB von dem Punkt X innen und von dem Punkt Y außen $^{(4_2)}$ geteilt, so sagt man: die Punktpaare AB und XY trennen einander. Wird dagegen die Strecke AB durch die Punkte X und Y gleichzeitig innen oder gleichzeitig außen geteilt, so sagt man: die beiden Punktpaare trennen einander nicht. Weil nun die beiden Teilungsverhältnisse eines harmonischen Wurfes entgegengesetzte Vorzeichen haben $^{(10_1)}$, so teilt immer der eine der beiden Punkte X und Y die Strecke AB innen, der andere außen. Daher

Lehrsatz. Die Elementenpaare eines harmonischen Wurfes trennen einander (vergl. Nr. 53_4).

8. Zusatz. Fällt X in $A[B]$, so fällt auch Y, weil die Teilungsverhältnisse $^{(4_3)}$ gleiche Größe haben müssen, in $A[B]$:

Lehrsatz. Fallen zwei Elemente eines harmonischen Wurfes zusammen, so fällt auch noch ein drittes Element mit ihnen zusammen.

9. **Lehrsatz.** Zwei harmonische Würfe sind projektiv $^{(8_7)}$.

10. **Lehrsatz.** Haben zwei harmonische Würfe ein Element entsprechend gemein, so sind sie in perspektiver Lage $^{(8_8)}$.

11. **Zusatz.** Aus $(ABXY) = -1 = (A_1B_1X_1Y)$ folgt $^{(8_8)}$, daß AA_1, BB_1, XX_1 durch einen Punkt S gehen (Fig. 12). — Weil aber

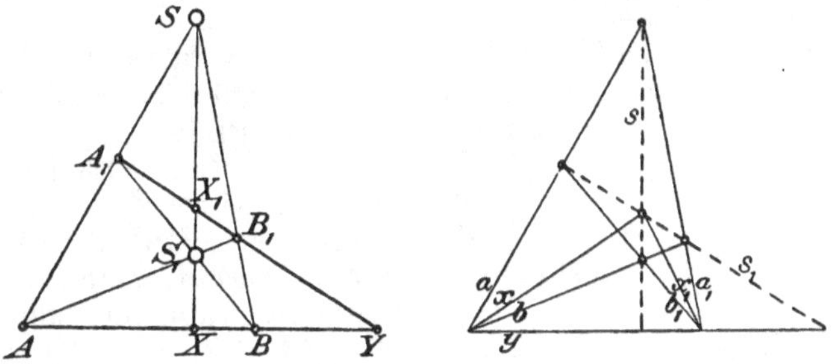

Fig. 12.

auch $(ABXY) = -1 = (B_1A_1X_1Y)$ ist $^{(10_6)}$, so gehen auch AB_1, A_1B, XX_1 durch einen Punkt S_1:

Für zwei harmonische Würfe, die einen Punkt entsprechend gemein haben, gibt es zwei Perspektivitätspunkte $^{(5_1)}$.

Für zwei harmonische Würfe, die einen Strahl entsprechend gemein haben, gibt es zwei Perspektivitätsgeraden.

12. **Lehrsatz.** Stimmen zwei harmonische Würfe in einem Elementenpaar und einem Element überein, so stimmen sie auch im vierten Element überein $^{(8_9)}$.

Man kann diesem Satz auch die Form geben:

Durch ein Elementenpaar und ein Element ist das vierte harmonische bestimmt.

13. Aus $(ABXY) = -1$ folgt

$$XA \cdot YB + XB \cdot YA = 0.$$

Ist O ein fünfter beliebiger Punkt der Gerade AB, so ist $^{(2_3)}$

$$(XO + OA)(YO + OB) + (XO + OB)(YO + OA) = 0,$$

$$OX \cdot OY - \tfrac{1}{2}(OX + OY)(OA + OB) + OA \cdot OB = 0. -$$

Ist O nicht ein beliebiger Punkt, sondern die Mitte von AB, so ist $^{(2_4)}$ $OA + OB = 0$; folglich

$$OX \cdot OY = OA^2.$$

14. **Lehrsatz.** Die Endpunkte, der Mittelpunkt und der uneigentliche Punkt einer Strecke sind vier harmonische Punkte $^{(4_3)}$.

15. Richtig ist auch die

Umkehrung. Wenn von vier harmonischen Punkten der eine der uneigentliche [Mittelpunkt] ist, so ist der zugeordnete der Mittelpunkt [der uneigentliche].

16. Lehrsatz. Zwei Strahlen und die Halbierungslinien der beiden von den Strahlen gebildeten Winkel bilden einen harmonischen Wurf.

Beweis. a und b (Fig. 13) seien die beiden Strahlen und c und d die Halbierungslinien der durch a und b bestimmten Nebenwinkel. Wir verbinden einen beliebigen Punkt C der Halbierungslinie c mit dem uneigentlichen Punkte D_∞ der zweiten Halbierungslinie d und bezeichnen die Punkte, in denen diese Verbindungslinie die Strahlen a und b schneidet, durch A und B. Weil die Halbierungslinien c und d aufeinander senkrecht stehen, so ist $\angle SCA = SCB$ und daher Dreieck $SCA \cong SCB$, folglich $AC = CB$. Es sind also $^{(10_{14})}$ $AB \cdot CD_\infty$ vier harmonische Punkte und folglich $^{(10_1)}$ $ab \cdot cd$ vier harmonische Strahlen

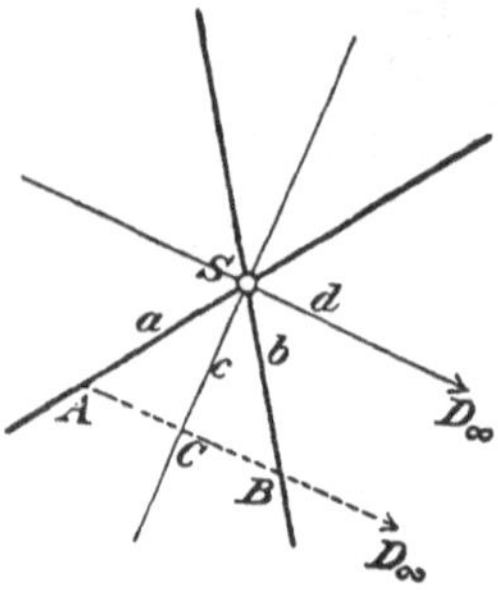

Fig. 13.

17. Da durch drei Strahlen der vierte harmonische bestimmt ist $^{(10_{12})}$, so läßt sich dem vorstehenden Satz auch die Form geben:

Wenn von vier harmonischen Strahlen $ab \cdot cd$ der eine c den Winkel ab halbiert, so halbiert der c zugeordnete Strahl d den Nebenwinkel von ab.

18. Wenn zwei zugeordnete Strahlen eines harmonischen Wurfes aufeinander senkrecht stehen, so halbieren sie die von den beiden andern zugeordneten Strahlen gebildeten Winkel.

Beweis. Verbinden wir wieder einen beliebigen Punkt C (Fig. 13) des einen der beiden senkrecht aufeinanderstehenden Strahlen c und d mit dem unendlich fernen Punkt D_∞ des andern, so sind, weil $ab \cdot cd$ nach der Voraussetzung harmonische Strahlen sind, $AB \cdot CD_\infty$ vier harmonische Punkte $^{(10_2)}$. Mithin ist C der Mittelpunkt von AB $^{(10_{15})}$ und daher Dreieck $SCA \cong SCB$, folglich $\angle ac = cb$.

11. Viereck und Vierseit.

1. **Viereck.** Vier Punkte einer Ebene können durch sechs Geraden verbunden werden. Nimmt man die vier Punkte zu Ecken eines Vierecks und nennt die Verbindungslinien Seiten, so lautet der vorstehende Satz:

Ein Viereck hat sechs Seiten.

1. **Vierseit.** Vier Geraden einer Ebene schneiden sich in sechs Punkten. Nimmt man die vier Geraden zu Seiten eines Vierseits und nennt die Schnittpunkte Ecken, so lautet der vorstehende Satz:

Ein Vierseit hat sechs Ecken.

Zwei Seiten, die nicht durch dieselbe Ecke gehen, heißen Gegenseiten; der Schnittpunkt zweier Gegenseiten heißt Diagonalpunkt; die Verbindungslinie zweier Diagonalpunkte heißt Diagonallinie.

Ein Viereck hat demnach drei Paar Gegenseiten, drei Diagonalpunkte und drei Diagonallinien.

Die vier Ecken nennen wir ΔΑΒΓ (Fig. 14); die drei von Δ ausgehenden Seiten abc, ihre

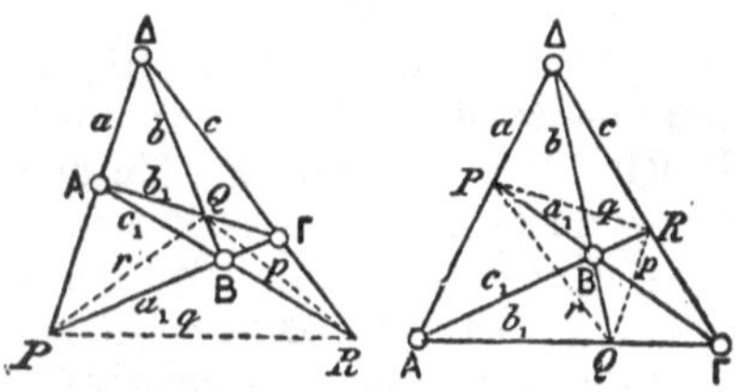

Fig. 14.

Gegenseiten $a_1 b_1 c_1$. Ferner führen wir für die Diagonalpunkte und Diagonallinien die Bezeichnung ein:

$$aa_1 = P;\quad bb_1 = Q;\quad cc_1 = R.$$
$$QR = p;\quad RP = q;\quad PQ = r.$$

2. Zusatz. Jeder Seite eines Vierecks (und ihrer Gegenseite) wollen wir die Diagonallinie zuordnen, die die beiden nicht in der Seite liegenden Diagonalpunkte verbindet, so daß einander zugeordnet heißen

$$a[a_1] \text{ und } p;\quad b[b_1] \text{ und } q;$$
$$c[c_1] \text{ und } r.$$

Wir nennen auch zwei Ecken und eine Diagonallinie zugeordnet, nämlich dann, wenn die Seite, die die beiden Ecken verbindet, der Diagonallinie zugeordnet heißt; weil z. B. AB durch R geht, so heißen die Ecken A und B und die Diagonallinie PQ zugeordnet.

Zwei Ecken, die nicht in derselben Seite liegen, heißen Gegenecken; die Verbindungslinie zweier Gegenecken heißt Diagonallinie; der Schnittpunkt zweier Diagonallinien heißt Diagonalpunkt.

Ein Vierseit hat demnach drei Paar Gegenecken, drei Diagonallinien und drei Diagonalpunkte.

Die vier Seiten nennen wir $\delta\alpha\beta\gamma$ (Fig. 15); die drei in δ liegenden Ecken ABC, ihre Gegenecken

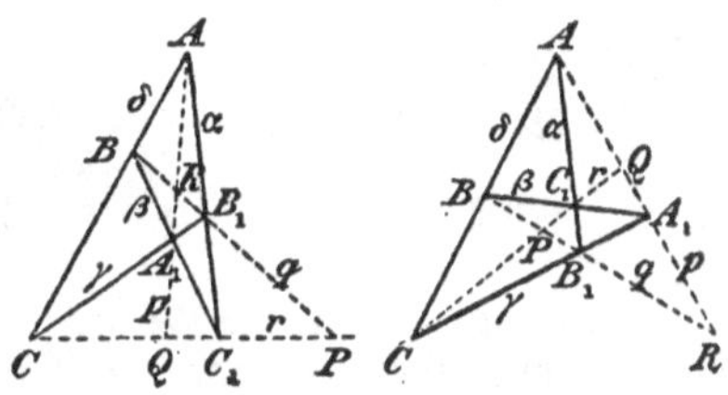

Fig. 15.

$A_1 B_1 C_1$. Ferner führen wir für die Diagonallinien und Diagonalpunkte die Bezeichnung ein:

$$AA_1 = p;\quad BB_1 = q;\quad CC_1 = r.$$
$$qr = P;\quad rp = Q;\quad pq = R.$$

2. Zusatz. Jeder Ecke eines Vierseits (und ihrer Gegenecke) wollen wir den Diagonalpunkt zuordnen, in dem sich die beiden nicht durch die Ecken gehenden Diagonallinien schneiden, so daß einander zugeordnet heißen

$$A[A_1] \text{ und } P;\quad B[B_1] \text{ und } Q;$$
$$C[C_1] \text{ und } R.$$

Wir nennen auch zwei Seiten und einen Diagonalpunkt zugeordnet, nämlich dann, wenn die Ecke, in der sich die beiden Seiten schneiden, dem Diagonalpunkte zugeordnet heißt; weil z. B. $\alpha\beta$ in r liegt, so heißen die Seiten α und β und der Diagonalpunkt pq zugeordnet.

3. **Lehrsatz.** Je zwei Diagonalpunkte eines Vierecks werden durch die Gegenseiten des dritten Diagonalpunktes harmonisch getrennt [(10_7)].

Beweis. Aus Fig. 16 ergibt sich

$$PQWW_1 \overline{\overline{\wedge}} \Delta(PQWW_1) \overline{\wedge} \mathsf{AB}RW_1 \overline{\overline{\wedge}} \Gamma(\mathsf{AB}RW_1) \overline{\wedge} QPWW_1,$$

folglich [(7_4)] $(PQWW_1) = -1$.

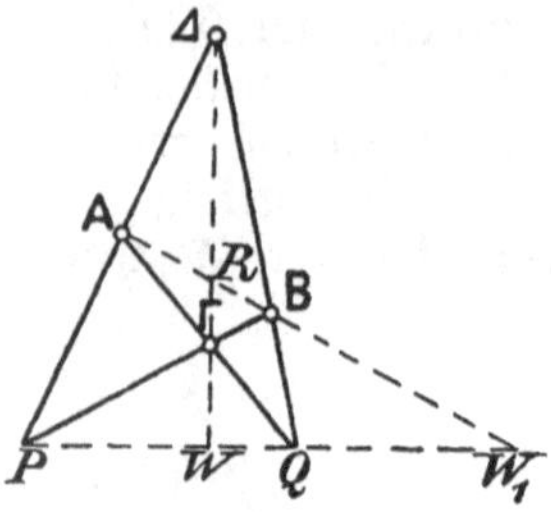

Fig. 16.

4. Dieser Lehrsatz bietet die Möglichkeit, mit dem **Lineal allein** zu lösen die

Aufgabe. Zu einem Punktpaar und einem Punkt den vierten harmonischen Punkt zu zeichnen.

Lösung. Nennen wir das Punktpaar PQ und den Punkt W, so legen wir durch P zwei beliebige Geraden a und a_1, die von einer beliebigen durch W gelegten Gerade c in Δ und Γ geschnitten werden. Bezeichnen wir dann den Punkt, in welchem a von der Verbindungslinie $Q\Gamma$ geschnitten wird, durch A, und den Punkt, in welchem a_1 von $Q\Delta$ geschnitten wird, durch B, so schneidet die Seite AB des Vierecks ABΓΔ die Gerade PQ in dem gesuchten vierten harmonischen Punkte W_1.

Zusatz. Durch diese Konstruktion kann man allein mit dem Lineal den Mittelpunkt [uneigentlichen Punkt] einer Strecke zeichnen, wenn der uneigentliche Punkt [Mittelpunkt] gegeben ist [(10_18)].

5. Die entsprechende Aufgabe für ein Strahlenpaar und einen Strahl läßt sich vermittels des **Vierseits** lösen, indem man die Worte Punkt und Strahl, Verbindungslinie und Schnittpunkt miteinander vertauscht. Eine so gewonnene Lösung heißt der ursprünglichen **dual**. Statt dieser dualen Lösung wollen wir noch eine Lösung vermittels des **Vierecks** geben von unserer

Aufgabe. Den von einem gegebenen Strahl w durch ein gegebenes Strahlenpaar pq harmonisch getrennten Strahl zu zeichnen.

Lösung. Wir legen durch einen beliebigen Punkt P von w zwei beliebige Geraden, die von p und q in vier Punkten, den Ecken eines Vierecks, geschnitten werden. Von diesem Viereck ist P ein Diagonalpunkt; die Verbindungslinie der beiden andern Diagonalpunkte ist der gesuchte Strahl.

6. Aus der Fig. 16 ergibt sich noch durch Projektion des harmonischen Wurfes $PQ \cdot WW_1$ [(11_3)] aus Δ (oder Γ) auf die Vierecksseite AB, daß AB $\cdot RW_1$ ebenfalls ein harmonischer Wurf ist [(10_2)]:

Lehrsatz. Je zwei Ecken eines Vierecks werden durch ihren Diagonalpunkt und die zugeordnete [(11_2)] Diagonallinie harmonisch getrennt.

7. Anmerkung. Die Sätze und Aufgaben über Viereck und Vierseit bilden die Grundlage der **Geometrie der Lage**. Sie sind daher für die verschiedenen Vierecksfiguren durchzugehen und unter Abänderung der Lage der gegebenen Stücke immer zu wiederholen, bis die Einzelheiten der Vierecksfigur zum dauernden Besitz geworden sind.

8. Zusatz 1. Die Seiten und Höhen eines Dreiecks lassen sich auffassen als die sechs Seiten eines Vierecks, welches von den Ecken ΑΒΓ des Dreiecks und dem Schnittpunkt Δ der Höhen gebildet wird. Die Fußpunkte PQR der Höhen sind die Diagonalpunkte dieses Vierecks. Weil z. B. die in P sich schneidenden Gegenseiten ΔΑ und ΒΓ durch Q und R harmonisch getrennt werden (11_3), so halbieren ΔΑ und ΒΓ die beiden von PQ und PR gebildeten Winkel (10_{18}):

Lehrsatz. Die Höhen eines Dreiecks halbieren die Winkel des von ihren Fußpunkten gebildeten Dreiecks.

9. Zusatz 2. Aus dem Lehrsatz 11_6 ergibt sich, weil in einem Trapez der Diagonalpunkt der Grundlinien ein uneigentlicher Punkt ist, der

Lehrsatz. Die Grundlinien eines Trapezes werden durch die Verbindungslinie der beiden eigentlichen Diagonalpunkte halbiert.

§ 2. Lehrsatz des Pascal.

12. Sechseck und Sechsseit.

1. **Sechseck.** Sechs Punkte SS_1 ΑΒΓΔ einer Ebene können durch 15 Geraden verbunden werden. Nimmt man die sechs Punkte zu Ecken eines Sechsecks und nennt die Verbindungslinien Seiten, so lautet der vorstehende Satz:

Ein Sechseck hat **fünfzehn** Seiten.

Legen wir aber den sechs Punkten eine bestimmte Reihenfolge bei und nennen nur die Verbindungslinien aufeinanderfolgender Punkte Seiten, so heißt das Sechseck ein **einfaches**:

Ein einfaches Sechseck hat sechs Seiten.

1. **Sechsseit.** Sechs Geraden $ss_1\alpha\beta\gamma\delta$ einer Ebene schneiden sich in 15 Punkten. Nimmt man die sechs Geraden zu Seiten eines Sechsseits und nennt die Schnittpunkte Ecken, so lautet der vorstehende Satz:

Ein Sechsseit hat **fünfzehn** Ecken.

Legen wir aber den sechs Geraden eine bestimmte Reihenfolge bei und nennen nur die Schnittpunkte aufeinanderfolgender Geraden Ecken, so heißt das Sechsseit ein **einfaches**:

Ein einfaches Sechsseit hat sechs Ecken.

Ein einfaches Sechseck ist zugleich ein einfaches Sechsseit. —

Die den Punkten beigelegte Reihenfolge deuten wir durch die Reihenfolge der hingeschriebenen Buchstaben an, so daß z. B. SS_1ΑΒΓΔ und S_1SΑΒΓΔ zwei verschiedene einfache Sechsecke sind. Aus sechs

Punkten lassen sich also mehrere (60) einfache Sechsecke bilden. — Statt durch Buchstaben werden wir die Ecken auch durch Ziffern bezeichnen, wobei wir ebenfalls die den Punkten beigelegte Reihenfolge durch die Reihenfolge der Ziffern andeuten. —

Bezeichnen wir die aufeinanderfolgenden Ecken mit den Ziffern 1 2 3 4 5 6, so heißen

die Ecken 1 und 4, 2 und 5, 3 und 6 **Gegenecken**;

die Verbindungslinien je zweier Gegenecken 14, 25, 36 heißen **Diagonalen**;

die Seiten 12 und 45, 23 und 56, 34 und 61 heißen **Gegenseiten**.

2. Anmerkung. Die Gegenseiten bestimmt man am einfachsten nach dem Schema

$$1\ 2\ 3\ 4\ 5\ 6.$$

13. Lehrsatz des Pappus. 1. Wir betrachten jetzt ein einfaches Sechseck, von dem drei nicht aufeinanderfolgende Ecken in einer Gerade s liegen, während ihre Gegenecken auf einer zweiten Gerade s_1 liegen. Sind die in s liegenden Ecken $SS_1\mathrm{A}$ (Fig. 17) und die in s_1 liegenden $\mathrm{B\Gamma\Delta}$, so müssen wir sie so zu einem Sechseck zusammensetzen, daß die Punkte der einen Gerade die Punkte der andern trennen, z. B. zum Sechseck $S\Delta S_1\mathrm{BA\Gamma}$. —

> Lehrsatz. Liegen drei nicht aufeinanderfolgende Ecken eines Sechsecks in einer Gerade und ihre Gegenecken in einer zweiten Gerade, so liegen die Schnittpunkte je zweier Gegenseiten in einer dritten Gerade.

Beweis. Von unserm einfachen Sechseck (12$_2$)

$$S\,\Delta\,S_1\,\mathrm{B}\,\mathrm{A}\,\Gamma$$

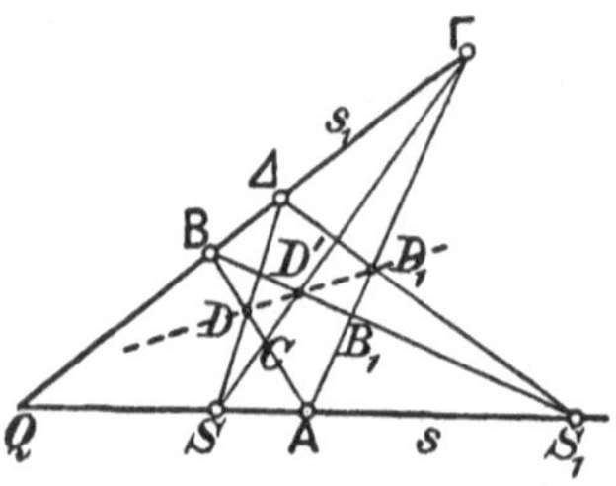

Fig. 17.

sind die Gegenseiten $S\Delta$ und BA, ΔS_1 und $\mathrm{A\Gamma}$, $S_1\mathrm{B}$ und ΓS. Es ist zu beweisen, daß die drei Schnittpunkte DD_1D' dieser Gegenseiten in einer Gerade liegen.

Wir bezeichnen den Schnittpunkt der beiden Träger s und s_1 durch Q und projizieren die Gruppe $Q\mathrm{B\Gamma\Delta}$ von s_1 aus S auf AB und aus S_1 auf $\mathrm{A\Gamma}$. Wir erhalten dann in leicht verständlicher Bezeichnung (vgl. die Figur) nach Nr. 8$_2$

$$\mathrm{AB}CD \barwedge S(\mathrm{AB}CD) \barwedge Q\mathrm{B\Gamma\Delta} \barwedge S_1(Q\mathrm{B\Gamma\Delta}) \barwedge \mathrm{A}B_1\Gamma D_1.$$

Da die beiden projektiven (8$_5$) Gruppen $\mathrm{AB}CD$ und $\mathrm{A}B_1\Gamma D_1$ den Punkt A entsprechend gemein haben, so liegen sie perspektiv (8$_8$); d. h. $\mathrm{B}B_1$; $C\Gamma$; DD_1 gehen durch einen Punkt oder die Punkte D und D_1 und der Schnittpunkt D' von $\mathsf{B}B_1$ und $C\Gamma$ liegen in einer Gerade. Diese drei Punkte $D_1 D D'$ sind aber die Schnittpunkte je zweier Gegenseiten unsers Sechsecks.

2. Zusatz. Gehen die Diagonalen[12_1] des Pappusschen Sechsecks durch einen Punkt P (Fig. 18), so entstehen drei Vierecke $\Delta\mathsf{AB}S$; $\Delta\mathsf{A}\Gamma S_1$; $\mathsf{B}S\Gamma S_1$, die zwei Diagonalpunkte: den Schnittpunkt Q der Träger und den Punkt P, gemeinsam haben, während die Punkte DD_1D' die dritten Diagonalpunkte dieser Vierecke sind. Die Diagonallinie QD des ersten Vierecks $\Delta\mathsf{AB}S$ schneidet die Seite $\Delta\mathsf{A}$ in dem von P durch s und s_1 harmonisch getrennten Punkt[11_6] U; in demselben Punkt wird $\Delta\mathsf{A}$ von der Diagonallinie QD_1 des zweiten Vierecks $\Delta\mathsf{A}\Gamma S_1$ geschnitten, mit anderen Worten; D und D_1 (und wie sich weiter zeigen läßt, auch D') liegen mit Q in einer Gerade:

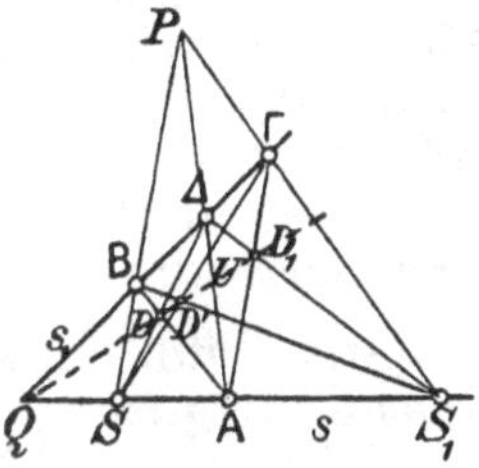

Fig. 18.

Gehen die Diagonalen eines Pappusschen Sechsecks durch einen Punkt P, so liegen die Schnittpunkte je zweier Gegenseiten in der von P durch s und s_1 harmonisch getrennten Gerade.

14. Kreissechseck. 1. Sind $SS_1\mathsf{A}\mathsf{B}\Gamma\Delta$ sechs beliebige Punkte eines Kreises, so sind[3_9] $S(\mathsf{AB}\Gamma\Delta)$ und $S_1(\mathsf{AB}\Gamma\Delta)$ projektive Strahlengruppen[9_3]. Wir haben daher, wenn wir die Projektionen der Kreispunkte Δ und Γ aus S auf die Sehne AB durch D und C und die Projektionen der Kreispunkte Δ und B aus S_1 auf die Sehne $\mathsf{A}\Gamma$ durch D_1 und B_1 bezeichnen (Fig. 19):

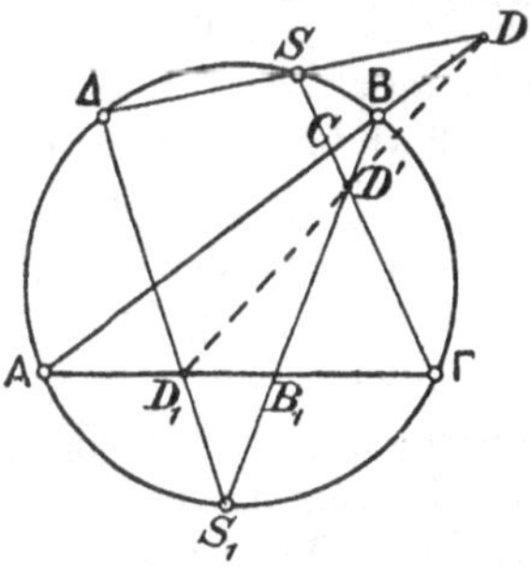

Fig. 19.

$$\mathsf{AB}CD \overline{\overline{\wedge}} S(\mathsf{AB}\Gamma\Delta) \overline{\wedge} S_1(\mathsf{AB}\Gamma\Delta) \overline{\overline{\wedge}} \mathsf{A}B_1\Gamma D_1.$$

Diese beiden projektiven Punktgruppen $\mathsf{AB}CD$ und $\mathsf{A}B_1\Gamma D_1$ haben den Punkt A entsprechend gemein; es gehen daher[8_3] $\mathsf{B}B_1$; $C\Gamma$; DD_1 durch einen Punkt oder: die Punkte D und D_1 und der Schnittpunkt D' von $\mathsf{B}B_1$ und $C\Gamma$ liegen in einer Gerade. Diese drei Punkte DD_1D' sind aber die Schnittpunkte je zweier Gegenseiten unsers einfachen Kreissechsecks:

Lehrsatz des Pascal. *Die drei Punkte, in denen sich die Gegenseiten eines Kreissechsecks schneiden, liegen in einer Gerade.*

2. Anmerkung. Diese Gerade, in der die drei Schnittpunkte der Gegenseiten liegen, wird kurz die Pascalsche Gerade des einfachen Kreissechsecks genannt.

15. Kreisviereck. 1. Projiziert man aus dem Kreispunkt S jeden andern Kreispunkt, so liefern diese Projektionsstrahlen alle durch S gehenden Geraden bis auf eine, bis auf die nämlich, die mit der Tangente des Punktes S zusammenfällt. Wir wollen deswegen sagen: der Punkt S wird aus S durch die Tangente von S projiziert. Zu jedem Punkt des Kreises gehört dann ein bestimmter Strahl von S und umgekehrt gehört zu jedem Strahl von S ein bestimmter Kreispunkt.

Demnach können wir vier Kreispunkte ΑΒΓΔ nicht bloß aus einem fünften Kreispunkt S, sondern auch aus einem der vier Punkte selbst, z. B. aus Α, projizieren und erhalten dadurch eine ganz bestimmte Strahlengruppe Α(ΑΒΓΔ). Da der Satz vom Peripheriewinkel $^{(3_9)}$ auch hier gilt, so gilt der bereits in Nr. 14_1 benutzte Satz allgemein:

Vier beliebige Kreispunkte werden aus zwei festen Kreispunkten durch zwei projektive Strahlengruppen projiziert.

2. Aus diesem Satz folgt (Fig. 20)

$$A(AB\Gamma\Delta) \overline{\wedge} B(AB\Gamma\Delta) \overline{\wedge}^{(8_{10})} B(BA\Delta\Gamma).$$

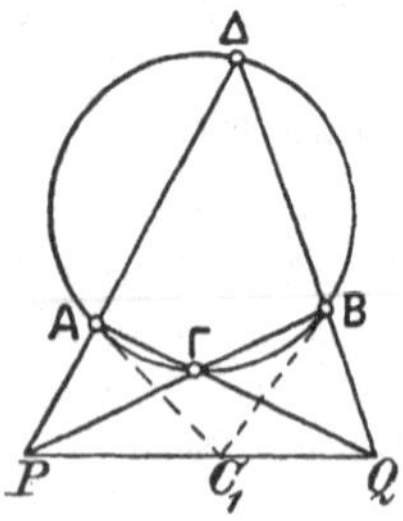

Fig. 20.

Da die erste und die letzte Strahlengruppe den Strahl ΑΒ entsprechend gemein haben, so liegen $^{(8_8)}$ die Schnittpunkte homologer Strahlen $AA \cdot BB = C_1$; $A\Gamma \cdot B\Delta = Q$; $A\Delta \cdot B\Gamma = P$ in einer Gerade. P und Q sind zwei Diagonalpunkte des Kreisvierecks ΔΑΒΓ, C_1 ist der Schnittpunkt der Tangenten in Α und Β; daher der

Lehrsatz. Die Tangenten zweier Ecken eines Kreisvierecks schneiden sich in einem Punkt der zugeordneten $^{(11_9)}$ Diagonallinie.

3. Nach diesem Satz müssen sich die Tangenten δ und α von Δ und Α (Fig. 21), weil die Seite ΔΑ durch den Diagonalpunkt P geht, in einem Punkt A der Diagonallinie QR schneiden; die Tangenten β und γ von Β und Γ müssen sich, weil ΒΓ durch P geht, in einem Punkt A_1 von QR schneiden. A und A_1 sind zwei Gegenecken des von den Tangenten $\delta\alpha\beta\gamma$ gebildeten Vierseits, das wir ein Kreisvierseit nennen wollen. Die Verbindungslinie der Gegenecken AA_1, d. h. die Diagonallinie des Kreisvierseits $\delta\alpha\beta\gamma$, fällt also mit der Diagonallinie QR des Kreisvierecks ΔΑΒΓ zusammen. Ebenso fallen BB_1 und RP; CC_1 und PQ zusammen:

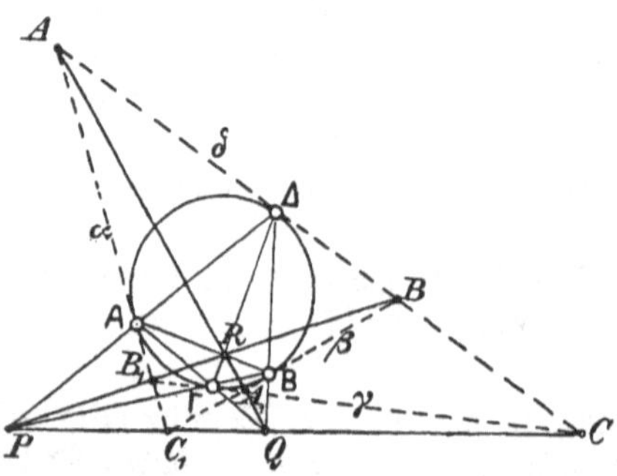

Fig. 21.

Lehrsatz. Jedes Kreisviereck hat mit dem zugeordneten Kreisvierseit das Diagonaldreieck gemeinsam.

16. Kreisdreieck. Eine Weiterführung der vorangehenden Betrachtung liefert noch einen Satz über das Kreisdreieck. Bezeichnen wir die Punkte, in denen die Tangenten α und β von den Seiten BΓ und AΓ geschnitten werden, durch B_2 und A_2 (Fig. 22) und den Schnittpunkt der Seite ΔΓ und der Diagonallinie PQ durch W, so ist

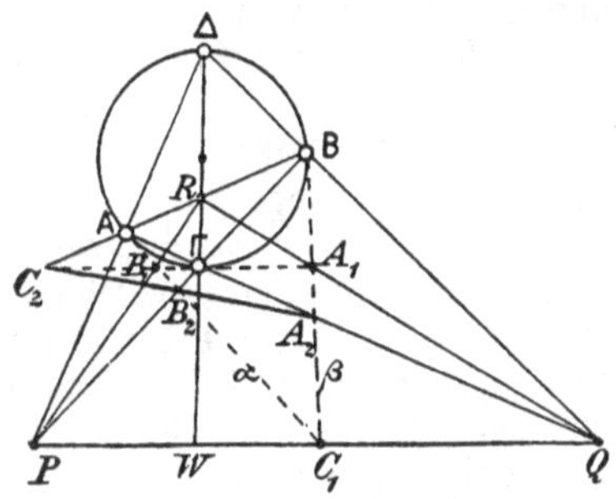

Fig. 22.

$$\mathrm{A}B_2B_1C_1 \overline{\overline{\wedge}} P(\mathrm{A}B_2B_1C_1) \overline{\overline{\wedge}} \Delta\Gamma RW$$
$$\overline{\overline{\wedge}} Q(\Delta\Gamma RW) \overline{\overline{\wedge}} \mathrm{B}A_2A_1C_1.$$

Weil die projektiven[(8$_5$)] Punktwürfe $\mathrm{A}B_2B_1C_1$ und $\mathrm{B}A_2A_1C_1$ den Punkt C_1 entsprechend gemein haben, gehen die Verbindungslinien homologer Punkte AB; B_2A_2; B_1A_1 durch einen Punkt C_2[(8$_8$)]. Mit anderen Worten: die Punkte $A_2B_2C_2$ liegen in einer Gerade. Nun sind aber $A_2B_2C_2$ die Punkte, in denen die Seiten des Kreisdreiecks ABΓ von den Tangenten der Gegenecke geschnitten werden; daher

Lehrsatz. Die drei Punkte, in denen die Seiten eines Kreisdreiecks von den Tangenten der Gegenecke geschnitten werden, liegen in einer Gerade.

17. Zusammenfassung. Die Sätze über das Kreisviereck[(15)] und das Kreisdreieck[(16)] lassen sich als besondere Fälle des Pascalschen Satzes über das Kreissechseck[(14)] auffassen: der Pascal bleibt richtig, wenn man zwei Kreispunkte zusammenfallen läßt und zugleich an die Stelle der Verbindungslinie dieser beiden Punkte die Tangente setzt[(15$_1$)]. Auch in diesem Fall erleichtert das Schema[(12$_2$)] die Übersicht, wenn man die zusammenfallenden Punkte mit derselben Ziffer bezeichnet und diese zweimal hinschreibt. Hat man z. B. das Kreisviereck 1 2 3 4, so kann man dies auffassen als das Kreissechseck

1 1 2 3 3 4.

Nach diesem Schema schneiden sich die Tangenten in 1 und 3 auf der Verbindungslinie der Punkte 1 2 · 3 4 und 2 3 · 4 1[(15$_2$)]. — Das Kreisdreieck 1 2 3 läßt sich auffassen als das Kreissechseck

1 1 2 2 3 3.

§ 3. Pol und Polare.

18. Polare. Vermittels eines Kreises kann man jedem Punkt P eine Gerade p durch die folgende Konstruktion zuordnen: die Gerade, welche den Punkt P (Fig. 23) mit einem beliebigen Kreispunkt S verbindet, schneidet den Kreis noch in einem zweiten Punkt S_1; zeichnen wir den von P durch S und S_1 harmonisch getrennten Punkt U und ferner den Schnittpunkt T der Tangenten s und s_1 von S und S_1, so heißt die Verbindungslinie p von U und T die Polare des Punktes P. Es läßt sich zeigen, daß die Gerade p allein von der Lage des Punktes P, nicht aber von der Wahl des Kreispunktes S abhängt:

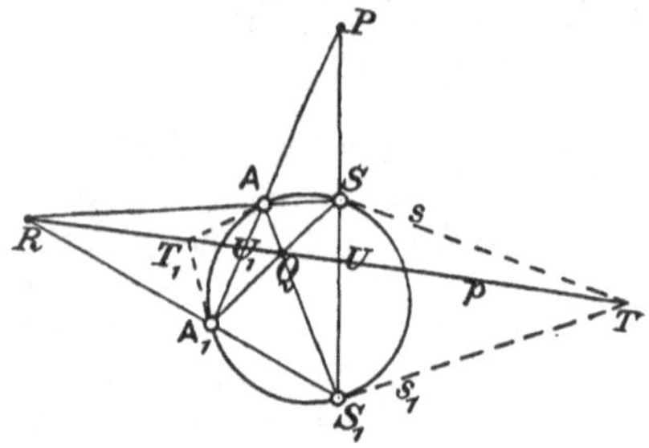

Fig. 23.

Schneidet die Gerade, welche P mit einem weiteren beliebigen Kreispunkt A verbindet, den Kreis zum zweitenmal in A_1, so haben wir den von P durch A und A_1 harmonisch getrennten Punkt U_1 und den Schnittpunkt T_1 der Tangenten in A und A_1 zu zeichnen und nachzuweisen, daß U_1T_1 mit UT zusammenfällt. Dazu zeichnen wir von dem Kreisviereck, von dem P ein Diagonalpunkt ist, die beiden andern Diagonalpunkte Q und R. Die Verbindungslinie dieser beiden Diagonalpunkte geht sowohl durch $U[U_1]$ (11₆) als auch durch $T[T_1]$ (15₂). Die beiden gezeichneten Geraden fallen also mit QR und daher auch miteinander zusammen. Um die gewonnenen Ergebnisse in Worte kleiden zu können, nennen wir die Gerade p die Polare des Punktes P.

Lehrsatz. In der Polare des Punktes P liegen:

1. die von P durch den Kreis harmonisch getrennten Punkte;
2. die Schnittpunkte derjenigen Tangentenpaare, deren Berührungssehnen durch P gehen;
3. zwei Diagonalpunkte jedes Kurvenvierecks, dessen dritter Diagonalpunkt P ist.

4. Zusatz. Aus sechs Kreispunkten ΔABΓSS_1 läßt sich ein einfaches Sechseck bilden, in dem Δ und A; B und Γ; S und S_1 Gegenecken sind; also ΔA; BΓ; SS_1 Diagonalen (12₁); z. B. ΔBSAΓS_1 oder ABSΔΓS_1 usw. Die Punkte, in denen sich die Gegenseiten dieser Sechsecke schneiden, liegen in einer Gerade p (14₁). Gehen die drei Diagonalen ΔA, BΓ, SS_1 durch einen Punkt P, so ist p die Diagonale von P:

Lehrsatz. Gehen die drei Diagonalen eines Kreissechsecks durch einen Punkt P, so ist die Pascalsche Gerade (14₂) die Polare von P (vgl. 13_2).

19. Konstruktion der Polare. Aus den Lehrsätzen der Nr. 18 fließen verschiedene Konstruktionen der Polare.

Man erhält (unter abgeänderter Bezeichnung) einen Punkt der Polare von P, indem man zwei zu P perspektiv liegende Kreispunkte Δ und A zeichnet und

1. entweder den von P durch Δ und A harmonisch getrennten Punkt U

2. oder den Schnittpunkt A der Tangenten in Δ und A bestimmt

3. oder unter Zuhilfenahme eines zweiten zu P perspektiv liegenden Punktpaares AB einen Diagonalpunkt des Kreisvierecks ΔABΓ zeichnet. — Die letzte Konstruktion ist die einfachste.

4. Zusatz. Geht durch P eine Tangente, so können wir zur Konstruktion der Polare den Berührungspunkt dieser Tangente wählen. Da in diesem Fall der Punkt U mit dem Berührungspunkt zusammenfällt $^{(10_8)}$, so geht die Polare durch den Berührungspunkt:

Gehen durch P zwei Tangenten, so ist die Verbindungslinie der Berührungspunkte die Polare. —

Fällt P in den Kurvenpunkt S, so fällt auch U in S $^{(10_8)}$:

Die Polare eines Kurvenpunktes ist seine Tangente.

20. Polare und Durchmesser.

Lehrsatz. Die Polare und der Durchmesser eines Punktes stehen aufeinander senkrecht.

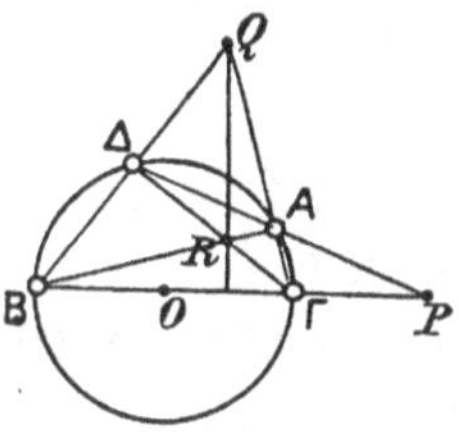

Fig. 24.

Beweis. Man wählt zur Konstruktion $^{(19_3)}$ der Polare des Punktes P (Fig. 24) den Durchmesser PO, welcher den Kreis in B und Γ schneidet, und einen zweiten beliebigen Strahl von P, welcher den Kreis in Δ und A schneidet. Aus der Betrachtung des Dreiecks BΓQ[BΓR], in dem ΔΓ und AB [ΔB und AΓ] zwei Höhen sind, ergibt sich, daß die Diagonallinie QR des Vierecks ΔABΓ, die Polare $^{(18_3)}$ von P, die dritte Höhe ist.

21. Pol.

1. Definition. Ein Punkt heißt der Pol einer Gerade, wenn die Gerade die Polare des Punktes ist.

Aufgabe. Zu einer Gerade p den Pol zu zeichnen.

Konstruktion. Wir ziehen den Durchmesser BΓ, der auf p senkrecht steht (Fig. 25) und verbinden B und Γ mit einem beliebigen Punkt Q von p. Treffen diese Verbindungslinien QB und QΓ den Kreis zum zweitenmal in Δ und A, so schneidet die Sehne ΔA den Durchmesser BΓ in dem gesuchten Pol P.

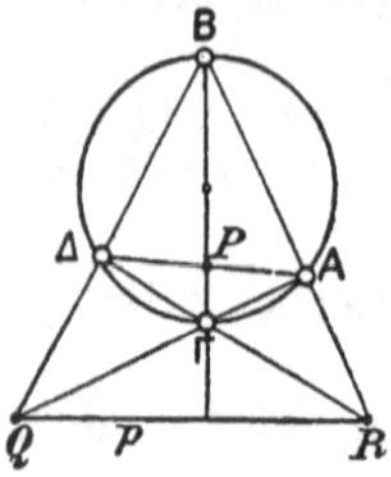

Fig. 25.

Beweis. Die drei zuerst gezeichneten Punkte $B\Gamma Q$ bilden ein Dreieck, von dem AB, $\Delta\Gamma$ und p die Höhen sind; diese drei Höhen gehen durch einen Punkt, mit anderen Worten: die Gegenseiten $\Gamma\Delta$ und AB des gezeichneten Kurvenvierecks $\Delta AB\Gamma$ schneiden sich in einem Punkt R von p. Es ist also $p = QR$ die Polare von P [18_3].

2. Bei unsrer Konstruktion haben wir noch zu dem Punkt Q von p die Polare PR [18_3] gezeichnet; da Q ein beliebiger Punkt von p und P der Pol von p ist, so ergibt sich der

Lehrsatz. Die Polaren der Punkte einer Gerade gehen durch einen Punkt, den Pol der Gerade.

22. Kreissechsseit.

1. Lehrsatz des Brianchon. Die drei Geraden, welche die Gegenecken eines einfachen Kreissechsseits [12_1] verbinden, gehen durch einen Punkt.

Beweis. Die Berührungspunkte 1 2 3 4 5 6 der Seiten $1'2'3'4'5'6'$ (Fig. 26) des Kreissechsseits bilden ein Kreissechseck, für welches der Pascal [14_1] gilt. Nun sind die Seiten 1 2 und 4 5 des Sechsecks die Polaren der Ecken $1'2'$ und $4'5'$ des Sechsseits [19_4]. Daher ist die Verbindungslinie $d = 1'2' \cdot 4'5'$ die Polare des Schnittpunkts $D = 12 \cdot 45$ [18_2]. Ebenso ist

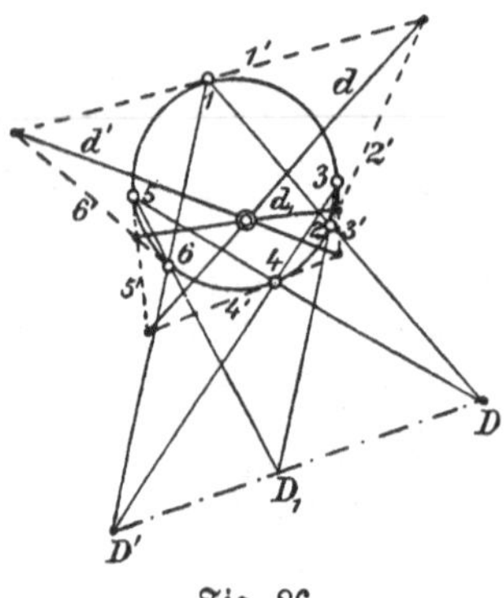

Fig. 26.

$$d_1 = 2'3' \cdot 5'6'$$

die Polare des Schnittpunkts $D_1 = 23 \cdot 56$,

$$d' = 3'4' \cdot 6'1'$$

die Polare des Schnittpunkts $D' = 34 \cdot 61$.

Die Polaren dd_1d' von drei Punkten DD_1D', die in einer Gerade liegen [14_1], gehen aber durch einen Punkt [21_2].

2. Zusatz. Aus dem Satz des Brianchon für das Kreissechsseit lassen sich in ähnlicher Weise wie aus dem Pascal [17] als besondere Fälle Sätze für das Kreisvierseit und das Kreisdreiseit ableiten, indem man zwei Seiten zusammenfallen läßt und zugleich an die Stelle ihres Schnittpunktes den Berührungspunkt setzt. — Für das Kreisdreiseit erhält man z. B. aus dem Schema

$$1'\,1'\,2'\,2'\,3'\,3'$$

den

Lehrsatz. Die Geraden, welche die Ecken eines Kreisdreiseits mit den Berührungspunkten der Gegenseiten verbinden, gehen durch einen Punkt.

§ 4. Gleichseitige Hyperbel.

23. Kreis.

1. Definition. Der Inbegriff der Strahlen, die durch einen Punkt S gehen, heißt ein Strahlenbüschel. — Der Punkt S heißt der Mittelpunkt des Strahlenbüschels. —

Projizieren wir einen beweglichen Kreispunkt A aus zwei festen Kreispunkten S und S_1 durch die Strahlen a und a_1, so erhalten wir, wenn A den Kreis durchläuft, in S und S_1 zwei Strahlenbüschel. Diese beiden Strahlenbüschel beziehen wir aufeinander, indem wir zwei Strahlen von S und S_1, die denselben Kreispunkt projizieren, einander zuordnen. —

Definition. Zwei Strahlenbüschel $abcde\ldots$ und $a_1 b_1 c_1 d_1 e_1 \ldots$ heißen kongruent, wenn $ab = a_1 b_1$; $ac = a_1 c_1$; $ad = a_1 d_1$; $ae = a_1 e_1$ usw. ist (vgl. Nr. 9_1).

Lehrsatz. Eine Kreislinie wird aus zwei beliebigen ihrer Punkte durch zwei kongruente Strahlenbüschel projiziert (vgl. Nr. 15_1).

2. Wir sind hier vom Kreis ausgehend zu kongruenten Strahlenbüscheln gelangt; da sich aber kongruente Strahlenbüschel auch unabhängig vom Kreis konstruieren lassen, so können wir auch die kongruenten Strahlenbüschel als Ausgangspunkt nehmen:

Definition. Der Inbegriff der Punkte, in denen sich die homologen Strahlen zweier kongruenten Büschel schneiden, heißt eine Kreislinie.

Die Aufgabe: Durch drei Punkte SS_1A einen Kreis zu legen, ist demnach identisch mit der

Aufgabe. Zwei kongruente Strahlenbüschel zu zeichnen, wenn ihre Mittelpunkte S und S_1 und zum Strahl S(A) $= a$ der homologe S_1(A) $= a_1$ gegeben sind.

3. Die Verbindungslinie der Strahlenmittelpunkte S und S_1 kann als Strahl des Büschels S und auch als Strahl des Büschels S_1 aufgefaßt werden; als Strahl von S bezeichnen wir sie durch m, als Strahl von S_1 durch n_1. Der Strahl m von S schneidet den Kreis (zum zweitenmal) in S_1; der homologe Strahl ist daher $S_1 S_1$, d. h. (15_1) die Tangente in S_1.

Die Aufgabe: Durch zwei Punkte S und S_1 einen Kreis zu legen, der den Strahl m_1 von S_1 berührt, ist also identisch mit der

Aufgabe. Zwei kongruente Strahlenbüschel zu zeichnen, wenn ihre Mittelpunkte S und S_1 und der ihrer Verbindungslinie homologe Strahl von S_1 gegeben sind.

4. Zusatz. Wählen wir zwei aufeinander senkrechte Kreisdurchmesser als Achsen, so gilt für die Koordinaten x und y des Kreispunktes P nach dem Pythagoras die Gleichung

$$x^2 + y^2 = r^2.$$

24. Allgemeine Konstruktion der gleichseitigen Hyperbel.

1. Definition. Zwei Strahlenbüschel [28₁] $a\ b\ c\ d\ e\ ..$ und $a_1\ b_1\ c_1\ d_1\ e_1\ ..$ heißen symmetrisch (vgl. Nr. 9_3), wenn $ab = b_1 a_1$; $ac = c_1 a_1$; $ad = d_1 a_1$; $ae = e_1 a_1$ usw. ist.

Definition. Der Inbegriff der Punkte, in denen sich die homologen Strahlen zweier symmetrischen Büschel schneiden, heißt eine gleichseitige Hyperbel.

Zwei symmetrische Strahlenbüschel, mithin auch eine gleichseitige Hyperbel, sind bestimmt, wenn ihre beiden Mittelpunkte S und S_1 und zu dem beliebigen Strahl a von S der homologe a_1 von S_1 gegeben sind. Die beiden homologen Strahlen a und a_1 können auch durch ihren Schnittpunkt A gegeben werden. —

2. Aufgabe. Eine gleichseitige Hyperbel zu zeichnen.

Erste Konstruktion. Wir schlagen um S und S_1 mit beliebigem Halbmesser zwei Kreise, die a und a_1 in A und A_1 schneiden (Fig. 27), und tragen von A und A_1 aus, indem wir die beiden Kreislinien in ungleichem Sinn durchlaufen, gleiche Bogen ab. Die Geraden, die die Endpunkte gleicher Bogen mit S und S_1 verbinden, sind dann homologe Strahlen der symmetrischen Büschel und schneiden sich daher in Punkten der gleichseitigen Hyperbel.

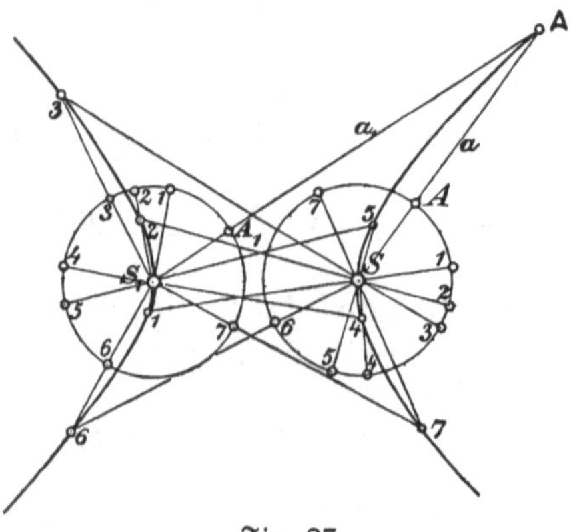

Fig. 27.

3. Nachdem wir durch die vorige Konstruktion uns ein Bild von dem Lauf der Kurve gemacht haben, wollen wir nun die Eigenschaften der Kurve kennen lernen durch eine

Zweite Konstruktion. Fassen wir die Verbindungslinie der Strahlenmittelpunkte als Strahl $S(S_1)$ des ersten Büschels S auf (vgl. Nr. 23_3) und bezeichnen ihn als solchen durch m (Fig. 28), so erhalten wir den ihm homologen m_1 von S_1, wenn wir $m_1 a_1 = a\,m^{(24_1)}$ machen. — Durch den uneigentlichen Punkt T von m_1 legen wir einen beliebigen Strahl δ, der maa_1 in CD_1D schneidet. Die Projektionsstrahlen $S(D)$ und $S_1(D_1)$, die wir durch d und d_1 bezeichnen, schneiden sich dann in einem Hyperbelpunkt Δ.

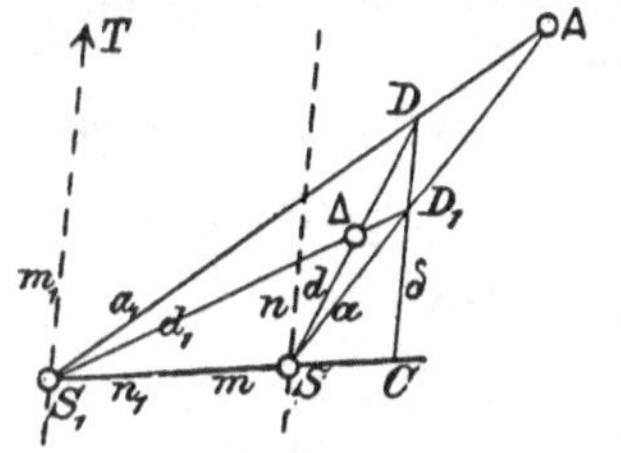

Fig. 28.

Beweis: $\dfrac{am = m_1 a_1 = \delta a_1{}^{(3_3)}}{SS_1\,DD_1 \text{ ein Kreisviereck}^{(3_{10})}}$
$da = a_1 d_1{}^{(3_9)}$.

Indem man für δ verschiedene Lagen annimmt, sind soviel Punkte Δ zu zeichnen, daß der Lauf der Kurve erkennbar wird.

4. Unter den Lagen von δ heben wir zwei besondere hervor. — 1. Fällt C in den Punkt S_1, so fällt δ in m_1 und D, mithin auch Δ, in S_1; S_1 ist also ein Punkt der Hyperbel. Während jeder andere Strahl von S_1 außer durch S_1 noch durch einen zweiten Punkt Δ der Hyperbel geht, hat m_1 nur den Punkt S_1 mit der Hyperbel gemein; m_1 heißt daher **Tangente**. — 2. Fällt C in S, so fällt D_1, mithin auch Δ, in S; S ist also ein Hyperbelpunkt. Gleichzeitig fällt δ in den dem Strahl m_1 parallelen Strahl n (Fig. 28) von S; dieser Strahl n heißt, weil er außer S keinen Punkt mit der Kurve gemein hat, Tangente. — Weil $m_1 m = nm$ ist$^{(3_3)}$, so ist der Strahl n der als Strahl von S_1 aufgefaßten Verbindungslinie $S_1(S) = n_1$ homolog (vgl. Nr. 23_3):

Lehrsatz. Die Mittelpunkte zweier symmetrischen Strahlenbüschel sind Punkte der durch sie erzeugten Hyperbel. — Die Strahlen, welche der Verbindungslinie der Strahlenmittelpunkte entsprechen, sind Tangenten der Hyperbel.

5. Ziehen wir zu den Projektionsstrahlen d und d_1 (Fig. 29) des beliebigen Hyperbelpunktes Δ durch S_1 und S die Parallelen: $d'_1 \parallel d$ und $d' \parallel d_1$, so ist $d'd = d_1 d'_1{}^{(3_6)}$; folglich ist der Schnittpunkt Δ' von d' und d'_1 ebenfalls ein Hyperbelpunkt. Die Verbindungslinie $\Delta\Delta'$ geht als Diagonale des Parallelogramms $S\Delta S_1\Delta'$ durch die Mitte O von SS_1 und wird durch O halbiert. O heißt daher der **Mittelpunkt** der Hyperbel und jede durch ihn gehende Gerade ein **Durchmesser**.

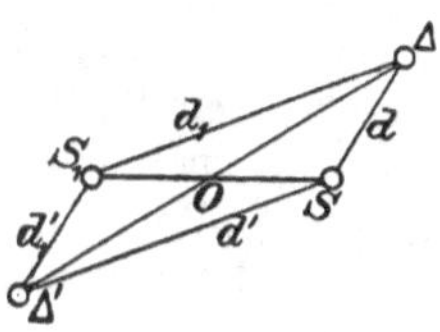

Fig. 29.

6. Einen beliebigen nach 24_3 gezeichneten Hyperbelpunkt Δ verbinden wir mit dem uneigentlichen Punkt T von m_1 durch die Gerade $T\Delta$ (Fig. 30), welche SS_1 in Q schneidet. Es ist dann

$$Q\Delta : CD = SQ : SC^{(5_6)}$$
$$Q\Delta : CD_1 = S_1Q : S_1C^{(5_6)}$$
$$Q\Delta^2 : CD \cdot CD_1 = SQ \cdot S_1Q : SC \cdot S_1C$$

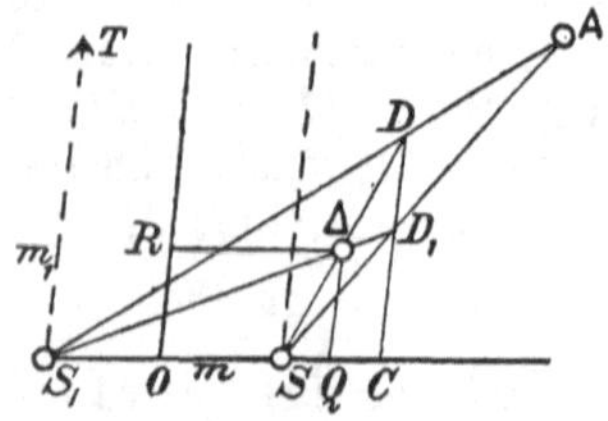

Fig. 30.

$$\frac{CD \cdot CD_1 = CS \cdot CS_1 \,^{(6_3)}}{Q\Delta^2 = SQ \cdot S_1Q.} \;-$$

Für den Mittelpunkt O ist $OS = - OS_1$ (2₄), daher

$$\begin{aligned} Q\Delta^2 &= (SO + OQ)(S_1O + OQ)^{(2_2)} \\ &= (-OS + OQ)(OS + OQ) \\ &= OQ^2 - OS^2. \;- \end{aligned}$$

Ziehen wir durch O zu m_1 und durch Δ zu SS_1 die Parallelen, die sich in R schneiden, so sind OQ und $OR = Q\Delta$ die Koordinaten x und y des beliebigen Hyperbelpunktes Δ für die Durchmesser (24₅) SS_1 und OT als Achsen. Setzen wir noch $SS_1 = 2a$, so erhalten wir durch Einsetzen dieser Werte die

Gleichung der gleichseitigen Hyperbel: $x^2 - y^2 = a^2$.

25. Besondere Konstruktion. 1. Die symmetrische Verwandtschaft der beiden Strahlenbüschel S und S_1 ist durch zwei beliebige Strahlen a und a_1 gegeben (24₁); wir können also auch die Verbindungslinie $S(S_1) = m$ (vgl. Nr. 23₃) und den ihr homologen Strahl m_1 von S_1 zur Bestimmung der symmetrischen Verwandtschaft nehmen. — Halbieren wir die Nebenwinkel m_1m und mm_1 durch die Geraden u_1 und v_1 (Fig. 31) und ziehen zu ihnen durch S die Parallelen u und v, so ist $m_1u_1 = u_1m = um$ (3₃); es sind also u und u_1 zwei homologe Strahlen von S und S_1 (24₁), mithin ihr Schnittpunkt, der uneigentliche Punkt U, ein Punkt der Hyperbel. Ebenso ergibt sich, daß der uneigentliche Schnittpunkt V von v und v_1 ein Hyperbelpunkt ist. —

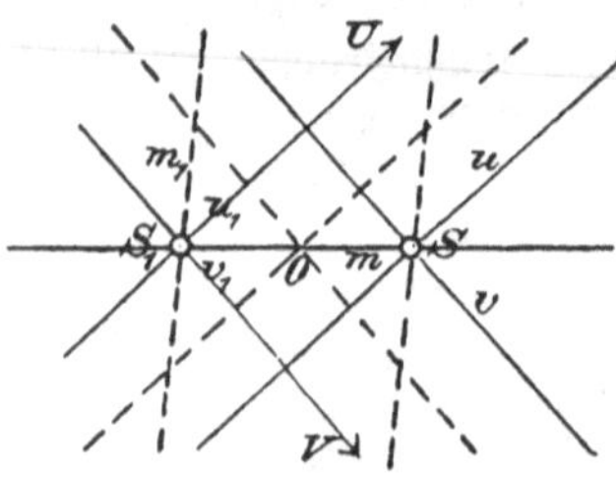

Fig. 31.

Die Geraden, welche U und V mit der Mitte O von SS_1, dem Mittelpunkt der Hyperbel (24₅), verbinden, heißen Asymptoten der Hyperbel. Da u_1 und v_1 als Halbierungslinien zweier Nebenwinkel aufeinander senkrecht stehen, so haben wir den

Lehrsatz. Die Asymptoten einer gleichseitigen Hyperbel stehen aufeinander senkrecht.

2. In derselben Weise, wie in Nr. 24₃ vermittels der beiden beliebigen homologen Strahlen a und a_1, zeichnen wir jetzt vermittels der beiden parallelen homologen Strahlen u und u_1 den Hyperbelpunkt Δ. — Von dem Trapez SS_1DD_1 (Fig. 32) sind C und Δ die beiden eigentlichen Diagonalpunkte; ihre Verbindungslinie geht daher (11₉) durch die Mitten L und L_1 von SD_1 und S_1D. Da ferner $\delta u_1 = m_1u_1$ (3₃) $= u_1m$ ist, so bilden $\delta u_1 m$ das gleichschenkelige Dreieck (3₅) S_1DC, und CL_1

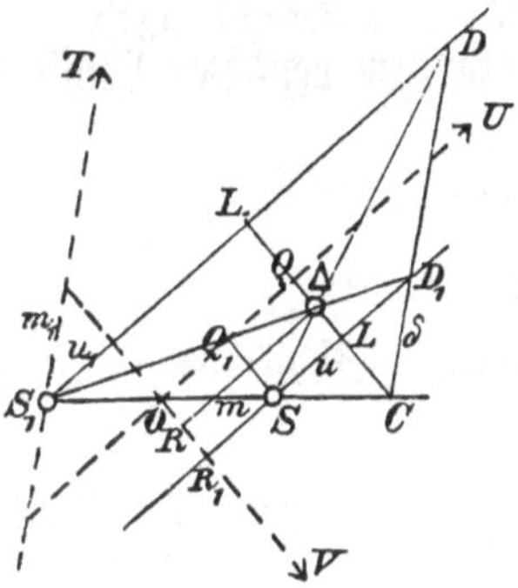

Fig. 32.

steht senkrecht auf S_1D. — Die Asymptote OU geht durch die Mitte Q von LL_1 $^{(5_3)}$ und da $LL_1 \cdot \Delta C$ vier harmonische Punkte sind $^{(11_3)}$, so ist $Q\Delta \cdot QC = QL^2$ $^{(10_{13})}$. Zeichnen wir noch die zweite Asymptote OV und für die beiden Asymptoten OU und OV als Koordinatenachsen die Koordinaten OQ und OR von Δ und die Koordinaten OQ_1 und OR_1 von S, so ist

$$OQ : OQ_1 = QC : Q_1S^{(5_3)} = QC : QL$$
$$OR : OR_1 = Q\Delta : QL$$
$$OQ \cdot OR : OQ_1 \cdot OR_1 = Q\Delta \cdot QC : QL^2 = 1.$$

Lehrsatz. Wählt man die Asymptoten als Achsen, so ist das Produkt aus den Koordinaten eines Punktes der gleichseitigen Hyperbel konstant.

26. Dreiteilung des Winkels.

Aufgabe. Einen gegebenen Winkel ma in drei gleiche Teile zu teilen.

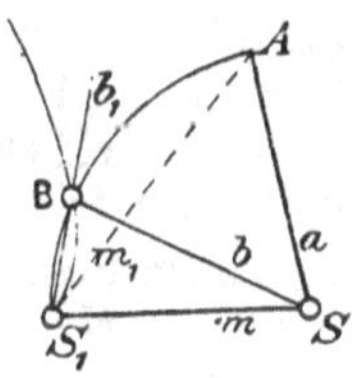

Fig. 33.

Konstruktion. Um den Scheitel S von ma (Fig. 33) schlagen wir einen beliebigen Kreisbogen, der m in S_1 und a in A schneidet, und ziehen $S_1A = m_1$. Schneidet die durch SS_1m_1 bestimmte $^{(25_1)}$ gleichseitige Hyperbel den Kreisbogen in B, so ist S(B) $= b$ die gesuchte Teilungslinie; denn es ist, wenn wir noch S_1(B) durch b_1 bezeichnen, $mb = b_1m_1 = \frac{1}{2}ba$.

§ 5. Übungen.

27. Teilung nach dem Verhältnis zweier Flächen.

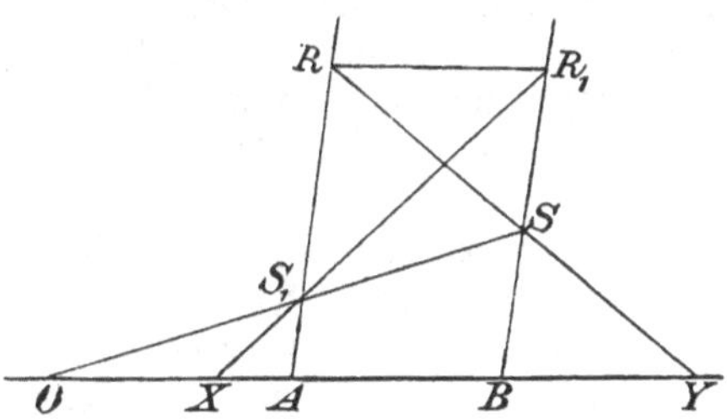

Fig. 34.

1. Aufgabe. Eine Strecke AB nach dem Verhältnis $pr : qs$ zu teilen.

Lösung. Wir teilen AB durch X (Fig. 34) nach dem Verhältnis $p : q$ $[p : s]$ $^{(4_4)}$ und durch Y nach dem Verhältnis $r : s$ $[r : q]$ und ziehen durch A und B zwei beliebige Parallelen, die von einer beliebigen

Parallele zu AB in R und R_1 geschnitten werden. Nun projizieren wir R_1 aus X auf AR und R aus Y auf BR_1. Die Verbindungslinie der erhaltenen Punkte S_1 und S schneidet AB in dem gesuchten Punkt O.

Beweis.
$$p:q = XA:XB = AS_1:BR_1$$
$$r:s = YA:YB = AR:BS^{(5_6)}$$
$$\overline{}$$
$$pr:qs = AS_1:BS = OA:OB.$$

Zusatz. Eine Strecke nach dem Verhältnis $(p:q)^2$ oder $-(p:q)^2$ zu teilen.

28. Apollonischer Kreis. 1. Sind F und G zwei feste Punkte, deren Verbindungslinie durch A_1 und A nach dem Verhältnis $+\varepsilon$ und $-\varepsilon$ geteilt werden (Fig. 35), so heißt der Kreis mit dem Durchmesser AA_1 der Apollonische Kreis.

Aus einem beliebigen Punkte P dieses Kreises werden die harmonischen Punkte $^{(10_1)}$ $FG \cdot AA_1$ durch vier harmonische Strahlen projiziert; die Strahlen PA und PA_1 halbieren den Winkel FPG und seinen Nebenwinkel $^{(10_{18})}$. Man kann daher den Apollonischen Kreis auch als Ort für den Punkt auffassen, aus dem FA und AG unter gleichen Winkeln erscheinen. —

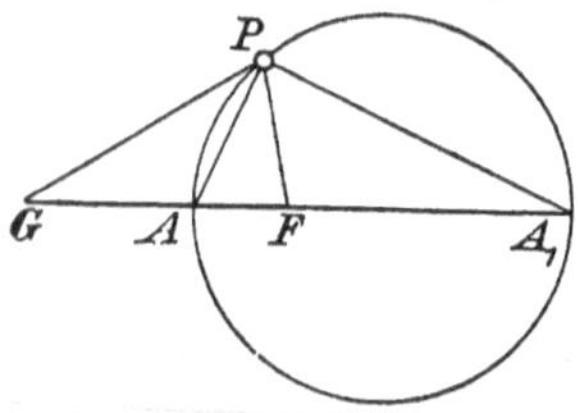

Fig. 35.

Aufgabe. Einen Punkt zu zeichnen, aus dem die drei Strecken AB, BC, CD einer Gerade unter gleichen Winkeln erscheinen. — Die Aufgabe hat zwei Lösungen oder keine.

2. Weil PA den Winkel FPG halbiert, so ist nach einem planimetrischen Satze $PF:PG = AF:AG$. Man kann daher den Apollonischen Kreis auch als Ort für den Punkt auffassen, dessen Entfernungen von zwei festen Punkten ein gegebenes Verhältnis haben.

3. Auf der einen von zwei festen Geraden f und g (Fig. 36) tragen wir vom Scheitel O aus die Strecke e ab und ziehen durch ihren Endpunkt zu f eine Parallele von der Größe $2a$, die durch g halbiert wird. Für jeden Punkt P der beiden Geraden, welche den Scheitel O mit den Endpunkten der Strecke $2a$ verbinden, gilt dann der Satz, daß seine Entfernungen von f und g sich wie e zu a verhalten:

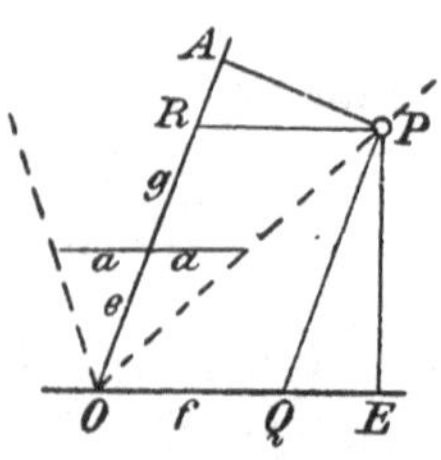

Fig. 36.

Lehrsatz. Der Ort für den Punkt, dessen Entfernungen von zwei festen Geraden ein gegebenes Verhältnis haben, ist ein Geradenpaar, das mit den beiden festen Geraden einen harmonischen Wurf bildet (vgl. Nr. 48_4).

29. Lehrsatz des Desargues.

1. Lehrsatz. Wenn die drei Geraden, welche die homologen Ecken zweier zugeordneten Dreiecke$^{(51_7)}$ verbinden, durch einen Punkt gehen, so liegen die drei Punkte, in denen sich die homologen Seiten schneiden, in einer Gerade (vgl. Nr. 51_9).

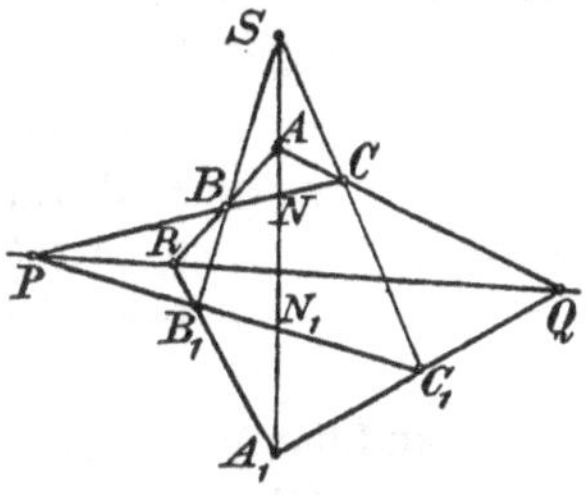

Fig. 37.

Beweis. Den Punkt, durch den die drei Verbindungslinien der homologen Ecken A und A_1, B und B_1, C und C_1 gehen, bezeichnen wir durch S (Fig. 37) und die drei Punkte, in denen die Seiten AB, BC, CA von den homologen A_1B_1, B_1C_1, C_1A_1 geschnitten werden, durch R; P; Q; außerdem nennen wir noch die Punkte, in denen AA_1 die Seiten BC und B_1C_1 schneidet, N und N_1. Es ist

$$A(PNCB) \overline{\overline{\wedge}} PNCB \overline{\overline{\wedge}} S(PNCB) \overline{\overline{\wedge}} PN_1C_1B_1 \overline{\overline{\wedge}} A_1(PN_1C_1B_1).$$

Da die beiden projektiven Strahlengruppen $A(PNCB)$ und $A_1(PN_1C_1B_1)$ den Strahl AA_1 entsprechend gemein haben, so liegen die Schnittpunkte homologer Strahlen, das ist PQR, in einer Gerade$^{(8_8)}$.

2. Umkehrung$^{(51_8)}$. Wenn die drei Punkte, in denen sich die homologen Seiten zweier zugeordneten Dreiecke schneiden, in einer Gerade liegen, so gehen die drei Geraden, welche die homologen Ecken verbinden, durch einen Punkt.

Der Beweis ist dual$^{(11_5)}$ dem vorhergehenden zu führen, indem man zwei Punktgruppen, die einen Punkt entsprechend gemein haben, nachweist. — Auch läßt sich der zweite Satz auf den ersten zurückführen, indem man von der Betrachtung der einander zuzuordnenden Dreiecke RBB_1 und QCC_1 (Fig. 37) ausgeht, für welche die Verbindungslinien homologer Ecken nach der Voraussetzung durch einen Punkt gehen.

30. Vierecksinvolution.

1. Aufgabe. Gegeben sind in einer Gerade zwei Punktpaare AA_1 und BB_1 und der Punkt C. Gesucht wird ein Punkt C_1, so daß ist

$$AA_1BC \overline{\wedge} A_1AB_1C_1.$$

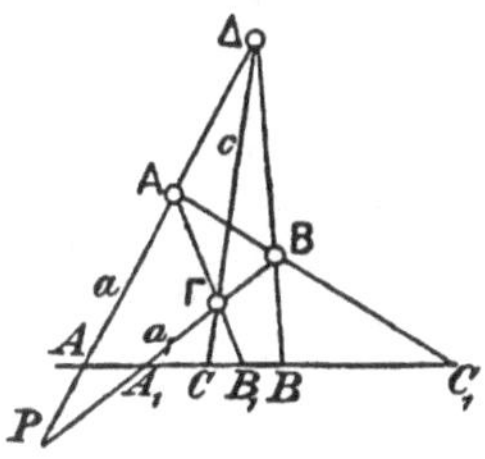

Fig. 38.

Lösung (vgl. Nr. 11_4). Wir legen durch A und A_1 zwei beliebige Geraden a und a_1 (Fig. 38), die von einer beliebig durch C gelegten Gerade c in Δ und Γ geschnitten werden. Bezeichnen wir dann die Punkte, in denen a und a_1 von den Verbindungslinien $B_1\Gamma$ und $B\Delta$ geschnitten werden, durch A und B, so schneidet die Seite AB des Vierecks ΔABΓ die Gerade in dem gesuchten Punkt C_1.

Beweis. $AA_1BC \doublebarwedge \Delta(AA_1BC) \doublebarwedge PA_1\mathsf{B}\Gamma \doublebarwedge \mathsf{A}(PA_1\mathsf{B}\Gamma)$
$\doublebarwedge AA_1C_1B_1 \barwedge A_1AB_1C_1{}^{(8_{10})}$.

2. Wählen wir statt der willkürlich angenommenen Geraden aa_1c irgend drei andere $a'a_1'c'$ und zeichnen aus ihnen in der angegebenen Weise das Viereck $\Delta'\mathsf{A}'\mathsf{B}'\Gamma'$, von dem fünf Seiten durch AA_1BB_1C gehen, so ergibt sich, wenn wir den Schnittpunkt der sechsten Seite $\mathsf{A}'\mathsf{B}'$ durch C_1' bezeichnen, $AA_1BC \barwedge A_1AB_1C_1'$. Aus $A_1AB_1C_1 \barwedge A_1AB_1C_1'$ ergibt sich dann $^{(8_9)}$, daß C_1' in C_1 fällt:

> Lehrsatz. Wenn fünf Seiten eines Vierecks die zugeordneten Seiten eines zweiten Vierecks in fünf Punkten einer Gerade schneiden, so schneidet auch die sechste Seite des ersten Vierecks die sechste Seite des zweiten Vierecks in einem Punkt dieser Gerade.

> Definition. Der Inbegriff der drei Punktpaare, in denen eine Gerade durch die Gegenseiten eines Vierecks geschnitten wird, heißt eine Involution.

3. Anmerkung. Fallen die Punkte A und A_1, B und B_1 zusammen, so wird aus der Involution ein harmonischer Wurf $^{(11_3)}$. — Eine andere Definition und zugleich eine Erweiterung des Begriffes Involution von drei Punktpaaren auf beliebig viele erfolgt in Nr. 76.

31. Harmonischer Wurf eines Kreises. 1. Werden vier Kreispunkte $ABXY$ aus irgend einem fünften Kreispunkt durch einen harmonischen Strahlenwurf projiziert, so werden sie aus jedem Kreispunkt durch einen harmonischen Strahlenwurf projiziert $^{(15_1)}$. Wir wollen daher solche Kreispunkte kurz harmonische nennen.

2. Vier harmonische Kreispunkte $AB \cdot XY$ (Fig. 39) bestimmen zwei die zugeordneten Punkte verbindende Sehnen: AB und XY. Es läßt sich zeigen, daß XY durch den Schnittpunkt der Tangenten von A und B, also durch den Pol von AB $^{(19_4)}$, geht:

> Lehrsatz. Bilden die Endpunkte zweier Kreissehnen zwei harmonische Punktpaare, so geht die eine Sehne durch den Pol der andern.

Beweis. $A(ABXY) \barwedge B(ABXY)^{(15_1)} \barwedge B(BAXY)^{(10_6)}$.

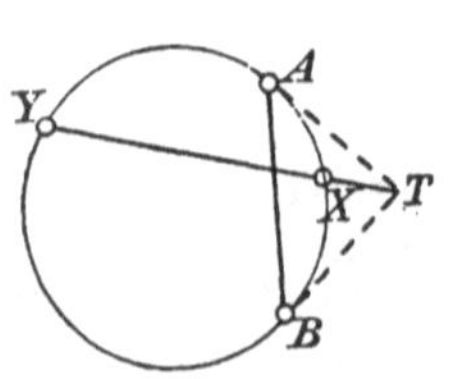

Fig. 39.

Da diese beiden projektiven Würfe $A(ABXY)$ und $B(BAXY)$ den Strahl AB entsprechend gemein haben, so liegen die Schnittpunkte homologer Strahlen, also der Schnittpunkt der Tangenten in A und B und die Kreispunkte X und Y, in einer Gerade $^{(10_{10})}$.

3. Da durch ein Strahlenpaar und einen Strahl der vierte harmonische bestimmt ist$^{(10_{12})}$, so ist auch durch drei Kreispunkte der vierte harmonische bestimmt; es gilt daher von dem vorhergehenden Lehrsatz auch die

Umkehrung. Geht von zwei Sehnen die eine durch den Pol der anderen, so sind die Endpunkte der beiden Sehnen vier harmonische Kreispunkte.

4. Zusatz. Als besonderer Fall des letzten Satzes ergibt sich:

Die Endpunkte eines Durchmessers und die Endpunkte jeder auf ihm senkrecht stehenden Sehne sind vier harmonische Kreispunkte.

5. Aufgabe. Das Punktpaar einer Gerade zu zeichnen, welches zwei gegebene Punktpaare der Gerade harmonisch trennt.

Lösung. Sind AB und CD (Fig. 40) die beiden beliebigen Punktpaare, so legen wir durch die Punkte des einen, z. B. durch A und B einen beliebigen Kreis und projizieren aus einem beliebigen Punkt S dieses Kreises die Punkte C und D. Schneiden diese Projektionsstrahlen den Kreis zum zweitenmal in Γ und Δ und die Verbindungslinie $\Gamma\Delta$ die Gerade AB in T, so ziehen wir von T die beiden Tangenten an den Kreis und projizieren die Berührungspunkte X_1 und Y_1 dieser Tangenten aus S. Die Schnittpunkte X und Y dieser Projektionsstrahlen und der Gerade AB sind die gesuchten Punkte.

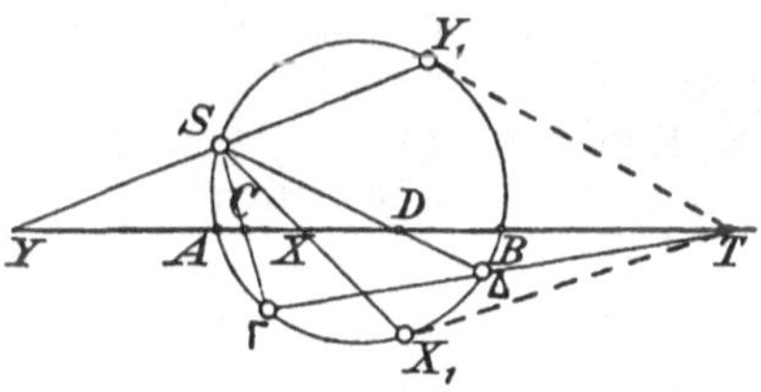

Fig. 40.

Beweis. Weil AB sowohl wie $\Gamma\Delta$ durch T geht, so sind $X_1 Y_1 \cdot AB$ und $X_1 Y_1 \cdot \Gamma\Delta$ harmonische Kreispunkte$^{(31_3)}$; die sie aus S projizierenden Würfe sind also auch harmonisch$^{(31_1)}$ und schneiden die Gerade AB in harmonischen Punktwürfen$^{(10_9)}$.

6. Zusatz. Teilt der Schnittpunkt T von AB und $\Gamma\Delta$ die Strecke AB innen, so lassen sich von T keine Tangenten an den Kreis ziehen. Die Anschauung lehrt, daß der Punkt T die Strecke AB innen teilt, daß also die Aufgabe keine Lösung hat, wenn die beiden Punktpaare AB und CD einander trennen$^{(10_7)}$.

32. Gruppen von gegebenem Doppelverhältnis. 1. Durch drei Punkte ABC und eine Zahl δ ist ein vierter Punkt D bestimmt$^{(7_2)}$ durch die Bedingung, daß $(ABCD) \doteq \delta$ sein soll.

Aufgabe. Drei Elemente zu einer Gruppe von gegebenem Doppelverhältnis zu ergänzen.

Lösung. Wir nehmen einen beliebigen nicht in AB liegenden Punkt B_1 (Fig. 41) hinzu und teilen AB_1 durch C_1 nach dem einfachen

Verhältnis δ [4_4]; die Gerade, welche den Schnittpunkt S von BB_1 und CC_1 mit dem uneigentlichen Punkt D_1 von AB_1 verbindet, schneidet AB in dem gesuchten Punkt D.

Beweis.

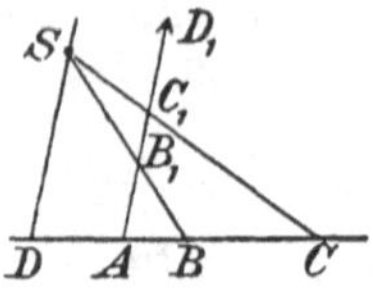

Fig. 41.

$$(ABCD) = (AB_1\,C_1\,D_1)^{(7_7)} = C_1A : C_1B_1{}^{(7_6)} = \delta.$$

2. Zusatz. Sind die drei Elemente zwei Punkte AB und eine Gerade c, so verstehen wir unter der Aufgabe: ABc zu einer Gruppe von gegebenem Doppelverhältnis zu ergänzen, die Aufgabe: ABC zu einer Gruppe zu ergänzen, wo C den Schnittpunkt von AB und c bedeutet.

3. Sind die drei Elemente drei Strahlen abc, so lösen wir die Aufgabe: Drei Strahlen zu einer Gruppe von gegebenem Doppelverhältnis zu ergänzen, indem wir die drei Strahlen abc durch eine beliebige Gerade in ABC schneiden und nun zunächst ABC zu einer Punktgruppe von dem gegebenen Doppelverhältnis ergänzen.

4. Sind ABD drei beliebige Punkte (die nicht in einer Gerade liegen) und c eine beliebige Gerade, so ist durch $ABcD$ und δ eine Strahlengruppe in folgender Weise bestimmt: Wird AB von c in C_1 geschnitten, so ergänzen wir ABC_1 durch den Punkt D_1 zu einer Gruppe ABC_1D_1 vom Doppelverhältnis δ; die Verbindungslinie DD_1 schneidet dann c in einem Punkt Δ, für den $\Delta(ABcD) = \delta$ ist.

5. Sind $ABSS_1$ vier beliebige Punkte (von denen nicht drei in einer Gerade liegen), so können wir [32_4] auf jedem Strahl c von S einen Punkt Δ bestimmen, für den $\Delta(ABSS_1) = \delta$ ist.

6. Anmerkung. Führen wir diese Konstruktion für zahlreiche durch S gehende Strahlen c aus (siehe Nr. 32_9), so bilden die Punkte Δ eine krumme Linie, welche Kegelschnitt heißt.

7. Zu einer solchen Linie gelangen wir auch, wenn wir für δ den besondern Wert -1 nehmen. Es heißt dann unsere

Aufgabe. Punkte zu zeichnen, aus denen vier beliebige Punkte $ABSS_1$ durch einen harmonischen Strahlenwurf projiziert werden.

Konstruktion. Ist X ein beliebiger Punkt von AB und Y der von X durch A und B harmonisch getrennte, so werden $AB \cdot SS_1$ aus dem Schnittpunkt Δ von $S(X)$ und $S_1(Y)$ [und auch aus dem Schnittpunkt Δ' von $S(Y)$ und $S_1(X)$] durch einen harmonischen Strahlenwurf projiziert.

Ausführung der Konstruktion. Um in bequemer Weise zahlreiche Punktpaare XY zeichnen zu können, wählen wir auf einer beliebigen durch A (oder B) gelegten Gerade (Fig. 42) zwei beliebige Punkte C und D und ergänzen das Punktpaar AC und den Punkt D durch E zu einem harmonischen Wurf $AC \cdot DE$ [11_4] und ziehen BC (um an Linien zu sparen, kann man den Punkt D mit S zusammenfallen lassen).

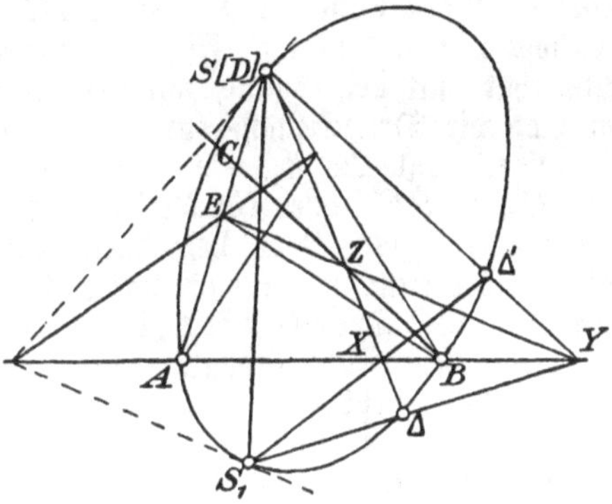

Fig. 42.

Zu X erhalten wir dann den homologen Punkt Y durch die Konstruktion (Fig. 42):

$$X \stackrel{=}{\wedge} D(X) \stackrel{=}{\wedge} Z \stackrel{=}{\wedge} E(Z) \stackrel{=}{\wedge} Y.$$

8. Zusatz. Man kann auch je zwei Punkte, die S und S_1 harmonisch trennen, aus A und B projizieren. — Fällt X in den Schnittpunkt von AB und SS_1, so fallen Δ und Δ' in S_1 und S. — Auch die Punkte A und B gehören zum Kegelschnitt [(10$_8$)].

9. Anmerkung. Die Lösung der allgemeinen Aufgabe [(32$_5$)] erhält man, wenn man AC und D durch E zu einer Gruppe vom Doppelverhältnis δ ergänzt [(32$_1$)].

10. Auf dem angegebenen Wege [(32$_7$)] sollen die Kegelschnitte gezeichnet werden für die folgenden besonderen Lagen der Punkte $ABSS_1$:

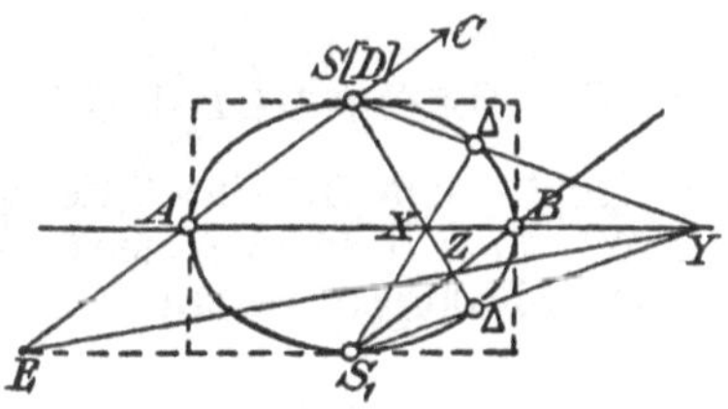

Fig. 43.

α) $AB \cdot SS_1$ sind die Mitten der Seiten eines Rechtecks (Fig. 43). Der entstandene Kegelschnitt heißt **Ellipse.**

β) AB sind die Mitten zweier Gegenseiten eines Rechtecks und SS_1 die uneigentlichen Punkte der Diagonalen (Fig. 44). Der entstandene Kegelschnitt heißt **Hyperbel.**

γ) A liegt in dem Mittellot von SS_1 und B ist der uneigentliche

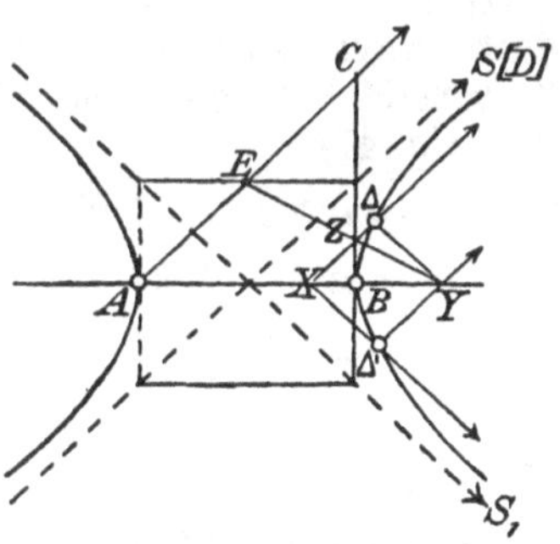

Fig. 44.

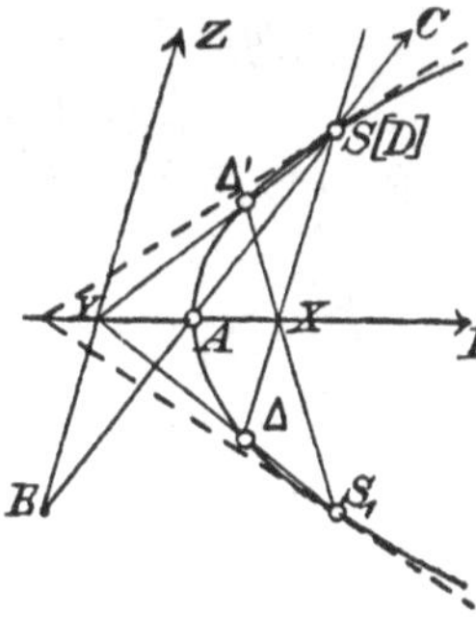

Fig. 45.

Punkt dieses Mittellotes (Fig. 45). Der entstandene Kegelschnitt heißt **Parabel.**

33. Sinn eines Dreiecks. 1. Man kann ein Dreieck ABC in zweierlei „Sinn" umschreiten, entweder rechts herum (Fig. 46), indem man die Dreiecksfläche zur Rechten hat (mit der Sonne, mit dem Uhrzeiger), oder links herum, indem man die Dreiecksfläche zur Linken hat (gegen die Sonne, gegen den Uhrzeiger) (vgl. Nr. 3_1). Der eine Sinn wird durch ABC oder BCA oder CAB; der andere durch ACB oder CBA oder BAC bezeichnet. Entsprechend unterscheidet man, wenn man unter ABC den Flächeninhalt eines Dreiecks versteht, zwischen positivem und negativem Flächeninhalt, indem man z. B. $ABC = -ACB$ setzt. Die Einführung des Sinnes bei Dreiecken hat (ebenso wie bei Strecken [(2)] und Winkeln [(3)]) den Vorteil, daß Sätze, die sonst nur für bestimmte Lagen von Punkten und Geraden gelten, allgemein gültig werden.

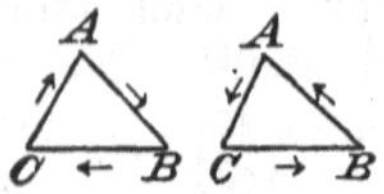

Fig. 46.

2. Unter Festhaltung des Sinns gilt allgemein der

Lehrsatz. Der in einem bestimmten Sinn genommene Inhalt eines Dreiecks ist gleich der algebraischen Summe der Dreiecke, die einen beliebigen Punkt O als Spitze und die in gleichem Sinn genommenen Seiten des Dreiecks als Grundlinien haben.

In Buchstaben:

$$ABC = OAB + OBC + OCA \text{ oder } ACB = OAC + OCB + OBA.$$

3. Sind Δ und A zwei beliebige Punkte und BΓ eine beliebige Strecke, die von der Verbindungslinie ΔA in P geschnitten wird, so ergibt sich [(58)], weil die Inhalte zweier Dreiecke über derselben Grundlinie sich wie ihre Höhen verhalten,

$$\mathrm{B}\Gamma\Delta : \mathrm{B}\Gamma\mathrm{A} = P\Delta : P\mathrm{A},$$

eine Gleichung, die auch dem Sinn nach richtig ist.

4. Schneiden die drei Geraden, welche die Ecken eines Dreiecks ABΓ mit einem beliebigen Punkt Δ verbinden, die Gegenseiten in PQR, so ist (Fig. 47)

$$P\mathrm{B} : P\Gamma = \Delta\mathrm{AB} : \Delta\mathrm{A}\Gamma \; {}^{(33_3)},$$

$$Q\Gamma : Q\mathrm{A} = \Delta\mathrm{B}\Gamma : \Delta\mathrm{BA},$$

$$R\mathrm{A} : R\mathrm{B} = \Delta\Gamma\mathrm{A} : \Delta\Gamma\mathrm{B},$$

$$\frac{P\mathrm{B}}{P\Gamma} \cdot \frac{Q\Gamma}{Q\mathrm{A}} \cdot \frac{R\mathrm{A}}{R\mathrm{B}} = -1.$$

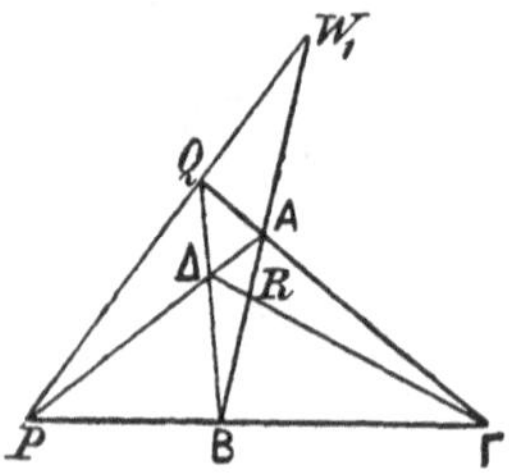

Fig. 47.

Lehrsatz des Ceva. Die drei Geraden, welche einen Punkt mit den Ecken eines Dreiecks verbinden, bestimmen auf den (in gleichem Sinn zu nehmenden) Seiten drei Verhältnisse, deren Produkt -1 ist.

5. Zusatz. Aus der Umkehrung des Ceva läßt sich ableiten, daß die Mittellinien, die Halbierungslinien und die Höhen eines Dreiecks durch einen Punkt gehen, und auch der Satz des Brianchon für das Kreisdreiseit $^{(22_2)}$.

6. Schneidet eine Gerade die Seiten des Dreiecks $\mathrm{AB\Gamma}$ in den Punkten PQR (Fig. 48), und sind MN irgend zwei Punkte dieser Gerade, so ist $^{(33_3)}$

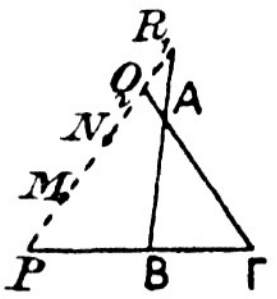

Fig. 48.

$$P\mathrm{B} : P\Gamma = MN\mathrm{B} : MN\Gamma,$$
$$Q\Gamma : Q\mathrm{A} = MN\Gamma : MN\mathrm{A},$$
$$R\mathrm{A} : R\mathrm{B} = MN\mathrm{A} : MN\mathrm{B},$$
$$\frac{P\mathrm{B}}{P\Gamma} \cdot \frac{Q\Gamma}{Q\mathrm{A}} \cdot \frac{R\mathrm{A}}{R\mathrm{B}} = +1.$$

Satz des Menelaus. Die drei Punkte, in denen eine Gerade die Seiten eines Dreiecks schneidet, bestimmen auf den (in gleichem Sinn zu nehmenden) Seiten des Dreiecks drei Verhältnisse, deren Produkt $+1$ ist.

7. Dieser Satz des Menelaus läßt sich auch beweisen, indem man durch die Ecken $\mathrm{AB\Gamma}$ drei beliebige untereinander parallele Geraden zieht, welche PQ in ABC schneiden (Fig. 49):

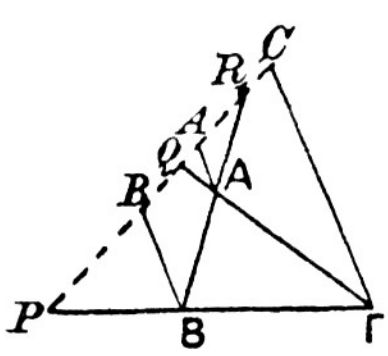

Fig. 49.

$$P\mathrm{B} : P\Gamma = \mathrm{B}B : \Gamma C^{(5_6)},$$
$$Q\Gamma : Q\mathrm{A} = \Gamma C : \mathrm{A}A,$$
$$R\mathrm{A} : R\mathrm{B} = \mathrm{A}A : \mathrm{B}B,$$
$$\frac{P\mathrm{B}}{P\Gamma} \cdot \frac{Q\Gamma}{Q\mathrm{A}} \cdot \frac{R\mathrm{A}}{R\mathrm{B}} = +1.$$

8. Zusatz. Aus dem Menelaus läßt sich der Ceva ableiten, indem man (Fig. 47) auf die Verbindungslinie PQ, welche AB in W_1 schneidet, den Menelaus anwendet. Aus dem Viereck $\Delta\mathrm{AB\Gamma}$ folgt $(\mathrm{AB}RW_1) = -1^{(11_6)}$; setzt man den hieraus für $W_1\mathrm{A} : W_1\mathrm{B}$ sich ergebenden Wert in den Menelaus ein, so erhält man den Ceva.

Prima.

Kapitel II. Synthetische Geometrie.

§ 1. Parabel.

34. Definitionen. Der Ort für den Punkt, dessen Entfernungen von einem festen Punkt und einer festen Gerade einander gleich sind, heißt **Parabel**.

Der feste Punkt F heißt **Brennpunkt**, die feste Gerade l **Richtlinie** (Direktrix).

Eine Parabel ist demnach gegeben durch den Brennpunkt F und die Richtlinie l. Das von F auf l gefällte Lot FH heißt die **Achse** der Parabel; $2HF = 2p$ heißt der **Parameter**. — Da die Mitte K (Fig. 50) und der uneigentliche Punkt W von HF gleiche Entfernungen von F und l haben, so sind sie nach der Definition Parabelpunkte. K heißt der **Scheitel**, W der **Mittelpunkt** der Parabel; jede durch W gehende (also der Achse parallele) Gerade heißt **Durchmesser**; jede durch den Brennpunkt F gehende Gerade heißt **Brennstrahl**.

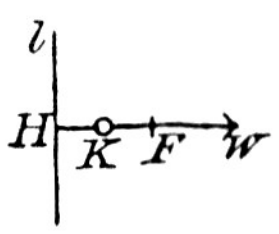

Fig. 50.

35. Zeichnung von Parabelpunkten. Eine Gerade wird mit dem Lineal, ein Kreis mit dem Zirkel gezeichnet; für die Parabel gibt es kein so einfaches Instrument. Wir zeichnen deswegen eine Parabel nur **punktweise**. Eine solche Zeichnung einzelner Parabelpunkte lehren die folgenden Aufgaben.

1. Aufgabe. **Die Schnittpunkte eines Brennstrahls mit der Parabel zu zeichnen.**

Lösung. Wir errichten auf dem gegebenen Brennstrahl in F das Lot (Fig. 51), welches die Richtlinie l in S schneidet. Die Halbierungslinien der beiden von FS und l gebildeten Winkel schneiden den Brennstrahl in

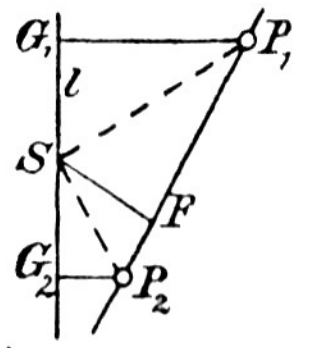

Fig. 51.

den Parabelpunkten P_1 und P_2. — Weil von S vier harmonische Strahlen ausgehen (10₁₆), so wird l von F durch P_1 und P_2 harmonisch getrennt (10₇):

Lehrsatz. Der Brennpunkt wird von der Richtlinie durch die Parabel harmonisch getrennt.

2. Aufgabe. Die Schnittpunkte einer Parallele zur Richtlinie mit der Parabel zu zeichnen.

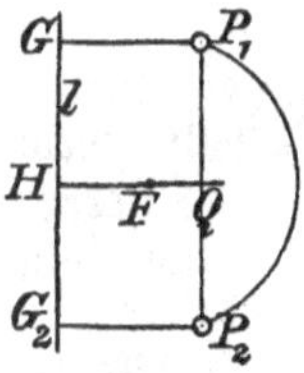

Fig. 52.

Lösung. Schneidet die Parallele zu l die Achse HF in Q (Fig. 52), so hat man mit HQ um F den Kreis zu schlagen; dieser Kreis schneidet die Parallele in den Parabelpunkten P_1 und P_2. —

Weil $QP_1 = P_2Q$, also P_2 der Gegenpunkt von P_1 in bezug auf die Achse ist, so haben wir den

Lehrsatz. Die Parabel liegt symmetrisch zu ihrer Achse. —

3. Aufgabe. Die Schnittpunkte eines Durchmessers (34) mit der Parabel zu zeichnen.

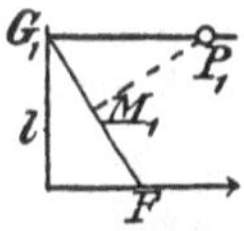

Fig. 53.

Lösung. Schneidet der Durchmesser die Richtlinie l in G_1 (Fig. 53), so hat man auf FG_1 das Mittellot zu errichten; dieses Mittellot schneidet den Durchmesser in dem Parabelpunkt P_1. — Der zweite Schnittpunkt des Durchmessers mit der Parabel ist der Mittelpunkt W (34).

36. Tangenten. 1. Definitionen. Eine Größe heißt unendlich klein erster Ordnung, wenn ihr Verhältnis zu einer endlichen Größe unendlich klein ist. — Eine Größe heißt unendlich klein zweiter Ordnung, wenn ihr Verhältnis zu einer unendlich kleinen Größe erster Ordnung unendlich klein ist. — Ein Winkel eines rechtwinkligen Dreiecks heißt unendlich klein, wenn das Verhältnis der Gegenkathete zur Nebenkathete unendlich klein ist.

Lehrsatz. Ein Dreieck mit einem rechten und einem unendlich kleinen Winkel ist gleichschenklig.

Beweis. In dem bei C rechtwinkligen Dreieck ABC (Fig. 54) sei der Winkel A unendlich klein, also $CB : CA$ unendlich klein erster Ordnung; es wird behauptet, daß $AB - AC$ unendlich klein zweiter Ordnung, d. h. $AB - AC : CB$ unendlich klein ist. Schlagen wir mit AB um A den Kreisbogen, der AC in D und E schneidet, so ist

Fig. 54.

$$CD \cdot EC = CB^2 \text{ (6₁)}; \text{ folglich } CD : CB = CB : EC.$$

Das Verhältnis von $CD = AB - AC$ zu einer unendlich kleinen Größe CB ist also gleich dem Verhältnis einer unendlich kleinen Größe CB zu einer endlichen Größe CE, d. h. $AB - AC$ ist eine unendlich kleine Größe zweiter Ordnung.

2. Zusatz. Ein Viereck, in dem zwei Gegenwinkel Rechte sind,

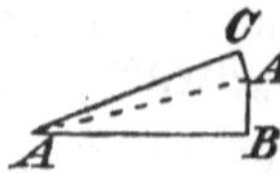

Fig. 55.

und ein dritter Winkel unendlich klein, ist ein Rhomboid (Fig. 55).

Beweis. $AB = AA_1 = AC$ (36₁).

3. Sind P_1 und P_2 zwei unendlich nahe Parabelpunkte (Fig. 56), so ist $\sphericalangle P_1FP_2$ unendlich klein und $P_1F = P_1G_1$ und $P_2F = P_2G_2$; folglich $P_1F - P_2F = P_1G_1 - P_2G_2$. — Fällen wir also von P_2 auf P_1F und P_1G_1 die Lote P_2A und P_2B, so ist (36₁) $P_1F - AF = P_1G_1 - BG_1$. Aus dieser Gleichung geht hervor, daß B die Strecke P_1G_1 innen [außen] teilt, wenn A die Strecke P_1F innen [außen] teilt, und ferner, daß $P_1A = P_1B$ ist. Aus dieser Gleichung folgt Dreieck $P_1P_2A \cong P_1P_2B$ und daraus Winkel $P_2P_1A = P_2P_1B$. Das Ergebnis übersetzen wir mit Hilfe der

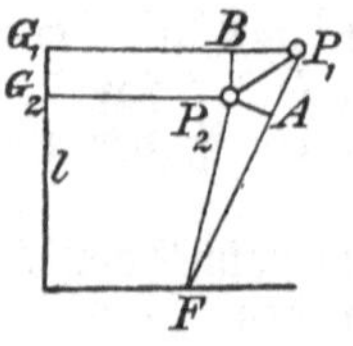

Fig. 56.

Definition. Die Sehne, welche zwei unendlich nahe [oder, wie man auch sagt, zwei zusammenfallende] Parabelpunkte verbindet, heißt Tangente.

Lehrsatz. Jede Parabeltangente halbiert den von dem Brennstrahl und dem Durchmesser ihres Berührungspunktes gebildeten Winkel.

4. Gehen wir umgekehrt aus von der Gerade, die den Winkel FP_1G_1 halbiert, und nehmen auf ihr einen dem Punkt P_1 unendlich nahen Punkt P_2 an und fällen wieder die Lote P_2A und P_2B, so folgt aus der Kongruenz der Dreiecke jetzt $P_1A = P_1B$ und daraus $P_2F = P_2G_2$:

Umkehrung. Die Halbierungslinie des von dem Brennstrahl und dem Durchmesser eines Parabelpunktes gebildeten Winkels ist eine Tangente.

5. Weil die Halbierungslinie des Winkels FP_1G_1 das Mittellot von FG_1 ist, so ist jeder Punkt der Halbierungslinie (außer P_1), weil er gleich weit von F und G_1 entfernt ist, von F weiter entfernt als von l, kann also kein Punkt der Parabel sein:

Die Tangente hat nur einen Punkt (nur zwei zusammenfallende Punkte) mit der Parabel gemein.

6. Die in Nr. 36_1 gegebene Konstruktion von Parabelpunkten liefert zugleich Parabeltangenten, da SP_1 und SP_2 (Fig. 51) die Winkel FP_1G_1 und FP_2G_2 halbieren: der Schnittpunkt S der Tangenten in den Endpunkten eines Brennstrahls liegt daher in der Richtlinie.

Fällt der Brennstrahl mit der Achse zusammen, so sind seine Endpunkte der Scheitel K und der uneigentliche Punkt W (34), und der Punkt S fällt in den uneigentlichen Punkt U der Richtlinie. UK und UW sind also die Tangenten in K und W. UK ist das in K auf der Achse errichtete Lot, UW ist die uneigentliche Gerade (1):

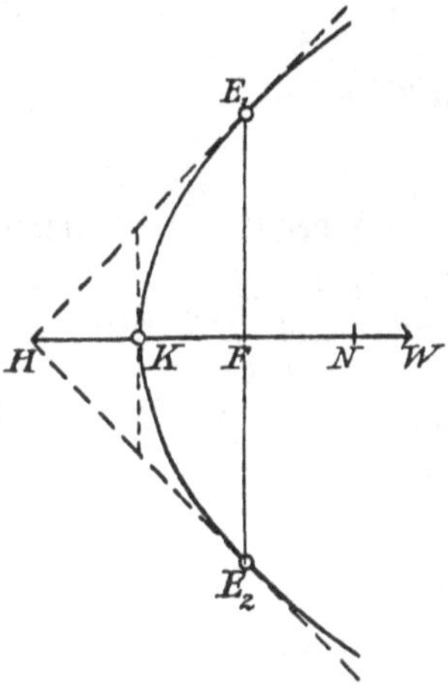

Fig. 57.

Die Scheiteltangente steht senkrecht auf der Achse; die uneigentliche Gerade berührt die Parabel in dem uneigentlichen Punkt der Achse.

7. Steht der Brennstrahl senkrecht auf der Achse, so fällt S in H; die Halbierungslinien der von FH und l gebildeten Winkel $^{(35_1)}$ schneiden daher den Brennstrahl in zwei Parabelpunkten E_1 und E_2, die mit H ein gleichschenklig-rechtwinkliges Dreieck mit der Hypotenuse $E_2E_1 = 2p$ bilden. Die Mitte K der Höhe HF ist der Scheitel der Parabel $^{(34)}$, das Lot in K seine Tangente $^{(36_6)}$. Nehmen wir noch den uneigentlichen Parabelpunkt W hinzu, so haben wir eine einfache Konstruktion für vier Parabelpunkte und ihre Tangenten (Fig. 57). Diese Stücke reichen in den meisten Fällen zur Konstruktion einer Parabel aus $^{(37_8)}$.

37. Normale. 1. Ist P ein Parabelpunkt (Fig. 58), PF sein Brennstrahl und PG sein Durchmesser, so ist die Halbierungslinie des $\sphericalangle FPG$ die Tangente von $P^{(36_4)}$. Da die Halbierungslinie zugleich Mittellot der Grundlinie FG des gleichschenkligen Dreiecks FGP ist, so haben wir den

Lehrsatz. Die Gegenpunkte des Brennpunktes in bezug auf die Parabeltangenten liegen in der Richtlinie.

2. Zusatz. Man erhält demnach Parabeltangenten, wenn man auf den durch die Richtlinie begrenzten Brennstrahlen FG die Mittellote errichtet.

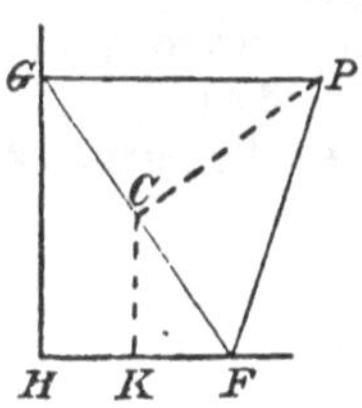

Fig. 58.

3. Der Punkt C (Fig. 58), in dem die Tangente von P die Grundlinie FG schneidet, liegt in dem in K auf HF errichteten Lot, d. h. in der Scheiteltangente $^{(36_6)}$:

Lehrsatz. Die Fußpunkte der vom Brennpunkt auf die Parabeltangenten gefällten Lote liegen in der Scheiteltangente.

4. Zusatz. Man erhält demnach Parabeltangenten, wenn man in den Endpunkten C der durch die Scheiteltangente begrenzten Brennstrahlen Lote errichtet.

5. Schneidet die Halbierungslinie des Winkels FPG, d. i. $^{(36_4)}$ die Tangente des Parabelpunktes P, die Achse in T (Fig. 59), so heißt die Projektion QT von PT auf die Achse die Subtangente. Es ist

$$\frac{\frac{QH = PG = FT}{QK + KH = FK + KT^{(2_2)}}}{QK = KT}$$

Lehrsatz. Die Subtangente wird durch den Scheitel halbiert.

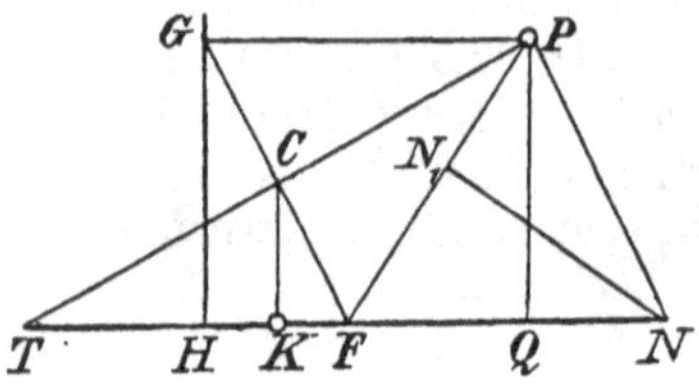

Fig. 59.

6. Das in P auf der Tangente TP errichtete Lot PN (Fig. 59) heißt die **Normale** des Punktes P; ihre Projektion QN auf die Achse heißt die **Subnormale**. Es ist

$$\frac{\frac{FN = GP = HQ}{FQ + QN = HF + FQ^{(2_2)}}}{QN = HF = p^{(34)}.}$$

Lehrsatz. **Die Subnormale ist konstant und zwar gleich dem halben Parameter.**

7. Anmerkung. Fällen wir noch von N auf PF das Lot NN_1 (Fig. 59), so ist $PN_1 = QN$. Wir können unsern Satz also auch so **aussprechen**: Die Projektion der Normale von P auf den Brennstrahl von P ist konstant und zwar gleich dem halben Parameter (vgl. Nr. 44_4). Bezeichnen wir den Nebenwinkel von Winkel FPG durch 2β, so ist

$$PN = p : \cos\beta.$$

8. Ist der Punkt P dem Scheitel K unendlich nahe (Fig. 60), so ist $KN = PN^{(36_2)}$. Schlägt man also mit p um N den Kreis, so berührt dieser nicht nur die Scheiteltangente, sondern auch die unendlich nahe Tangente. Dieser Kreis heißt der **Krümmungskreis** des Parabelscheitels. Durch ihn können wir die in Nr. 36_7 gegebene Parabelkonstruktion noch verbessern, indem wir $KN = HF$ machen (Fig. 57) und ein durch K halbiertes Stück des Krümmungskreises als Parabelbogen nehmen (vgl. Nr. 150_6).

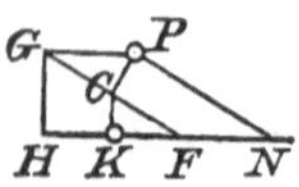

Fig. 60.

9. Es ist (Fig. 59)

$$QP^2 = -QT \cdot QN^{(6_1)} = 2KQ \cdot p^{(37_{5,6})}.$$

Bezieht man den Parabelpunkt P auf die Achse und die Scheiteltangente als Koordinatenachsen, so ist KQ die Abszisse x und QP die Ordinate y des Punktes P; die Gleichung der Parabel ist daher

$$y^2 = 2px.$$

38. Tangentenkonstruktionen.

1. Aufgabe. Von einem Punkt S an die Parabel die Tangente zu ziehen.

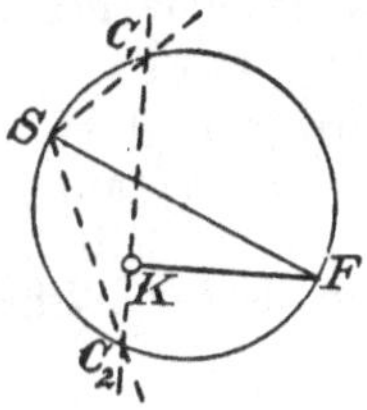

Fig. 61.

Erste Lösung (vermittels der Scheiteltangente). Wenn der über SF (Fig. 61) als *Durchmesser* geschlagene Kreis die Scheiteltangente schneidet, so sind die Geraden, welche diese Schnittpunkte C_1 und C_2 mit S verbinden, die gesuchten Tangenten[37_4].

2. Zusatz. Wir ziehen (nicht von einem beliebigen Punkt, sondern) von einem Punkt T (Fig. 62) der Achse KF die Tangenten TC_1 und TC_2. Um dann von einem beliebigen Punkt S_1 in TC_1 die Tangenten zu ziehen, haben wir über S_1F als Durchmesser den Kreis zu schlagen, der die Scheiteltangente außer in C_1 noch in C schneidet. Den Schnittpunkt dieser dritten Tangente S_1C mit der zweiten Tangente TC_2 nennen wir S_2. Die Vierecke FCC_1S_1 und FCS_2C_2 sind, weil die über FS_1 und FS_2 stehenden Winkel Rechte sind, Kreisvierecke[3_10]; in diesen sind die über S_1C_1 und S_2C_2 stehenden Peripheriewinkel gleich:

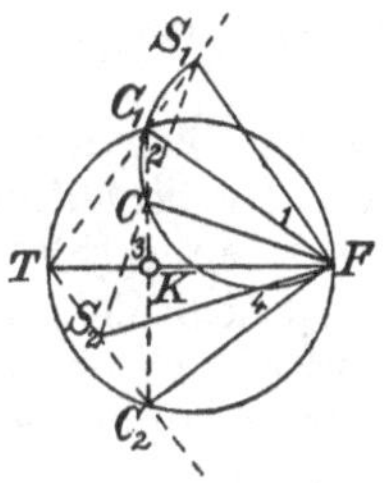

Fig. 62.

$$\text{Winkel } S_1FC_1 = S_1CC_1 = S_2CC_2 = S_2FC_2.$$

Da die beiden Dreiecke S_1FC_1 und S_2FC_2 ferner die gleichen Seiten FC_1 und FC_2 und zwei rechte Winkel enthalten, so ist

$$C_1S_1 = C_2S_2$$

Lehrsatz. Auf zwei Parabeltangenten, deren Schnittpunkt in der Achse liegt, sind die von der Scheiteltangente und einer beliebigen Tangente begrenzten Strecken einander gleich.

3. Trägt man also auf den Schenkeln TC_1 und TC_2 eines gleichschenkligen Dreiecks TC_1C_2 im Sinne TC_1 und C_2T gleiche Strecken von C_1 und C_2 ab (Fig. 63), so sind die Verbindungslinien der End-

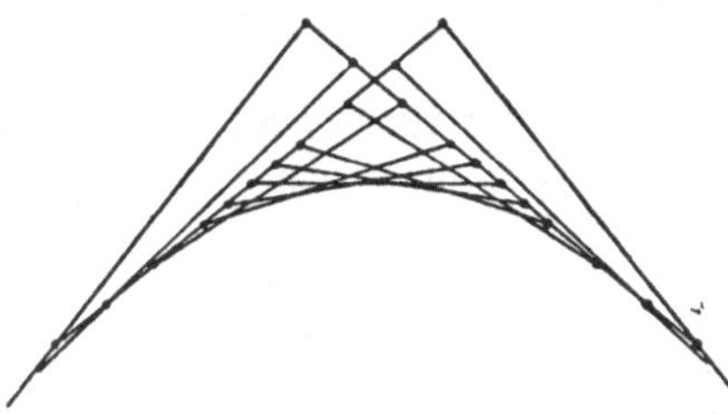
Fig. 63.

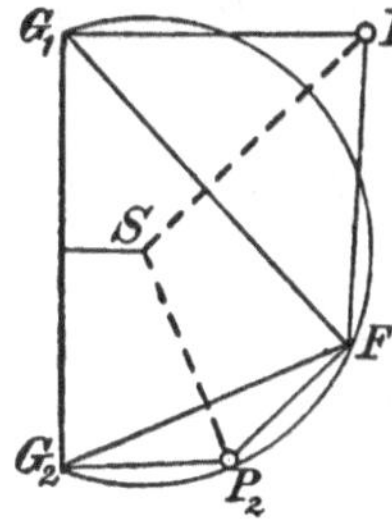

Fig. 64.

punkte dieser Strecken Parabeltangenten; sie *umhüllen*, wie man sagt, eine Parabel.

4. Zweite Lösung (vermittels der Richtlinie). Schneidet der um S mit dem *Halbmesser* SF geschlagene Kreis die Richtlinie in G_1 und G_2

(Fig. 64), so sind die von S auf FG_1 und FG_2 gefällten Lote die gesuchten Tangenten [37_2].

5. Zusatz. Die Berührungspunkte P_1 und P_2 der beiden von S ausgehenden Tangenten erhalten wir, indem wir in G_1 und G_2 auf der Richtlinie die Lote G_1P_1 und G_2P_2 errichten (Fig. 64). Weil S in den Halbierungslinien der Winkel FP_1G_1 und FP_2G_2 und in der Mittelsenkrechte von G_1G_2 liegt, ergibt sich der

Lehrsatz. Der Schnittpunkt zweier Tangenten ist gleich weit von den Brennstrahlen und Durchmessern der Berührungspunkte entfernt.

39. **Parabeldreieck und Parabeldreiseit.** 1. Den beiden in Nr. 38_4 gezeichneten Tangenten SP_1 und SP_2 fügen wir noch eine dritte hinzu:

Schlagen wir um einen beliebigen Punkt S_2 (Fig. 65) der ersten Tangente SP_1 mit dem Halbmesser S_2F einen Kreis, der die Richtlinie außer in G_1 noch in G schneidet, so erhalten wir in dem von S_2 auf FG gefällten Lot die dritte Tangente, welche die zweite SP_2 in S_1 schneide. In dem Dreieck FG_1G_2 schneiden sich die Mittellote von FG_1 und FG_2 in S; folglich ist der Fußpunkt M des von S auf die Richtlinie gefällten Lotes die Mitte von G_1G_2. Ferner ergibt sich aus der Betrachtung des Dreiecks FG_2G, daß der Fußpunkt M_1 des von S_1 auf die Richtlinie gefällten Lotes die Mitte von G_2G ist; schließlich muß, wie aus dem Dreieck FGG_1 hervorgeht, der Fußpunkt M_2 des von S_2 auf die Richtlinie gefällten Lotes die Mitte von GG_1 sein. Bezeichnen wir noch den Schnittpunkt von PG und P_1P_2 durch R, so ist

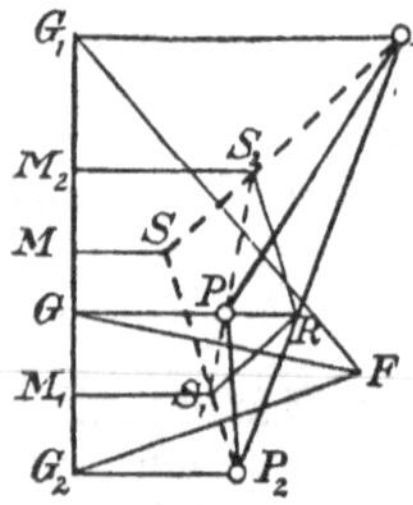

Fig. 65.

$$\frac{P_1S_2}{P_1S} = \frac{G_1M_2}{G_1M}^{(5_2)} = \frac{2\,G_1M_2}{2\,G_1M} = \frac{G_1G}{G_1G_2} = \frac{P_1R}{P_1P_2}^{(5_2)};$$

folglich ist S_2R parallel SS_1. — In derselben Weise zeigt man, daß S_1R parallel SS_2 ist. SS_1RS_2 ist also ein Parallelogramm und das Dreieck S_1RS_2 ist gleich dem von den drei Tangenten gebildeten Dreieck SS_1S_2, das wir ein Parabeldreiseit nennen wollen. Das Dreieck S_1S_2R wird ebenso wie das Parabeldreieck P_1P_2P durch PR in zwei Teile zerlegt. Weil die Teile des ersten Dreiecks Höhen haben, die halb so groß sind wie die Höhen der Teile des zweiten Dreiecks, so ist $P_1P_2P = 2 \cdot S_1S_2R = 2 \cdot S_1SS_2$. Nennen wir das von den Tangenten in P_1P_2P gebildete Dreiseit S_1SS_2 das dem Parabeldreieck P_1P_2P zugeordnete Parabeldreiseit, so können wir das Ergebnis aussprechen in dem

Lehrsatz. Jedes Parabeldreieck ist doppelt so groß wie das zugeordnete Parabeldreiseit.

2. Schalten wir noch zwischen P und P_1 eine Tangente mit dem Berührungspunkt P_3 und zwischen P und P_2 eine Tangente mit dem Berührungspunkt P_4 ein und wenden auf jedes der entstandenen Dreiecke PP_1P_3 und PP_2P_4 den vorstehenden Satz an, so erkennen wir durch unbegrenzt fortgesetztes Einschalten von Parabeltangenten, daß die von der beliebigen Sehne P_1P_2 und der Parabel begrenzte Fläche doppelt so groß ist wie das außerhalb der Parabel liegende Flächenstück des Dreiecks P_1P_2S:

Lehrsatz. Das Dreieck, welches von zwei Parabeltangenten und ihrer Berührungssehne gebildet wird, ist $\frac{3}{2}$ mal so groß wie das zugehörige Parabelsegment.

§ 2. Ellipse.

40. **Symmetrische Lage.** 1. Definitionen. Der Ort für den Punkt, dessen Entfernungen von zwei festen Punkten eine gegebene Summe haben, heißt Ellipse.

Die gegebene Summe $2a$ heißt Länge der Hauptachse; die beiden festen Punkte F und G Brennpunkte; jede durch F oder G gehende Gerade Brennstrahl; die Strecke $GF = 2e$ lineare Exzentrizität; das Verhältnis $e:a$ numerische Exzentrizität; die Mitte O von FG der Mittelpunkt; jede durch O gehende Gerade ein Durchmesser; die um F und G mit dem Halbmesser $2a$ geschlagenen Kreise Leitkreise; der um O mit dem Halbmesser a geschlagene Kreis der Hauptkreis.

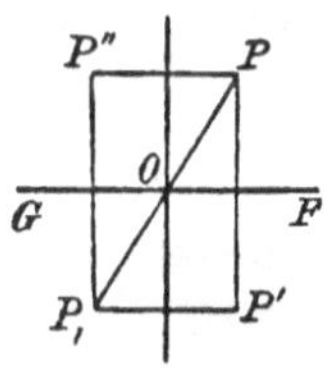

Fig. 66.

2. Zusatz. Weil jede Dreiecksseite kleiner ist als die Summe der beiden andern, so ist

$$e < a.$$

3. Ist P ein Ellipsenpunkt, also $PF + PG = 2a$, so ist für den Gegenpunkt P' von P in bezug auf FG (Fig. 66) ebenfalls $P'F + P'G = 2a$.

Zeichnen wir ferner den Gegenpunkt P'' von P in bezug auf das Mittellot von FG, so ist auch $P''G + P''F = 2a$:

Lehrsatz. Die Ellipse liegt symmetrisch sowohl zu der Verbindungslinie der Brennpunkte als auch zum Mittellot dieser Verbindungslinie.

4. Liegt auf dem Durchmesser OP der Punkt P_1 (Fig. 66) so, daß O die Mitte von PP_1 ist, so ist $FPGP_1$ ein Parallelogramm und daher $P_1G + P_1F = PF + PG$:

Lehrsatz. Die Ellipse liegt symmetrisch zum Mittelpunkt.

41. Zeichnung von Ellipsenpunkten. 1. Die Zeichnung einzelner Ellipsenpunkte (vgl. Nr. 35) lehrt die

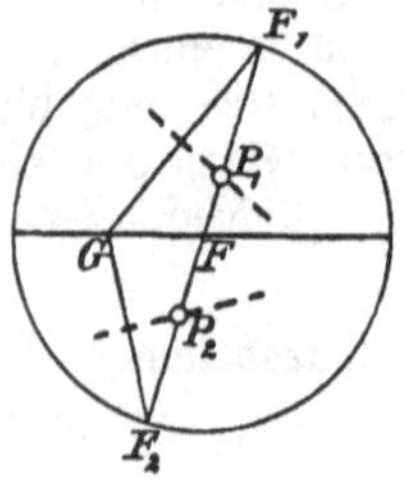

Fig. 67.

Aufgabe. Die Schnittpunkte eines Brennstrahls mit der Ellipse zu zeichnen.

Lösung. Schneidet ein Brennstrahl von F (Fig. 67) den (mit dem Halbmesser $2a$ geschlagenen) Leitkreis von F in F_1 und F_2, so schneiden die Mittellote der Strecken GF_1 und GF_2 den Brennstrahl F_1F_2 in den Ellipsenpunkten P_1 und P_2. —

Von dieser allgemeinen Konstruktion heben wir die folgenden besonderen Fälle hervor.

2. Fällt der Brennstrahl mit FG zusammen (Fig. 68), so ergeben sich die Mitten A und A_1 von GF_1 und GF_2 als Ellipsenpunkte.

Es ist $GA = \frac{1}{2} GF_1 = \frac{1}{2}(GF + FF_1) \overset{(2_2)}{=} e + a$;

ferner $OA = OG + GA = -e + e + a = a$.

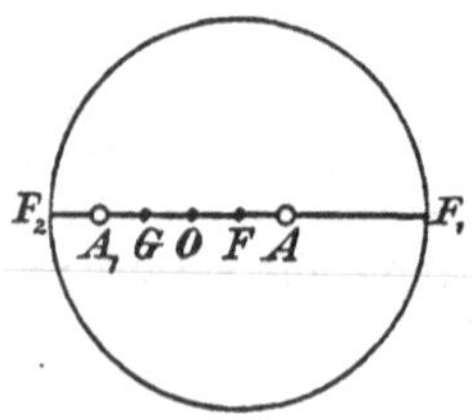

Fig. 68.

In ähnlicher Weise ergibt sich $OA_1 = -a$. — Die Punkte A und A_1 heißen die Hauptscheitel der Ellipse, die Strecke $A_1A = 2a$ die Hauptachse. — Da der mit a um O geschlagene Hauptkreis$^{(40_1)}$ durch A und A_1 geht, wird er auch wohl Scheitelkreis genannt.

3. Zusatz. Die Potenz$^{(6_5)}$ des einen Brennpunkts G für den Leitkreis des andern Brennpunkts F ist (Fig. 68)

$$GF_1 \cdot GF_2 = (GF + FF_1)(GF + FF_2) \overset{(2_2)}{=} -4(a^2 - e^2).$$

Sie ist negativ, weil $e < a$ ist$^{(40_2)}$. Wir setzen sie daher gleich $-4b^2$ oder

$$b^2 = a^2 - e^2.$$

4. Fällt der Brennstrahl von F mit dem Lot auf FG zusammen (Fig. 69), so wird er von den Mittelloten der Strecken GF_1 und GF_2 in zwei Ellipsenpunkten geschnitten, die wir durch E_1 und E_2 bezeichnen wollen.

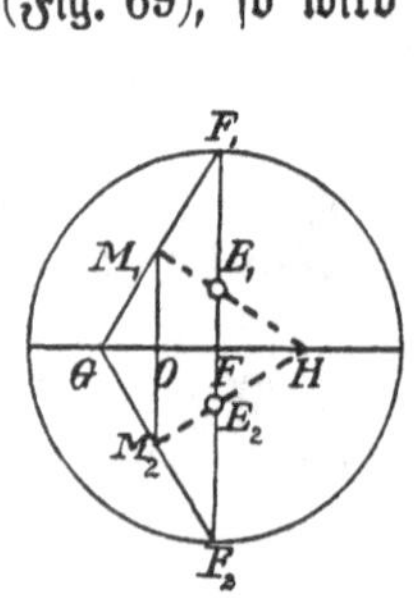

Fig. 69.

5. Zusatz 1. Weil die Mitte M_1 von GF_1 senkrecht über dem Mittelpunkt O liegt, so ist

$$OM_1 = \tfrac{1}{2} FF_1 = a.$$

Weiter folgt, wenn wir den Schnittpunkt des Mittellotes M_1E_1 und der Hauptachse durch H bezeichnen, aus $OH \cdot OG = -OM_1^{2\,(6_1)}$:

$$OH = \frac{a^2}{e}.$$

6. Zusatz 2. $\dfrac{FE_1}{OM_1} = \dfrac{HF}{HO}^{(5_6)} = \dfrac{HO + OF}{HO}^{(2_2)} = 1 - \dfrac{OF}{OH}$

$$= 1 - \frac{e^2}{a^2}^{(41_5)} = \frac{a^2 - e^2}{a^2} = \frac{b^2}{a^2}^{(41_3)};$$

folglich
$$FE_1 = \frac{b^2}{a}.$$

Die Länge $2b^2 : a$ der Brennpunktssehne E_2E_1, welche auf der Hauptachse senkrecht steht, heißt der **Parameter** der Ellipse und wird wie bei der Parabel $^{(36_7)}$ durch $2p$ bezeichnet; also

$$p = \frac{b^2}{a}.$$

7. Bezeichnen wir die Punkte, in denen das in G auf FG errichtete Lot (Fig. 70) den Leitkreis von F schneidet, durch C_1 und C_2, so ist

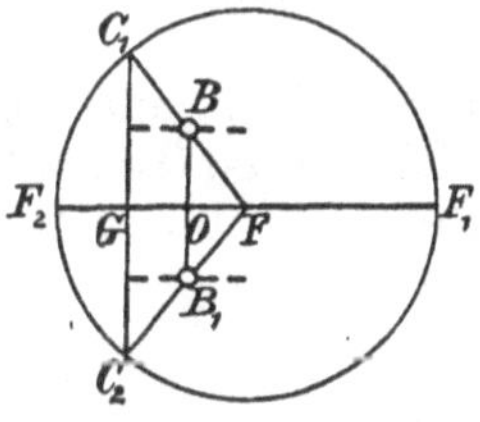

Fig. 70.

$$GC_1 \cdot GC_2 = GF_1 \cdot GF_2 {}^{(6_2)} = -4b^2 {}^{(41_3)};$$

folglich $\quad GC_1 = -GC_2 = 2b.$

Die Mittellote von GC_1 und GC_2 schneiden FC_1 und FC_2 in den Ellipsenpunkten B und B_1. Weil B und B_1 die Mitten von FC_1 und FC_2 sind, und O die Mitte von FG, so ist

$$OB = -OB_1 = b.$$

Die Punkte B und B_1, welche auf dem Mittellot von FG liegen, heißen die **Nebenscheitel**; die Strecke $B_1B = 2b$ die **Nebenachse** der Ellipse.

42. Tangente. 1. Sind P_1 und P_2 (Fig. 71) zwei einander unendlich nahe Ellipsenpunkte, so sind die Winkel P_1FP_2 und P_1GP_2 unendlich klein und

$$P_1F + P_1G = P_2F + P_2G; \quad \text{folglich} \quad P_1F - P_2F = P_2G - P_1G.$$

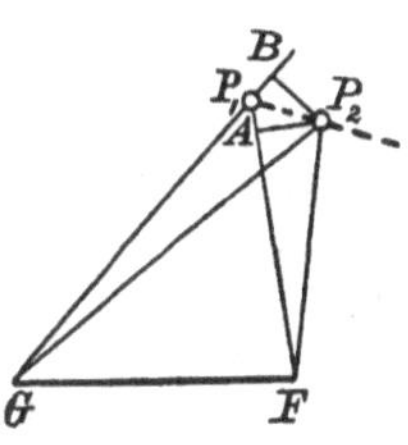

Fig. 71.

Fällen wir also von P_2 auf P_1F und P_1G die Lote P_2A und P_2B, so ist $^{(36_1)}$

$$P_1F - AF = BG - P_1G.$$

Aus dieser Gleichung geht hervor, daß B die Strecke P_1G außen [innen] teilt, wenn A die Strecke P_1F innen [außen] teilt, und ferner, daß $P_1A = P_1B$ ist. Aus dieser Gleichung folgt Dreieck $P_1P_2A \cong P_1P_2B$ und daraus Winkel $P_2P_1A = BP_1P_2$. Das Ergebnis übersetzen wir vermittels der

Definition. Die Sehne, welche zwei unendlich nahe [zwei zusammenfallende (36₃)] Ellipsenpunkte verbindet, heißt Tangente.

Lehrsatz. Jede Ellipsentangente halbiert den Nebenwinkel des von den Brennstrahlen ihres Berührungspunktes gebildeten Winkels.

2. Gehen wir umgekehrt aus von der Gerade, welche den Nebenwinkel des Winkels FP_1G halbiert, und nehmen auf ihr einen dem Punkt P_1 unendlich nahen Punkt P_2 an und fällen wieder die Lote P_2A und P_2B (Fig. 71), so folgt aus der Kongruenz der Dreiecke P_1P_2A und P_1P_2B jetzt $P_1A = P_1B$ und daraus weiter

$$P_1F + P_1G = P_2F + P_2G$$

Umkehrung. Die Gerade, welche den Nebenwinkel des von den Brennstrahlen eines Ellipsenpunktes gebildeten Winkels halbiert, ist eine Tangente.

3. Zusatz. Die in den Hauptscheiteln auf der Hauptachse (41₂) und die in den Nebenscheiteln auf der Nebenachse (41₇) errichteten Lote sind (die Scheitel-) Tangenten.

4. Schneidet das aus G auf die Tangente von P_1 gefällte Lot den Brennstrahl P_1F in F_1, so ist $F_1P_1 = P_1G$; folglich ist die Tangente das Mittellot von GF_1, und $FF_1 = 2a$. Jeder Punkt P' der Tangente ist daher gleich weit von F_1 und G entfernt und daher

$$P'F + P'G = P'F + P'F_1 > FF_1 = 2a.$$

Der Punkt P' kann also kein Ellipsenpunkt sein:

Lehrsatz. Die Tangente hat nur einen Punkt [nur zwei zusammenfallende Punkte] mit der Ellipse gemein.

5. Weil die in Nr. 41_1 zur Zeichnung von Ellipsenpunkten P benutzten Mittellote der Brennstrahlen von G die Nebenwinkel der Winkel FPG halbieren, so sind sie die Tangenten der durch sie gefundenen Ellipsenpunkte (42₂). Wir haben also in Nr. 41 nicht nur die Ellipsenpunkte $AA_1\,BB_1\,E_1E_2$ zeichnen gelernt, sondern gleichzeitig auch die Tangenten dieser Punkte. — Wir fassen die einzelnen Konstruktionen noch einmal zusammen zu der folgenden

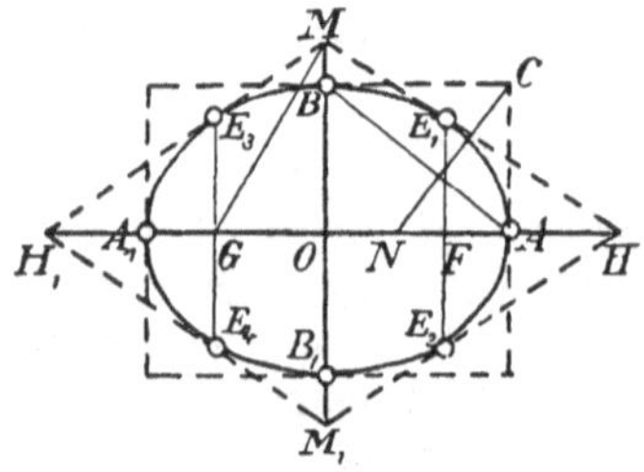

Fig. 72.

Ellipsenkonstruktion. Wir ziehen die Mittellinien A_1A und B_1B eines Rechtecks mit den Seiten $2a$ und $2b$ (Fig. 72). Der um B mit a geschlagene Kreis liefert die Brennpunkte F und G (41₃). Wird auf der Nebenachse $OM = a$ abgetragen, so ist das in M auf MG errichtete Lot MH die Tangente in E_1 (41₅). Macht man noch $H_1O = OH$ und $M_1O = OM$, so liefern die Verbindungslinien HM_1, M_1H, H_1M noch drei weitere Punkte E und ihre Tangenten $^{(41_5)}$. Eine ergänzende Bemerkung siehe in Nr. 44_5.

43. Richtlinien. Die Konstruktion von Nr. 41_1 liefert uns noch weitere Eigenschaften der Ellipse.

1. Bezeichnen wir die Mitten der Brennstrahlen GF_1 und GF_2 durch M_1 und M_2 (Fig. 73), so sind FM_1M_2 die Mitten der Seiten des Dreiecks GF_1F_2; die Seiten des ersten Dreiecks sind daher den Seiten des zweiten Dreiecks parallel. Folglich sind die Tangenten, weil sie Mittellote des Dreiecks GF_1F_2 sind, Höhen des Dreiecks FM_1M_2. Ihr Schnittpunkt S ist daher der Höhenschnittpunkt des Dreiecks FM_1M_2. Fällen wir von ihm auf die Mittellinie OF des Dreiecks FM_1M_2 das Lot SH, so ist $^{(6_8)}$

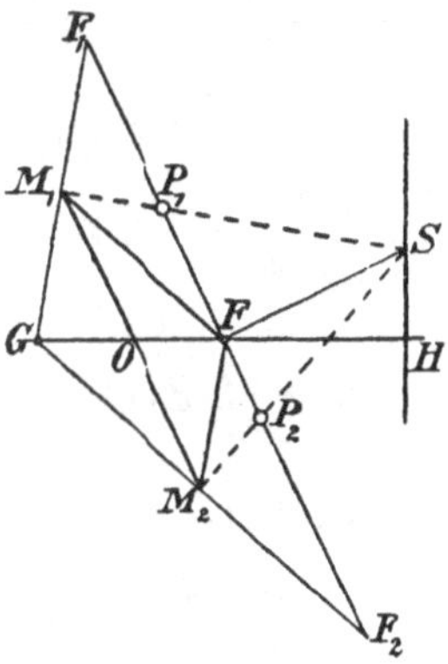

Fig. 73.

$$OF \cdot OH = OM_1{}^2 = a^2 \;^{(41_5)};$$

folglich
$$OH = \frac{a^2}{e}.$$

Diese Gleichung zeigt, daß die Strecke OH nur von den die Ellipse bestimmenden Größen a und e, nicht aber von der Lage des gewählten Brennstrahls FP_1 abhängt; mit anderen Worten, daß die Tangenten der Endpunkte eines Brennstrahls sich in einem Punkt des in H auf der Achse errichteten Lotes schneiden. — Wiederholen wir die vorhergehenden Betrachtungen, indem wir (nicht von den Brennstrahlen von F, sondern) von den Brennstrahlen des Brennpunktes G ausgehen, so gelangen wir zu einem Punkte H_1, für welchen $OH_1 = a^2 : OG$ ist. Indem wir für die in H und H_1 auf der Achse errichteten Lote ein neues Wort einführen durch die

> Definition. Die auf der Achse in der Entfernung $a^2 : e$ vom Mittelpunkte errichteten beiden Lote heißen **Richtlinien** der Ellipse,

können wir das Ergebnis aussprechen in dem

> Lehrsatz. Die Tangenten in den Endpunkten eines Brennstrahls schneiden sich in einem Punkt der zugeordneten Richtlinie.

2. Da, wie wir sahen, S der Höhenschnittpunkt des Dreiecks FM_1M_2 ist, so stehen die vier von S ausgehenden Strahlen SP_1, SP_2, SF, SH (Fig. 73) senkrecht auf den vier von F ausgehenden Strahlen FM_2, FM_1, FF_1, FO. Da diese die Gerade M_1M_2 in vier harmonischen Punkten $^{(10_{14})}$ schneiden, so bilden auch $^{(10_1)}$ die vier von S ausgehenden Strahlen einen harmonischen Wurf; mit anderen Worten, SH schneidet den Brennstrahl P_1P_2 in dem von F durch P_1 und P_2 harmonisch getrennten Punkt:

Lehrsatz. Jeder Brennpunkt wird von seiner Richtlinie durch die Ellipse harmonisch getrennt.

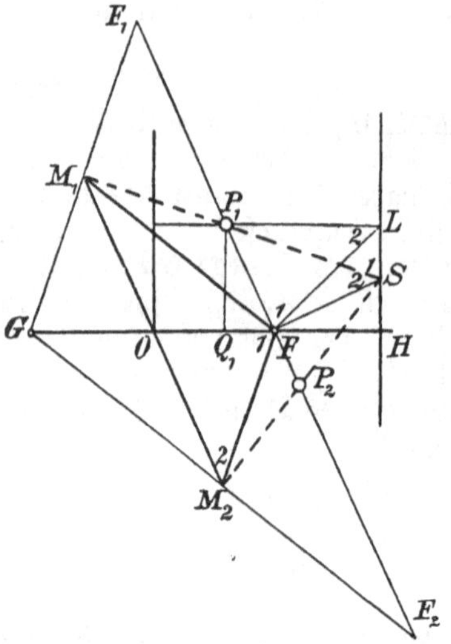

Fig. 74.

3. Wir zeichnen die Entfernung des Ellipsenpunktes P_1 von der Richtlinie des Brennpunktes F, indem wir von P_1 auf SH das Lot P_1L (Fig. 74) fällen. P_1F ist die Entfernung des Punktes P_1 vom Brennpunkt F. Wir wollen zeigen, daß das Verhältnis dieser beiden Entfernungen P_1F und P_1L konstant ist. — Weil die beiden über P_1S stehenden Winkel $F^{(43_2)}$ und L Rechte sind, ist P_1FSL ein Kreisviereck$^{(3_{10})}$ und daher$^{(3_9)}$ Winkel

$$P_1FL = P_1SL = M_2FO^{(3_7)};$$

ferner Winkel

$$P_1LF = P_1SF = FM_2O^{(3_7)}.$$

Da mithin die Dreiecke P_1FL und OFM_2 ähnlich sind, ist

$$P_1F : P_1L = OF : OM_2 = e : a.$$

Lehrsatz. Ein Ellipsenpunkt hat von jedem Brennpunkt und seiner Richtlinie Entfernungen, deren Verhältnis konstant und zwar gleich $e:a$ ist.

4. Anmerkung. Statt die Definition von Nr. 40_1 zugrunde zu legen, kann man die Eigenschaften der Ellipse auch ableiten aus der Definition: Der Ort für den Punkt, dessen Entfernungen von einem festen Punkt und einer festen Gerade ein gegebenes Verhältnis haben, heißt Ellipse.

5. Fällen wir von P_1 auf die Hauptachse das Lot P_1Q_1 (Fig. 74), so ist

$$P_1F = P_1L \cdot \frac{e}{a}^{(43_3)} = Q_1H \cdot \frac{e}{a} = (Q_1O + OH)\frac{e}{a}^{(2_2)} = a - \frac{e}{a} \cdot OQ_1^{(43_1)}.$$

Beziehen wir den Punkt P_1 auf ein Achsenpaar, das von der Strecke FG und ihrem Mittellot gebildet wird, so sind OQ_1 und Q_1P_1 die Koordinaten x und y von P_1. Da $Q_1F = Q_1O + OF = -x + e$ ist, ergibt sich aus dem rechtwinkligen Dreieck P_1Q_1F

$$\left(a - \frac{e}{a}x\right)^2 = y^2 + (e - x)^2$$

als Gleichung der Ellipse. — Dieser Gleichung läßt sich, indem man $b^2 = a^2 - e^2$ setzt$^{(41_3)}$, die Form geben

$$\frac{x^2}{a^2} + \frac{y^2}{b^2} = 1.$$

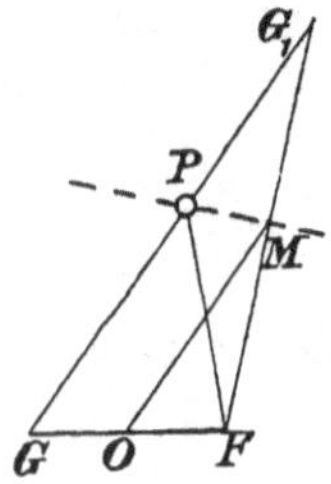

Fig. 75.

44. Hauptkreis. 1. Ist P ein Ellipsenpunkt (Fig. 75), so ist die Gerade, welche den Nebenwinkel des Winkels FPG halbiert, die Tangente von $P^{(42_2)}$. Fällen wir von F auf diese Tangente das Lot FM, welches den Brennstrahl PG in G_1 schneidet, so ist $PG_1 = PF$ und folglich $GG_1 = 2a$. Da die Tangente das Mittellot von FG_1 ist, so ergibt sich der

Lehrsatz. Die Gegenpunkte des einen Brennpunktes inbezug auf die Tangenten liegen in dem Leitkreis des andern. —

Da in dem Dreieck FGG_1 (Fig. 75) die Punkte O und M die Mitten der Seiten FG und FG_1 sind, so ist $OM = GG_1 : 2 = a$:

Lehrsatz. Die Fußpunkte der von einem Brennpunkte auf die Tangenten gefällten Lote liegen im Hauptkreis.

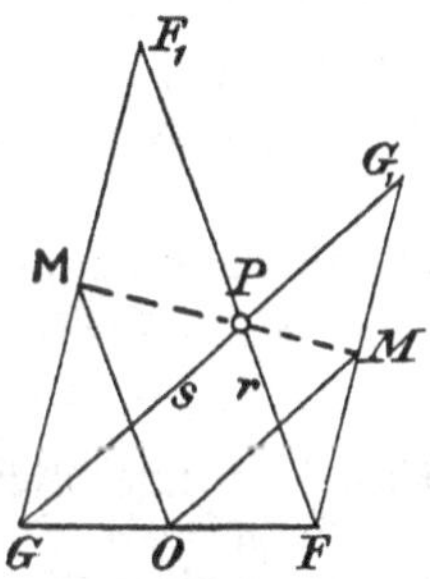

Fig. 76.

2. Fällen wir noch von dem zweiten Brennpunkt G (Fig. 76) auf die Tangente das Lot $G\mathrm{M}$, welches PF in F_1 schneidet, so ist auch Dreieck PGF_1 gleichschenklig und daher Winkel $GF_1P = PGF_1 = PG_1F$. Es sind also die beiden über GF stehenden Winkel F_1 und G_1 einander gleich und daher FGF_1G_1 ein Kreisviereck$^{(3_{10})}$. Nach dem Satz des Ptolemäus über das Kreisviereck ist

$$FF_1 \cdot GG_1 = FG_1 \cdot GF_1 + FG \cdot F_1G_1$$

folglich $\quad FG_1 \cdot GF_1 = (2a)^2 - (2e)^2;$

folglich $\quad FM \cdot G\mathrm{M} = a^2 - e^2 = b^2.$

Lehrsatz. Jede Tangente hat von den beiden Brennpunkten Entfernungen, deren Produkt konstant und zwar gleich dem Quadrat über der halben Nebenachse ist.

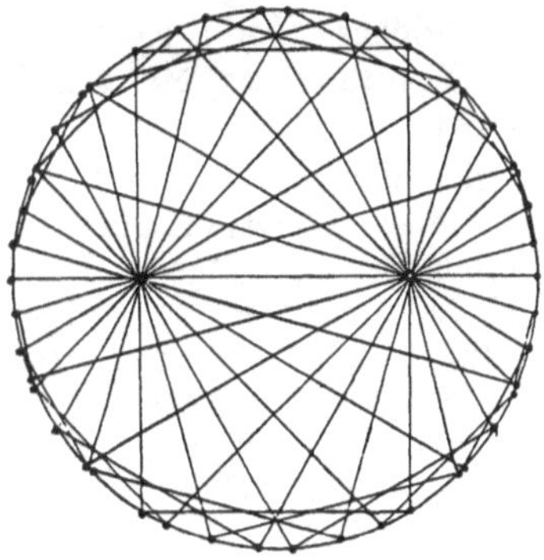

Fig. 77.

3. Zusatz. Weil die Punkte M und M auf dem Hauptkreise liegen$^{(44_1)}$, kann man eine Ellipse durch ihre Tangenten in folgender Weise zeichnen (Fig. 77): Man zieht durch die beiden Brennpunkte Paare paralleler Tangenten; die Geraden, welche die Endpunkte der auf diesen Parallelen durch den Hauptkreis begrenzten Strecken verbinden, „umhüllen" (vgl. Nr. 38_3) die Ellipse, d. h. sind Tangenten der Ellipse.

4. Bezeichnen wir die beiden Brennstrahlen PF und PG durch r und s (Fig. 76), so ist

$$FM : GM = FM : MF_1 = PF : F_1P^{(5_6)} = r : s.$$

Wir haben also die beiden Gleichungen

$$\underline{FM : GM = r : s \text{ und } FM \cdot GM = b^2 \, ^{(44_2)}}$$

$$FM^2 = b^2 r : s \text{ und } GM^2 = b^2 s : r.$$

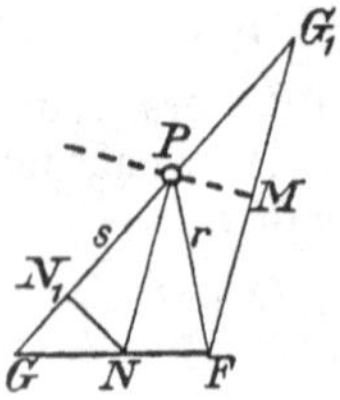

Fig. 78.

Das auf der Tangente im Berührungspunkte P errichtete Lot PN (Fig. 78) heißt die **Normale** des Punktes P. Aus der Figur ergibt sich$^{(5_6)}$

$$PN : 2MF = s : 2a; \text{ folglich } PN = b\sqrt{rs} : a.$$

Fällen wir von N auf den Brennstrahl PG (oder PF) das Lot NN_1, so ist PN_1 die Projektion der Normale auf den Brennstrahl. Da die Dreiecke PNN_1 und FPM ähnlich sind, so ist

$$PN_1 : PN = FM : r = b : \sqrt{rs}; \text{ folglich } PN_1 = b^2 : a.$$

Lehrsatz. Die Projektion der Normale des Punktes P auf den Brennstrahl von P ist konstant und zwar gleich dem halben Parameter$^{(41_6)}$ p (vgl. Nr. 37_7). —

Bezeichnen wir den von den beiden Brennstrahlen gebildeten Winkel durch 2β, so besteht zwischen 2β, der Normale PN und dem Parameter p die Gleichung

$$PN = p : \cos\beta.$$

5. Zusatz (vgl. Nr. 37_8). Ist P ein dem Scheitel A unendlich naher Ellipsenpunkt, so bildet die Normale PN mit dem Brennstrahl PG einen unendlich kleinen Winkel und ist gleich ihrer konstanten Projektion $b^2 : a$ $^{(44_4)}$. Machen wir also $NA = b^2 : a$, so ist N der Schnittpunkt der Normalen von P und A und der um N mit NA geschlagene Kreis der Krümmungskreis des Scheitels A, der mit Vorteil bei der Zeichnung der Ellipse$^{(42_5)}$ benutzt wird (vgl. Nr. 148_8). — Man findet den Punkt N, indem man aus der Ecke C (Fig. 72) des umgeschriebenen Rechtecks auf AB das Lot fällt. —

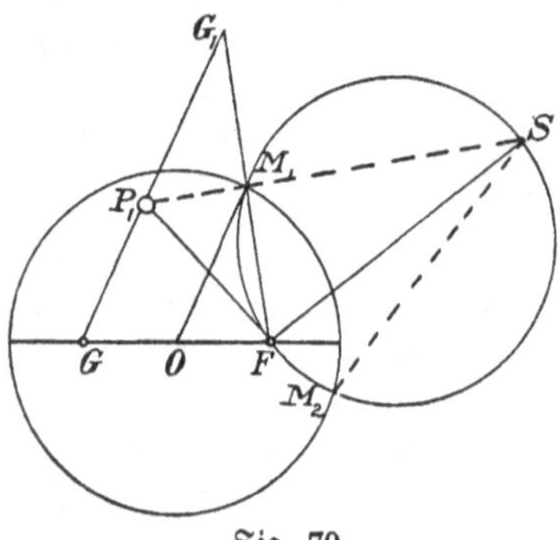

Fig. 79.

6. Aufgabe. Von einem Punkt S die Tangenten an die Ellipse zu ziehen.

Erste Lösung (vermittels des Hauptkreises): Schneidet der über SF als Durchmesser geschlagene Kreis (Fig. 79) den Hauptkreis der Ellipse in M_1 und M_2, so sind SM_1 und SM_2 die gesuchten Tangenten.

Beweis. Machen wir $M_1G_1 = FM_1$, so schneidet GG_1 die Verbindungslinie SM_1 in einem Ellipsenpunkt P_1; denn

$$GG_1 = 2OM_1 = 2a \text{ und folglich } P_1F + P_1G = 2a.$$

Da die Gerade SM_1 den Nebenwinkel von dem Winkel FP_1G halbiert, so ist sie Tangente (42₂).

7. Zweite Lösung (vermittels des Leitkreises): Schneidet der um S mit dem Halbmesser SF geschlagene Kreis (Fig. 80) den Leitkreis von G in G_1 und G_2, so sind die von S auf FG_1 und FG_2 gefällten Lote die gesuchten Tangenten. Denn GG_1 und GG_2 schneiden diese Lote in den Ellipsenpunkten P_1 und P_2.

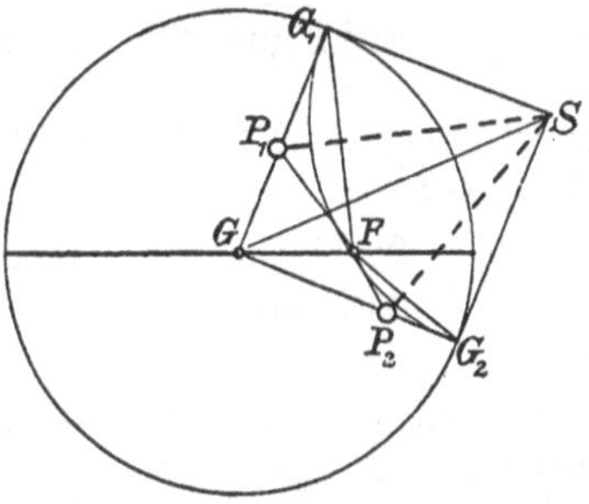

Fig. 80.

8. Zusatz. Da die Seiten der beiden Dreiecke SGG_1 und SGG_2 (Fig. 80) einander gleich sind, so ist der Winkel $G_1GS = SGG_2$. Der Punkt S ist also gleich weit von den Brennstrahlen P_1G und P_2G entfernt; da S ferner in den Halbierungslinien der Winkel P_1 und P_2 liegt, ist er gleich weit von den Brennstrahlen P_1G und P_1F; P_2G und P_2F entfernt; folglich ist er auch gleich weit von P_1F und P_2F entfernt:

Lehrsatz. Der Schnittpunkt zweier Tangenten ist gleich weit von den vier Brennstrahlen der beiden Berührungspunkte entfernt (vgl. Nr. 38_5).

§ 3. Hyperbel.

45. Symmetrische Lage (vgl. Nr. 40). 1. Definitionen. Der Ort für den Punkt, dessen Entfernungen von zwei festen Punkten eine gegebene Differenz haben, heißt Hyperbel.

Die gegebene Differenz $2a$ heißt Länge der Hauptachse; die beiden festen Punkte F und G Brennpunkte; jede durch F oder G gehende Gerade Brennstrahl; die Strecke $GF = 2e$ lineare Exzentrizität; das Verhältnis $e:a$ numerische Exzentrizität; die Mitte O von FG der Mittelpunkt; jede durch O gehende Gerade Durchmesser; die um F und G mit $2a$ geschlagenen Kreise Leitkreise; der um O mit dem Halbmesser a geschlagene Kreis Hauptkreis.

2. Zusatz. Weil jede Dreiecksseite größer ist als die Differenz der beiden anderen, so ist

$$e > a.$$

3. Ist P ein Hyperbelpunkt, also $PG - PF = 2a$, so ist für den Gegenpunkt P' von P inbezug auf FG (Fig. 66) ebenfalls $P'G - P'F = 2a$.

Zeichnen wir ferner den Gegenpunkt P'' von P inbezug auf das Mittellot von FG, so ist auch $P''F - P''G = 2a$:

Lehrsatz. Die Hyperbel liegt symmetrisch sowohl zu der Verbindungslinie der Brennpunkte als auch zum Mittellot dieser Verbindungslinie.

4. Liegt auf dem Durchmesser OP der Punkt P_1 (Fig. 66) so, daß O die Mitte von PP_1 ist, so ist $FPGP_1$ ein Parallelogramm und daher $P_1F - P_1G = PG - PF$:

Lehrsatz. Die Hyperbel liegt symmetrisch zum Mittelpunkt.

46. Zeichnung von Hyperbelpunkten (vgl. Nr. 41). 1. Die Zeichnung einzelner $^{(35)}$ Hyperbelpunkte lehrt die

Aufgabe. Die Schnittpunkte eines Brennstrahls mit der Hyperbel zu zeichnen.

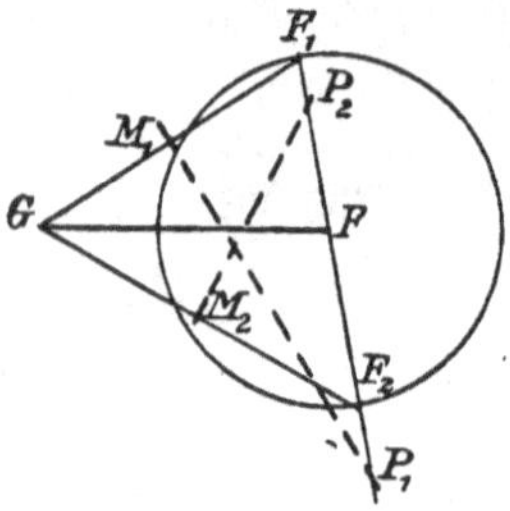

Fig. 81.

Lösung. Schneidet ein Brennstrahl von F (Fig. 81) den (mit dem Halbmesser $2a$ geschlagenen) Leitkreis von F in F_1 und F_2, so schneiden die Mittellote der Strecken GF_1 und GF_2 den Brennstrahl F_1F_2 in den Hyperbelpunkten P_1 und P_2.

Von dieser allgemeinen Konstruktion heben wir die folgenden besonderen Fälle hervor.

2. Fällt der Brennstrahl mit FG zusammen (Fig. 82), so ergeben sich die Mitten A und A_1 von GF_1 und GF_2 als Hyperbelpunkte.

Es ist $GA = \frac{1}{2} GF_1 = \frac{1}{2}(GF + FF_1)^{(2_2)} = e + a$;

ferner $OA = OG + GA = -e + e + a = a$.

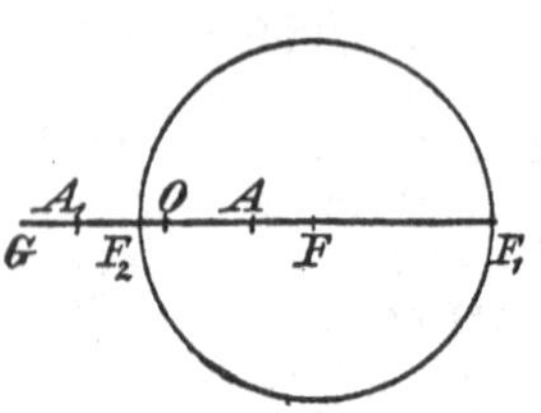

Fig. 82.

In ähnlicher Weise ergibt sich $OA_1 = -a$. — Die Punkte A und A_1 heißen die Hauptscheitel der Hyperbel, die Strecke $A_1A = 2a$ die Hauptachse. — Da der mit a um O geschlagene Hauptkreis $^{(45_1)}$ durch A und A_1 geht, wird er auch wohl Scheitelkreis genannt.

3. Zusatz. Die Potenz $^{(6_5)}$ des einen Brennpunkts G für den Leitkreis des andern Brennpunkts ist (Fig. 82)

$$GF_1 \cdot GF_2 = (GF + FF_1)(GF + FF_2)^{(2_2)} = 4(e^2 - a^2).$$

Sie ist positiv, weil $e > a$ ist $^{(45_2)}$. Wir setzen sie daher gleich $+4b^2$ oder

$$b^2 = e^2 - a^2.$$

4. Fällt der Brennstrahl von F mit dem Lot auf FG zusammen (Fig. 83), so wird er von den Mittelloten der Strecken GF_1 und GF_2

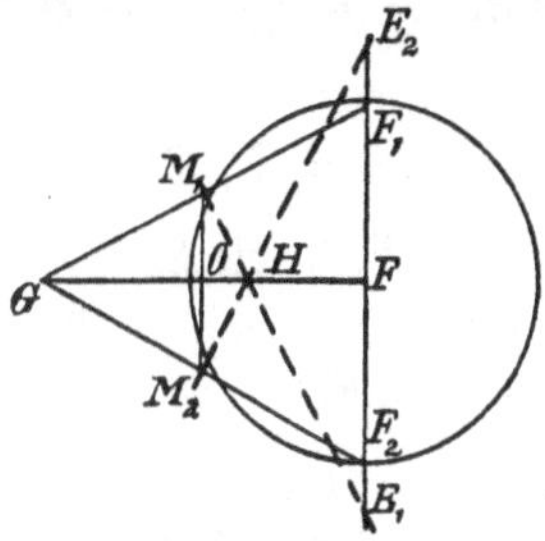

Fig. 83.

in zwei Hyperbelpunkten geschnitten, die wir durch E_1 und E_2 bezeichnen wollen.

5. Zusatz 1. Weil die Mitte M_1 von GF_1 senkrecht über dem Mittelpunkt O liegt, so ist

$$OM_1 = \tfrac{1}{2} FF_1 = a.$$

Weiter folgt, wenn wir den Schnittpunkt des Mittellotes M_1E_1 und der Hauptachse durch H bezeichnen, aus $OH \cdot OG = - OM_1^{2\,(6_1)}$:

$$OH = \frac{a^2}{e}.$$

6. Zusatz 2. $$\frac{FE_1}{OM_1} = \frac{HF}{HO}^{(5_8)} = \frac{HO + OF}{HO}^{(2_2)} = 1 - \frac{OF}{OH}$$

$$= 1 - \frac{e^2}{a^2}^{(46_5)} = \frac{a^2 - e^2}{a^2} = \frac{b^2}{a^2}^{(46_3)};$$

folglich

$$FE_1 = \frac{b^2}{a}.$$

Die Länge $2b^2 : a$ der Brennpunktssehne E_1E_2, welche auf der Hauptachse senkrecht steht, heißt der **Parameter** der Hyperbel und wird wie bei der Ellipse$^{(41_6)}$ durch $2p$ bezeichnet, also

$$p = \frac{b^2}{a}.$$

7. Bezeichnen wir die Punkte, in denen die aus G gezogenen Tangenten den Leitkreis von F berühren, durch C_1 und C_2 (Fig. 84), so ist

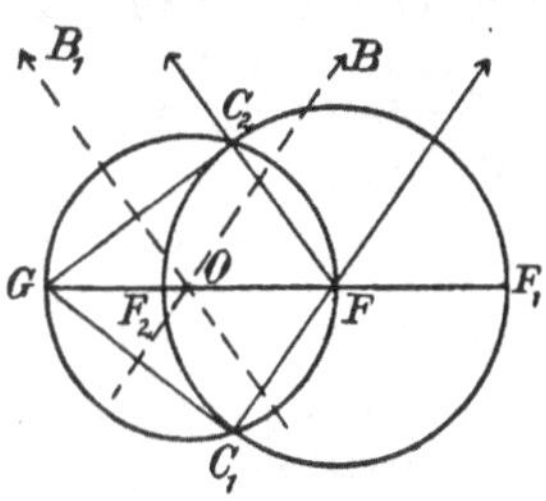

Fig. 84.

$$GC_1^2 = GC_2^2 = GF_1 \cdot GF_2^{(6_3)} = 4b^{2\,(46_3)};$$

folglich $$GC_1 = GC_2 = 2b.$$

Die Mittellote von GC_1 und GC_2 schneiden FC_1 und FC_2 in den uneigentlichen Hyperbelpunkten B und B_1. Sie sind, weil sie durch die Mitte O von FG gehen, Durchmesser$^{(45_1)}$ und haben, weil GC_1 und GC_2 gleich $2b$ sind, von den Brennpunkten die Entfernung b:

Definition. Die Durchmesser der uneigentlichen Hyperbelpunkte heißen **Asymptoten**.

Lehrsatz. Die Asymptoten haben von den Brennpunkten die Entfernung b.

47. Tangente (vgl. Nr. 42). 1. Sind P_1 und P_2 (Fig. 85) zwei unendlich nahe Hyperbelpunkte, so sind die Winkel P_1FP_2 und P_1GP_2 unendlich klein und

$$P_1G - P_1F = P_2G - P_2F, \quad \text{folglich} \quad P_1G - P_2G = P_1F - P_2F.$$

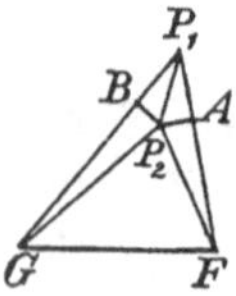

Fig. 85.

Fällen wir also von P_2 auf P_1F und P_1G die Lote P_2A und P_2B, so ist[36$_1$]

$$P_1G - BG = P_1F - AF.$$

Aus dieser Gleichung geht hervor, daß B die Strecke P_1G innen [außen] teilt, wenn A die Strecke P_1F innen [außen] teilt, und ferner, daß $P_1A = P_1B$ ist. Aus dieser Gleichung folgt Dreieck $P_1P_2A \cong P_1P_2B$ und daraus Winkel $BP_1P_2 = P_2P_1A$. Das Ergebnis übersetzen wir vermittels der

Definition. Die Sehne, welche zwei unendlich nahe [zwei zusammenfallende] Hyperbelpunkte verbindet, heißt **Tangente**.

Lehrsatz. **Jede Hyperbeltangente halbiert den von den Brennstrahlen ihres Berührungspunktes gebildeten Winkel.**

2. Gehen wir umgekehrt von der Halbierungslinie des Winkels FP_1G aus und nehmen auf ihr einen dem Punkt P_1 unendlich nahen Punkt P_2 an und fällen wieder die Lote P_2A und P_2B (Fig. 85), so folgt aus der Kongruenz der Dreiecke P_1P_2A und P_1P_2B jetzt $P_1A = P_1B$ und daraus weiter $P_1G - P_1F = P_2G - P_2F$:

Umkehrung. Die Gerade, welche den von den Brennstrahlen eines Hyperbelpunktes gebildeten Winkel halbiert, ist eine Tangente.

3. Zusatz. Die in den Scheiteln auf der Hauptachse errichteten Lote sind (die Scheitel-)Tangenten.

4. Schneidet das aus G auf die Tangente von P_1 gefällte Lot den Brennstrahl P_1F in F_1, so ist $P_1F_1 = P_1G$; folglich ist die Tangente das Mittellot von GF_1, und $FF_1 = 2a$. Jeder Punkt P' der Tangente ist daher gleich weit von F_1 und G entfernt und daher

$$P'G - P'F = P'F_1 - P'F > FF_1 = 2a.$$

Der Punkt P' kann also kein Hyperbelpunkt sein:

Lehrsatz. Die Tangente hat nur einen Punkt [nur zwei zusammenfallende Punkte] mit der Hyperbel gemein.

5. Weil die in Nr. 46$_1$ zur Zeichnung von Hyperbelpunkten P benutzten Mittellote der Brennstrahlen von G die Winkel FPG halbieren, so sind sie die Tangenten der durch sie gefundenen Hyperbelpunkte[47$_2$]. Wir haben also in Nr. 46 nicht nur die Hyperbelpunkte $AA_1BB_1E_1E_2$ zeichnen gelernt, sondern gleichzeitig auch die Tangenten dieser Punkte. Im Besonderen wissen wir jetzt:

Die Asymptoten (46$_7$) berühren die Hyperbel in ihren uneigentlichen Punkten.

Wir fassen die einzelnen Konstruktionen von Nr. 46 noch einmal zusammen zu der folgenden

Hyperbelkonstruktion. Wir ziehen die Mittellinie $A_1 A$ und die Diagonalen eines Rechtecks mit den Seiten $2a$ und $2b$ (Fig 86). Der um den Schnittpunkt O der Diagonalen mit der halben Diagonale geschlagene Kreis liefert die Brennpunkte F und G (46$_3$). — Wird auf dem Mittellot von $A_1 A$ die Strecke $OM = a$ abgetragen, so ist das in M auf MG errichtete Lot MH die Tangente in E_1 (46$_5$). Macht man noch $H_1 O = OH$ und $M_1 O = OM$, so liefern die Verbindungslinien HM_1, $M_1 H_1$, $H_1 M$ noch drei weitere Punkte E und ihre Tangenten. Die Diagonalen des Rechtecks sind die Asymptoten, weil sie von den Brennpunkten die Entfernung b haben (46$_7$). — Eine ergänzende Bemerkung siehe in Nr. 49$_5$.

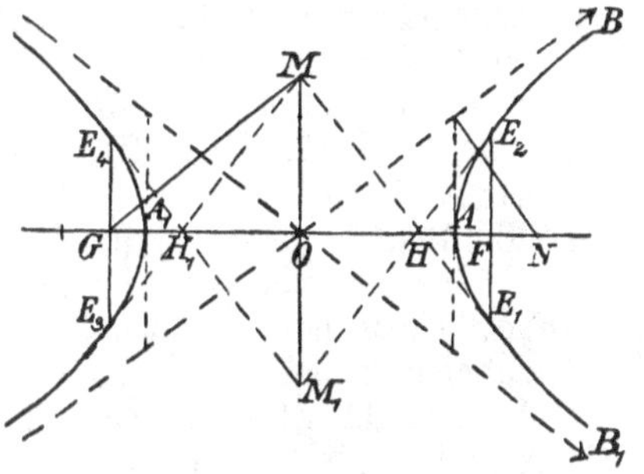

Fig. 86.

48. Richtlinien (vgl. Nr. 43). Die Konstruktion von Nr. 46$_1$ liefert uns noch weitere Eigenschaften der Hyperbel.

1. Bezeichnen wir die Mitten der Brennstrahlen GF_1 und GF_2 durch M_1 und M_2 (Fig. 87), so sind FM_1M_2 die Mitten der Seiten des Dreiecks GF_1F_2; die Seiten des ersten Dreiecks sind daher den Seiten des zweiten Dreiecks parallel. Folglich sind die Tangenten, weil sie Mittellote des Dreiecks GF_1F_2 sind, Höhen des Dreiecks FM_1M_2. Ihr Schnittpunkt S ist daher der Höhenschnittpunkt des Dreiecks FM_1M_2. Fällen wir von ihm auf die Mittellinie OF des Dreiecks FM_1M_2 das Lot SH, so ist (6$_8$)

$$OF \cdot OH = OM_1{}^2 = a^2 \,{}^{(46_5)}; \text{ folglich } OH = \frac{a^2}{e}.$$

Diese Gleichung zeigt, daß die Strecke OH nur von den die Hyperbel bestimmenden Größen a und e, nicht aber von der Lage des gewählten Brennstrahls FP_1 abhängt; mit anderen Worten, daß die Tangenten der Endpunkte eines Brennstrahls sich in einem Punkt des in H auf der Achse errichteten Lotes schneiden. — Wiederholen wir die vorhergehenden Betrachtungen, indem wir (nicht von den Brennstrahlen von F, sondern) von den Brennstrahlen des Brennpunktes G ausgehen, so gelangen wir zu einem Punkt H_1, für welchen $OH_1 = a^2 : OG$ ist. Indem wir für die in H und H_1 errichteten Lote ein neues Wort einführen durch die

Definition. Die auf der Achse in der Entfernung $a^2:e$ vom Mittelpunkt errichteten beiden Lote heißen **Richtlinien** der Hyperbel,

können wir das Ergebnis aussprechen in dem

Lehrsatz. Die Tangenten in den Endpunkten eines Brennstrahls schneiden sich in einem Punkt der zugeordneten Richtlinie.

2. Da, wie wir sahen, S der Höhenschnittpunkt des Dreiecks FM_1M_2 ist, so stehen die vier von S ausgehenden Strahlen SP_1, SP_2, SF, SH (Fig. 87) senkrecht auf den vier von F ausgehenden Strahlen FM_2, FM_1, FF_1, FO. Da diese die Gerade M_1M_2 in vier harmonischen Punkten [10_{14}] schneiden, so bilden auch [10_1] die vier von S ausgehenden Strahlen einen harmonischen Wurf; mit anderen Worten, SH schneidet den Brennstrahl P_1P_2 in dem von F durch P_1 und P_2 harmonisch getrennten Punkt:

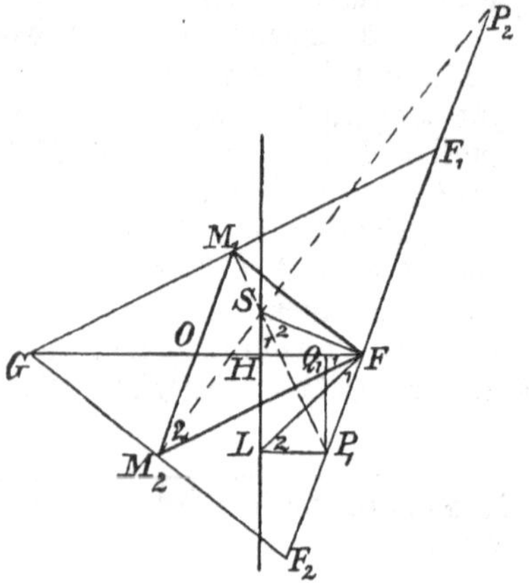

Fig. 87.

Lehrsatz. Jeder Brennpunkt wird von seiner Richtlinie durch die Hyperbel harmonisch getrennt.

3. Wir zeichnen die Entfernung des Hyperbelpunktes P_1 von der Richtlinie des Brennpunktes F, indem wir von P_1 auf SH das Lot P_1L (Fig. 87) fällen. P_1F ist die Entfernung des Punktes P_1 vom Brennpunkt F. Wir wollen zeigen, daß das Verhältnis dieser beiden Entfernungen P_1F und P_1L konstant ist. — Weil die beiden über P_1S stehenden Winkel F [48_2] und L Rechte sind, ist P_1LSF ein Kreisviereck [3_{10}] und daher [3_0]

$$\text{Winkel } P_1FL = P_1SL = M_2FO \text{ [}3_7\text{]};$$

$$\text{ferner Winkel } P_1LF = P_1SF = FM_2O \text{ [}3_7\text{]}.$$

Da mithin die Dreiecke P_1FL und OFM_2 ähnlich sind, ist

$$P_1F : P_1L = OF : OM_2 = e : a.$$

Lehrsatz. Ein Hyperbelpunkt hat von jedem Brennpunkt und seiner Richtlinie Entfernungen, deren Verhältnis konstant und zwar gleich $e:a$ ist.

4. **Anmerkung.** Statt die Definition von Nr. 45_1 zugrunde zu legen, kann man die Eigenschaften der Hyperbel auch ableiten aus der Definition: Der Ort für den Punkt, dessen Entfernungen von einem

festen Punkt und einer festen Gerade ein gegebenes Verhältnis haben, heißt Hyperbel. Diese Definition hat den Vorzug, der Parabel$^{(34)}$, der Ellipse$^{(43_4)}$ und der Hyperbel gemeinsam zu sein. Die drei Kurven unterscheiden sich dadurch, daß

für die Parabel $e = a$,

für die Ellipse $e < a^{(40_2)}$,

für die Hyperbel $e > a^{(45_2)}$

ist (vgl. Nr. 28_2; $_3$).

5. Fällen wir von P_1 auf die Hauptachse das Lot $P_1 Q_1$ (Fig. 87), so ist

$$P_1F = P_1L \cdot \frac{e}{a} \overset{(48_3)}{=} Q_1H \cdot \frac{e}{a} = (Q_1O + OH) \cdot \frac{e}{a} \overset{(2_2)}{=} a - \frac{e}{a} \cdot OQ_1^{(48_1)}.$$

Beziehen wir den Punkt P_1 auf ein Achsenpaar, das von der Strecke FG und ihrem Mittellot gebildet wird, so sind OQ_1 und Q_1P_1 die Koordinaten x und y von P_1. Da $Q_1F = Q_1O + OF = -x + e$ ist, ergibt sich aus dem rechtwinkligen Dreieck P_1Q_1F

$$\left(a - \frac{e}{a}x\right)^2 = y^2 + (e - x)^2$$

als Gleichung der Hyperbel. — Dieser Gleichung läßt sich, indem man $b^2 = e^2 - a^2$ setzt$^{(46_3)}$, die Form geben

$$\frac{x^2}{a^2} - \frac{y^2}{b^2} = 1.$$

49. Hauptkreis (vgl. Nr. 44). 1. Ist P ein Hyperbelpunkt (Fig. 88), so ist die Halbierungslinie des Winkels FPG die Tangente von $P^{(47_2)}$. Fällen wir von F auf diese Tangente das Lot FM, welches den Brennstrahl PG in G_1 schneidet, so ist $PG_1 = PF$ und folglich $GG_1 = 2a$. Da die Tangente das Mittellot von FG_1 ist, so ergibt sich der

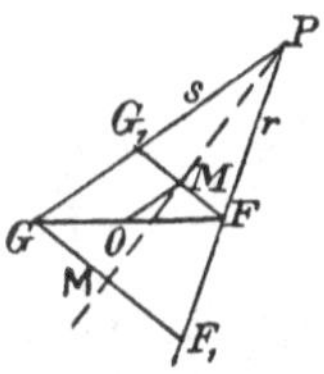

Fig. 88.

Lehrsatz. Die Gegenpunkte des einen Brennpunktes in bezug auf die Tangenten liegen in dem Leitkreis des anderen.

Da in dem Dreieck FGG_1 (Fig. 88) die Punkte O und M die Mitten der Seiten FG und FG_1 sind, so ist $OM = GG_1 : 2 = a$:

Lehrsatz. Die Fußpunkte der von einem Brennpunkt auf die Tangenten gefällten Lote liegen im Hauptkreis.

2. Fällen wir noch von dem zweiten Brennpunkt G (Fig. 88) auf die Tangente das Lot GM, welches PF in F_1 schneidet, so ist auch Dreieck PGF_1 gleichschenklig und daher Winkel $GF_1P = PGF_1 = PG_1F$. Es sind also die beiden über GF stehenden Winkel F_1 und G_1

einander gleich und daher FG_1GF_1 ein Kreisviereck $^{(3_{10})}$. Nach dem Satz des Ptolemäus über das Kreisviereck ist

$$FG \cdot F_1G_1 = FG_1 \cdot F_1G + FF_1 \cdot GG_1;$$

folglich $FG_1 \cdot F_1G = (2e)^2 - (2a)^2$; folglich $FM \cdot \mathsf{M}G = e^2 - a^2 = b^2$.

Lehrsatz. Jede Tangente hat von den beiden Brennpunkten Entfernungen, deren Produkt konstant und zwar gleich b^2 ist.

3. **Zusatz.** Weil die Punkte M und M auf dem Hauptkreise liegen $^{(49_1)}$, kann man eine Hyperbel durch ihre Tangenten in folgender Weise zeichnen (Fig. 89): Man zieht durch die beiden Brennpunkte Paare paralleler

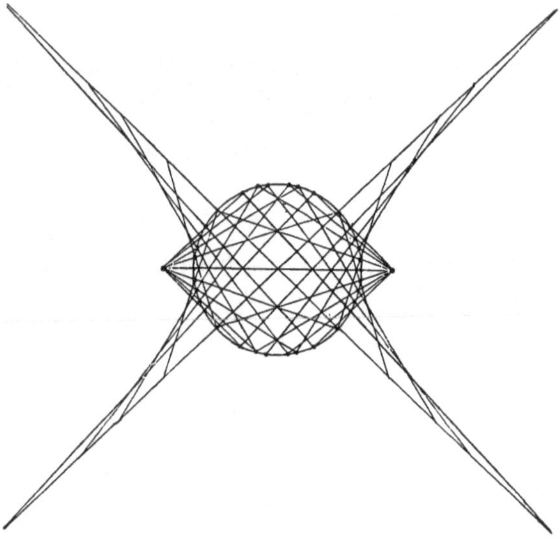

Fig. 89.

Tangenten; die Geraden, welche die Endpunkte der auf diesen Parallelen durch den Hauptkreis begrenzten Strecken verbinden, „umhüllen“ $^{(38_3)}$ die Hyperbel, d. h. sind Tangenten der Hyperbel.

4. Bezeichnen wir die beiden Brennstrahlen PF und PG durch r und s, so ist (Fig. 88)

$$FM : \mathsf{M}G = FM : F_1\mathsf{M} = PF : PF_1 \,^{(5_3)} = r : s.$$

Wir haben also die beiden Gleichungen

$$FM : \mathsf{M}G = r : s \qquad FM \cdot \mathsf{M}G = b^2 \,^{(49_2)}$$

$$FM^2 = b^2 \cdot r : s \text{ und } G\mathsf{M}^2 = b^2 \cdot s : r.$$

Das auf der Tangente im Berührungspunkt P errichtete Lot PN

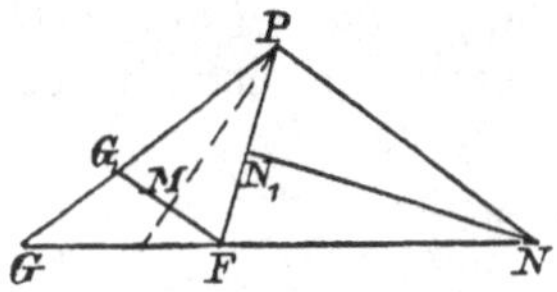
Fig. 90.

(Fig. 90) heißt die **Normale** des Punktes P. Aus der Figur ergibt sich [5₈]

$$PN : 2MF = s : 2a;$$

folglich $PN = b\sqrt{rs} : a$.

Fällen wir von N auf den Brennstrahl PF (oder PG) das Lot NN_1, so ist PN_1 die Projektion der Normale auf den Brennstrahl. Da die Dreiecke PNN_1 und FPM ähnlich sind, so ist

$$PN_1 : PN = FM : r = b : \sqrt{rs}; \text{ folglich } PN_1 = b^2 : a.$$

Lehrsatz. Die Projektion der Normale des Punktes P auf den Brennstrahl von P ist konstant und zwar gleich dem halben Parameter [46₈] p (vgl. Nr. 37_7).

Bezeichnen wir den Nebenwinkel des von den beiden Brennstrahlen gebildeten Winkels durch 2β, so besteht zwischen β, der Normale PN und dem Parameter p die Gleichung

$$PN = p : \cos\beta.$$

5. Zusatz (vgl. Nr. 37_8). Ebenso wie in Nr. 44_5 ergibt sich hier, daß $b^2 : a$ der Halbmesser des Krümmungskreises von A ist. Da bei der Hyperbel die Normale den Nebenwinkel des von den Brennstrahlen gebildeten Winkels halbiert, so teilt der Krümmungsmittelpunkt N die Strecke FG außen. Wir haben also in dem Endpunkt auf der Diagonale des Rechtecks (Fig. 86) das Lot zu errichten, um den Krümmungsmittelpunkt N für A zu erhalten. —

6. Aufgabe. Von einem Punkt S die Tangenten an die Hyperbel zu ziehen.

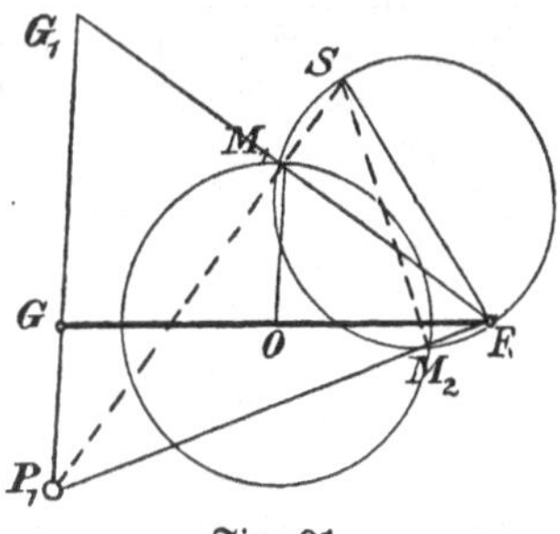
Fig. 91.

Erste Lösung (vermittels des Hauptkreises). Schneidet der über SF als Durchmesser geschlagene Kreis (Fig. 91) den Hauptkreis der Hyperbel in M_1 und M_2, so sind SM_1 und SM_2 die gesuchten Tangenten.

Beweis. Machen wir $M_1G_1 = FM_1$, so schneidet GG_1 die Verbindungslinie SM_1 in einem Hyperbelpunkt P_1; denn

$$GG_1 = 2OM = 2a$$

und folglich $P_1F - P_1G = 2a$.

Da die Gerade SM_1 den Winkel FP_1G halbiert, so ist sie Tangente [47₂].

7. Zweite Lösung (vermittels des Leitkreises). Schneidet der um S mit dem Halbmesser SF geschlagene Kreis (Fig. 92) den Leitkreis von G in G_1 und G_2, so sind die von S auf FG_1 und FG_2 gefällten Lote

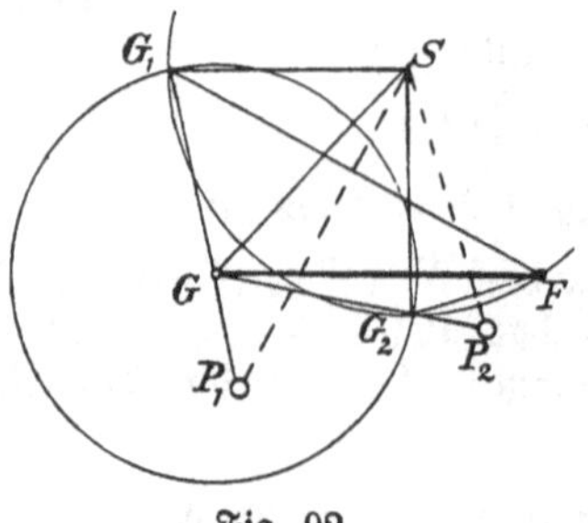

Fig. 92.

die gesuchten Tangenten. Denn GG_1 und GG_2 schneiden diese Lote in den Hyperbelpunkten P_1 und P_2.

8. Zusatz. Da die Seiten der beiden Dreiecke SGG_1 und SGG_2 (Fig. 92) einander gleich sind, so ist der Winkel $SGG_1 = G_2GS$; der Punkt S ist also gleich weit von den Brennstrahlen P_1G und P_2G entfernt; da S ferner in den Halbierungslinien der Winkel P_1 und P_2 liegt, ist er gleich weit von den Brennstrahlen P_1G und P_1F, P_2G und P_2F entfernt; folglich ist er auch gleich weit von P_1F und P_2F entfernt:

Lehrsatz. Der Schnittpunkt zweier Tangenten ist gleich weit von den vier Brennstrahlen der beiden Berührungspunkte entfernt.

50. Asymptoten. Von Wichtigkeit ist der besondere Fall der Aufgabe Nr. 49_6, daß S in die Mitte O von FG, den Mittelpunkt der Hyperbel (45_1), fällt.

1. Der (nach Nr. 49_7) mit OF um O geschlagene Kreis wird dann der Kreis über dem Durchmesser FG (Fig. 93) und die von O auf FG_1 und FG_2 gefällten Lote OM_1 und OM_2 schneiden die Verbindungslinien GG_1 und GG_2 in den uneigentlichen Hyperbelpunkten B und B_1. Weil in dem Dreieck OFM_1 die Hypotenuse $OF = e$ und die Kathete $OM_1 = GG_1 : 2 = a$ ist, ist $FM_1 = b$ (46_3); die Durchmesser OB und OB sind also die Asymptoten (46_7). Bezeichnen wir die Schnittpunkte der Asymptoten und des Kreises über dem Durchmesser FG durch C_1 und C_2, so steht C_1C_2 senkrecht auf OF und wird durch OF in A halbiert. Aus der Kongruenz der Dreiecke OC_1A und OFM_1 folgt $OA = OM_1 = a$ und $AC_1 = FM_1 = b$; C_1C_2 ist also die Scheiteltangente (47_3):

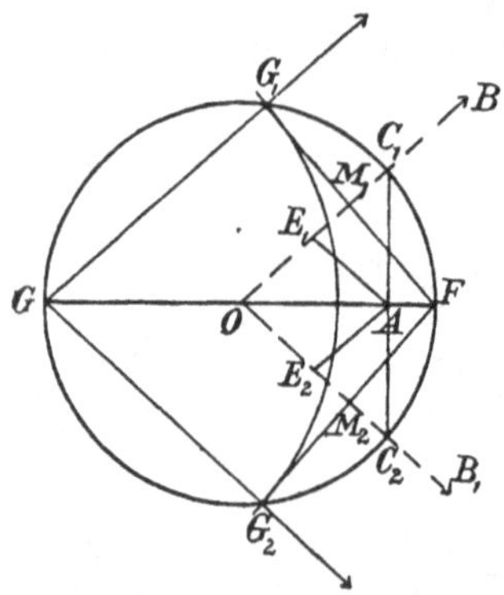

Fig. 93.

Lehrsatz. Das von den beiden Asymptoten und der Scheiteltangente gebildete Dreieck hat den Inhalt ab.

2. Zusatz. Ziehen wir durch den Scheitel A zu den Asymptoten die Parallelen AE_1 und AE_2 (Fig. 93), so ist

$$AE_1 = AE_2 = \tfrac{1}{2}\, OC_1 \,(5_6) = \tfrac{1}{2}\, e.$$

3. Um von einem beliebigen Punkt S_1 der Asymptote OB (Fig. 94) die Tangente zu ziehen, haben wir um S_1 mit S_1F den Kreis zu schlagen (49₇), der den Leitkreis von G außer in G_1 noch in G_3 schneidet. Das aus S_1 auf FG_3 gefällte Lot, die Tangente, wird von der Verbindungslinie GG_3 in ihrem Berührungspunkt P geschnitten. Da S_1 als Schnittpunkt der beiden Tangenten S_1B und S_1P gleich weit von den Brennstrahlen GB und GP der Berührungspunkte entfernt ist (49₈) und seine Entfernung von GB gleich $M_1G_1 = b$ ist, so hat S_1 auch von GP die Entfernung b. — Schneidet S_1P die zweite Asymptote in S_2, so hat S_2 als Schnittpunkt der Tangenten S_2B_1 und S_2P gleiche Entfernungen von GB_1 und GP; da der Punkt S_2 aber von GB_2 die Entfernung $M_2G_2 = b$ hat, so hat er auch von GP die Entfernung b. Haben aber die beiden Punkte S_1 und S_2 von GP gleiche Entfernungen, so wird ihre Verbindungslinie durch GP halbiert:

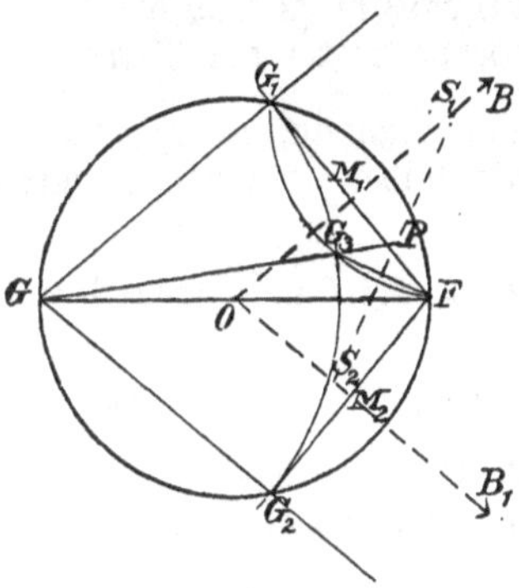

Fig. 94.

Lehrsatz. Die Strecke, welche auf einer beliebigen Hyperbeltangente von den beiden Asymptoten begrenzt wird, wird durch den Berührungspunkt halbiert.

4. Sind S_1S_2 und $S'_1S'_2$ (Fig. 95) zwei beliebige von den Asymptoten begrenzte Tangenten, so sind ihre Mitten P und P' die Berührungspunkte (50₃); ihr Schnittpunkt U hat von den (in der Figur nicht gezeichneten) Brennstrahlen GP und GP' die gleiche Entfernung d (49₈). Da S_1, wie wir bereits wissen (50₃), von GP die Entfernung b hat, so ist $PU : PS_1 = d : b$. In derselben Weise begründet man, daß $P'U : P'S'_2 = d : b$ ist; folglich ist PP' parallel $S_1S'_2$. Da auch S'_1S_2 parallel PP' ist, wie sich in derselben Weise zeigen läßt, so ist $S_1S'_2$ parallel S'_1S_2:

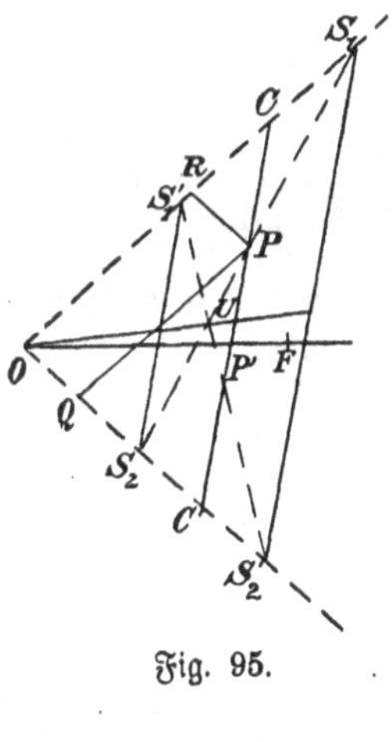

Fig. 95.

Lehrsatz. Zwei beliebige Tangenten schneiden die Asymptoten in den Ecken eines Trapezes, dessen Grundlinien der Berührungssehne der beiden Tangenten parallel sind.

5. Von dem Trapez $S_1S'_1S_2S'_2$ (Fig. 95) sind O und U die beiden eigentlichen Diagonalpunkte, folglich werden die Grundlinien $S_1S'_2$ und S'_1S_2 durch OU halbiert (11₉). Durch die Betrachtung der Dreiecke $US_1S'_2$ und

OS'_1S_2 ergibt sich weiter, daß auch PP' und CC' durch OU halbiert werden:

Lehrsatz. Die Mitte einer Hyperbelsehne ist zugleich die Mitte der von den Asymptoten auf der Sehne begrenzten Strecke.

6. Zusatz. Da $P'C' = PC$ ist, so kann man auf jeder durch P gehenden Gerade den zweiten Hyperbelpunkt finden und somit durch eine einfache Konstruktion die Aufgabe lösen:

Eine Hyperbel aus ihren beiden Asymptoten und einem Punkt zu zeichnen.

7. Da $S_1S'_2$ parallel S'_1S_2 ist, so ist Dreieck $OS_1S_2 = OS'_1S'_2$:

Lehrsatz. Jede Tangente begrenzt mit den beiden Asymptoten ein Dreieck von dem unveränderlichen Inhalt ab [(50₁)].

8. Ziehen wir durch P zu den Asymptoten die Parallelen PQ und PR (Fig. 95), so sind OQ und OR die Koordinaten x und y des Punktes P für ein von den Asymptoten gebildetes Achsenpaar. Da das Parallelogramm $OQPR = OS_1S_2 : 2$ ist, so ist sein Inhalt konstant und folglich auch das Produkt xy. Da nun die Koordinaten des Scheitels A gleich $e : 2$ sind [(50₂)], so ist

$$xy = \left(\frac{e}{2}\right)^2$$

die Asymptotengleichung der Hyperbel [(146)].

Kapitel III. Geometrie der Lage.

Neben der Geometrie des Maßes, welche die Größe von Strecken und Winkeln vergleicht und sich auf den Kongruenzsätzen aufbaut, steht als selbständige Wissenschaft die Geometrie der Lage, welche des Messens nicht bedarf und nur durch Betrachtung der Lage von Punkten, Geraden und Ebenen ihre Sätze gewinnt. Um die Unabhängigkeit der Geometrie der Lage von der Geometrie des Maßes in der Darstellung hervortreten zu lassen, verzichten wir im folgenden auf die Benutzung bisher gewonnener Ergebnisse und geben für alle Sätze Beweise, die sich nur auf Lagenbetrachtungen stützen. Bei einer solchen Darstellung ist es, wie hervorgehoben sein mag, trotz der Beschränkung auf die ebene Geometrie der Lage notwendig, von der Betrachtung räumlicher Beziehungen [(51)] auszugehen.

§ 1. Harmonische Elemente.

51. Perspektiv liegende Dreiecke. (E 15; vgl. des Verfassers Ebene Geometrie der Lage Nr. 15). Dem neuen Beweise des uns bereits bekannten (29) Lehrsatzes von Desargues über perspektiv liegende Dreiecke schicken wir die folgenden stereometrischen Hilfssätze voran.

1. Zwei Geraden, die in einer Ebene liegen, schneiden sich in einem Punkte.

2. Zwei Geraden, die sich in einem Punkte schneiden, liegen in einer Ebene.

3. Zwei Ebenen schneiden sich in einer Gerade.

4. Schneiden sich zwei Geraden, die in zwei verschiedenen Ebenen liegen, so liegt ihr Schnittpunkt in der Schnittlinie beider Ebenen.

5. Vier Punkte lassen sich immer als die Ecken eines (räumlichen oder ebenen) Vierecks ansehen.

Lehrsatz. Wenn zwei Gegenseiten eines Vierecks sich schneiden, so schneiden sich auch die andern Gegenseiten des Vierecks.

Beweis: Wenn die Gegenseiten ΔA und BΓ des Vierecks ΔABΓ sich in P schneiden, so liegen die vier Ecken in der Ebene PAB; alle Verbindungslinien der Ecken liegen daher in einer Ebene, folglich schneiden sie sich (51_1).

6. Wenn von drei Geraden je zwei sich schneiden, aber nicht alle

durch einen Punkt gehen, so liegen die drei Geraden in einer Ebene.	in einer Ebene liegen, so gehen die drei Geraden durch einen Punkt.

Beweis (des links stehenden Satzes). Nach der Voraussetzung schneiden sich b und c in A, c und a in B, a und b in C. Fällt A nicht mit B (und folglich auch nicht mit C) zusammen, so liegen die drei Geraden in der Ebene ABC. Fällt dagegen A mit B (und folglich auch mit C) zusammen, so gehen die drei Geraden durch einen Punkt.

7. Zwei Dreiecke (oder auch zwei Vierecke) heißen zugeordnet, wenn den Ecken des einen die Ecken des andern zugewiesen sind; die einander zugewiesenen Ecken heißen homolog. Nennt man ferner zwei Seiten homolog, wenn die Endpunkte der einen den Endpunkten der andern homolog sind, so sind durch die Zuweisung der Ecken auch die Seiten einander zugewiesen. — Ebenso kann man zwei Dreiecke (oder auch zwei Vierecke) einander zuordnen, indem man den Seiten des einen die Seiten des andern zuweist. —

8. Lehrsatz. Wenn die drei Punkte, in denen sich die homologen Seiten zweier zugeordneten Dreiecke schneiden, in einer Gerade liegen, so gehen die drei Geraden, welche die homologen Ecken verbinden, durch einen Punkt.

Beweis. Schneiden sich die homologen Seiten der beiden zugeordneten Dreiecke ABC und $A_1B_1C_1$ in den drei Punkten PQR der Gerade t (Fig. 96), so legen wir durch die Gerade t eine (in der Figur nicht gezeichnete) beliebige Ebene σ_1 und ziehen in dieser durch die drei Punkte PQR drei beliebige Geraden $\alpha\beta\gamma$, die sich in den Punkten ΑΒΓ schneiden. Wir betrachten zunächst die beiden Dreiecke ABC und ΑΒΓ. Da BC und ΒΓ sich in P schneiden, so müssen sich auch die Verbindungslinien BΒ und CΓ schneiden[51_5]; ebenso müssen sich die Verbindungslinien CΓ und AΑ und die Verbindungslinien AΑ und BΒ schneiden. Die drei Verbindungslinien AΑ, BΒ, CΓ gehen daher[51_6] durch einen Punkt S. — Durch die Betrachtung der Dreiecke $A_1B_1C_1$ und ΑΒΓ ergibt sich in derselben Weise, daß die Verbindungslinien A_1Α, B_1Β, C_1Γ durch einen Punkt S_1 gehen.

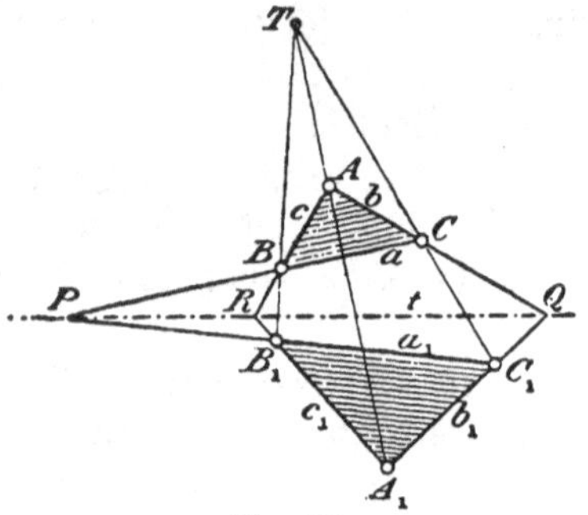

Fig. 96.

Den Punkt, in dem die Ebene σ der Dreiecke ABC und $A_1B_1C_1$ durch die Verbindungslinie der beiden Punkte S und S_1 geschnitten wird, nennen wir T. Weil nun SA und S_1A_1 nach der Konstruktion sich in Α schneiden, müssen sich auch SS_1 und AA_1 schneiden[51_5], und zwar in T. Ebenso müssen BB_1 und CC_1 durch T gehen. —

9. Umkehrung. **Wenn die drei Geraden, welche die homologen Ecken zweier zugeordneten Dreiecke verbinden, durch einen Punkt gehen, so liegen die drei Punkte, in denen sich die homologen Seiten schneiden, in einer Gerade.**

Beweis. Wir legen durch den Punkt T (Fig. 96), in dem sich nach der Voraussetzung die drei Verbindungslinien homologer Ecken AA_1, BB_1, CC_1 schneiden, eine beliebige, nicht in σ liegende (in der Figur nicht gezeichnete) Gerade und nehmen in dieser zwei beliebige Punkte S und S_1 an. Weil SS_1 und AA_1 durch T gehen, so müssen sich auch SA und S_1A_1 in einem Punkte Α schneiden[51_5]; ebenso schneiden sich SB und S_1B_1 in einem Punkte Β, SC und S_1C_1 in einem Punkte Γ. Die drei Punkte ΑΒΓ bestimmen eine Ebene σ_1, die die Ebene σ in der Gerade t schneiden möge[51_3]. — Die Geraden BC und B_1C_1 schneiden sich[51_1], weil sie beide in der Ebene σ liegen; die Geraden BC und BΓ schneiden sich, weil BΒ und CΓ durch S gehen[51_5]; die Geraden B_1C_1 und ΒΓ schneiden sich, weil B_1Β und C_1Γ durch S_1 gehen[51_5]. Die drei Geraden BC, B_1C_1, ΒΓ gehen daher[51_6] durch einen Punkt P, und dieser liegt, weil z. B. BC und ΒΓ in zwei verschiedenen Ebenen σ und σ_1 liegen, in der Schnittlinie t von σ und

σ_1 [51$_4$]. BC und B_1C_1 schneiden sich also in einem Punkte P von t. — Ebenso liegt auch der Schnittpunkt Q von CA und C_1A_1 und der Schnittpunkt R von AB und A_1B_1 in t.

10. Zusatz [29$_2$]. Der zweite Lehrsatz läßt sich auch unmittelbar aus dem ersten ablesen: Die homologen Seiten der Dreiecke RBB_1 und QCC_1 schneiden sich in drei Punkten TAA_1, die nach der Voraussetzung in einer Gerade liegen; die Verbindungslinien homologer Punkte R und Q, B und C, B_1 und C_1 müssen daher durch einen Punkt gehen [51$_8$].

52. Harmonische Punkte (E 18—20). Nr. 11_1 ist zu wiederholen [11$_7$]. —

1. Während wir früher [10$_1$] die harmonische Verwandtschaft durch eine Maßbeziehung definiert haben, gehen wir jetzt aus von einer Lagenbeziehung:

> Definition. **Zwei Diagonalpunkte eines Vierecks und diejenigen beiden Punkte ihrer Verbindungslinie, welche auf den Gegenseiten des dritten Diagonalpunktes liegen, heißen vier harmonische Punkte.** — Den Inbegriff der beiden Diagonalpunkte nennt man ein Punktpaar.

2. Aus der in Nr. 11_4 gegebenen (und hier zu wiederholenden) Lösung der

> Aufgabe. Zu einem Punktpaar und einem Punkte den vierten harmonischen Punkt zu zeichnen,

geht noch hervor: Fällt erstens W in Q, so fällt A mit Δ und B mit Γ, folglich AB mit ΔΓ und daher W_1 mit Q (und W) zusammen; fällt zweitens W in P, so fallen Δ und Γ und folglich A und B und schließlich auch W_1 in P. Fällt also der Punkt W mit P oder Q zusammen, so fällt er auch mit W_1 zusammen. —

3. Lehrsatz. Durch ein Punktpaar und einen Punkt ist der vierte harmonische bestimmt.

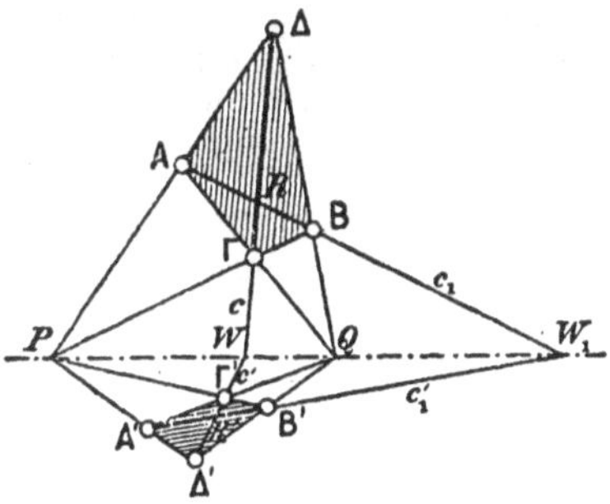

Fig. 97.

Beweis. Unser Satz sagt aus, daß wir denselben Punkt W_1 erhalten, ob wir zur Konstruktion das Viereck ΔABΓ oder irgend ein anderes Δ'A'B'Γ' (Fig. 97) benutzen, daß also die Seiten AB und A'B' die Diagonallinie PQ in demselben Punkte W_1 schneiden. —

Jedes der beiden gezeichneten Vierecke ΔABΓ und Δ'A'B'Γ' zerlegen wir in zwei Dreiecke und betrachten zunächst ΔΓA und Δ'Γ'A'. Diese beiden Dreiecke liegen perspektiv, weil der Schnittpunkt W von ΔΓ und Δ'Γ', der Schnittpunkt P von ΔA und Δ'A', der Schnittpunkt Q von AΓ und A'Γ' in einer Gerade liegen. Die drei (in der Figur nicht gezeichneten) Verbindungslinien homologer Ecken ΔΔ', ΓΓ', AA' gehen daher $^{(51_8)}$ durch einen Punkt T. Ferner liegen die Dreiecke ΔΓB und Δ'Γ'B' perspektiv; es gehen daher die drei Verbindungslinien ΔΔ', ΓΓ', BB' durch einen Punkt, mit andern Worten: BB' geht durch den Schnittpunkt von ΔΔ' und ΓΓ', d. i. T. Betrachten wir schließlich die beiden Dreiecke ABΓ und A'B'Γ', so liegen diese perspektiv, weil, wie wir eben bewiesen haben, die Verbindungslinien homologer Ecken AA', BB', ΓΓ' durch einen Punkt T gehen. Weil nun BΓ und B'Γ' sich in P, ΓA und Γ'A' sich in Q schneiden, so müssen AB und A'B' durch einen und denselben Punkt W_1 von PQ gehen $^{(51_9)}$.

4. Ist ΔABΓ ein Viereck, von dem P und Q zwei Diagonalpunkte sind, während W und W_1 auf den Gegenseiten des dritten Diagonalpunktes liegen, so läßt sich, wie wir zeigen wollen, ein zweites Viereck zeichnen, von dem W und W_1 zwei Diagonalpunkte sind, während P und Q auf den Gegenseiten des dritten Diagonalpunktes liegen.

Betrachten wir die beiden Dreiecke ΔAQ und W_1WR (Fig. 98) und ordnen die Ecken in der hingeschriebenen Reihenfolge einander zu $^{(51_7)}$, so sehen wir, daß der Schnittpunkt P von ΔA und W_1W, der Schnittpunkt Γ von AQ und WR, der Schnittpunkt B von QΔ und RW_1 in einer Gerade liegen. Es gehen daher die Verbindungslinien homologer Ecken ΔW_1, AW, QR durch einen Punkt S. Wir haben damit ein Viereck SRΔA gezeichnet, von dem W und W_1 zwei Diagonalpunkte sind, während die Gegenseiten ΔA und SR durch P und Q gehen. — Da wir demnach auch die beiden Punkte W und W_1 zu Diagonalpunkten machen können, so bleibt der in Nr. 52_3 bewiesene Lehrsatz richtig, wenn wir unter Punktpaar nicht bloß die beiden Punkte PQ, sondern auch die beiden Punkte WW_1 verstehen. — Unter Benutzung der

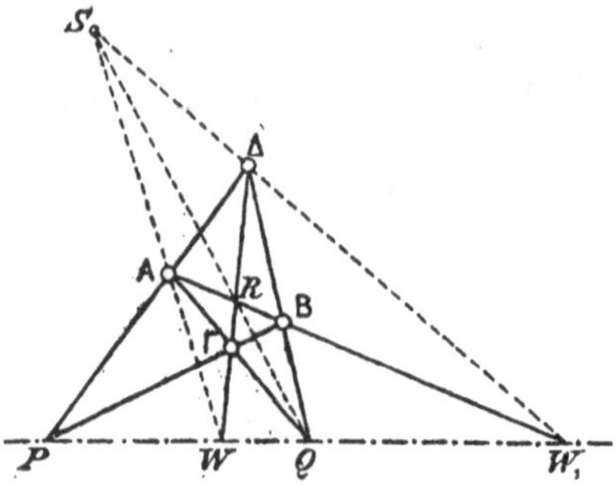

Fig. 98.

Definitionen. Der Inbegriff zweier beliebigen Punktpaare heißt ein Wurf. — Der Inbegriff der Punktpaare $PQ \cdot WW_1$ heißt ein harmonischer Wurf

können wir den nunmehr erweiterten Inhalt von Nr. 52_3 auch so aussprechen:

Stimmen zwei harmonische Würfe in einem Punktpaar und einem Punkte überein, so stimmen sie auch im vierten Punkte überein.

In Zeichen: Wenn $PQ \cdot WW_1$ und $WW_2 \cdot PQ$ zwei harmonische Würfe sind, so fällt W_2 in W_1.

53. Elliptischer und hyperbolischer Wurf (E 5; 10; 24). 1. Von dem Punkt A einer Gerade s kann man sich in zweierlei Sinn (21) fortbewegen, um zu einem zweiten Punkt B von s zu gelangen (Fig. 99). Ist C ein dritter Punkt von s, so wird bei der einen Bewegung von A nach B der Punkt C überschritten, bei der andern nicht. Unter ABC wollen wir nun immer den Bewegungssinn verstehen, bei welchem man von A nach B gelangt, ohne C zu überschreiten (Fig. 99), so daß durch ABC immer ein bestimmter Bewegungssinn festgelegt ist. — Entsprechend ist für die Strahlen durch abc ein bestimmter Drehungssinn (31) festgelegt (Fig. 100).

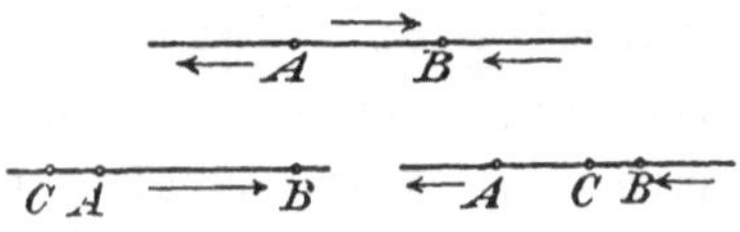

Fig. 99.

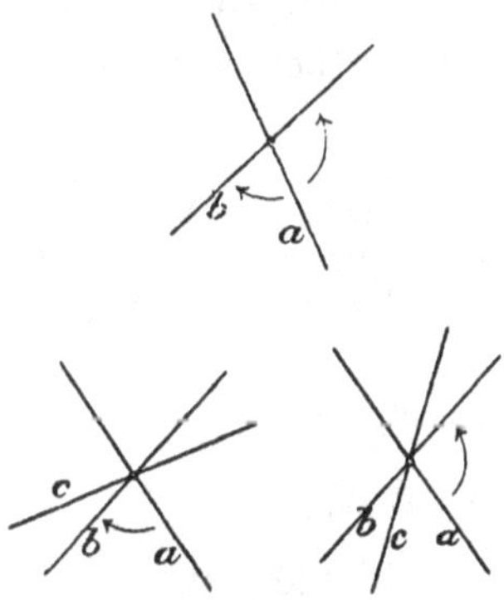

Fig. 100.

2. Die Reihenfolge von vier Punkten, die in einer Gerade liegen, sei $ABCD$, so daß ein Punkt X, der die Gerade s im Sinn ABC (531) durchläuft, der Reihe nach mit $ABCD$ zusammenfällt. Fassen wir die vier Punkte in zwei Paare AB und CD zusammen und nennen AB sowohl wie CD ein Punktpaar, so wird bei der angegebenen Reihenfolge das Punktpaar AB durch das Punktpaar CD nicht getrennt, d. h. der Punkt X gelangt von A nach B, ohne C oder D zu überschreiten. — Um uns bequemer ausdrücken zu können, führen wir ein neues Wort ein durch die

Definition. Der Inbegriff zweier beliebigen Elementenpaare (vgl. Nr. 53_3) heißt ein Wurf.

In Zeichen: $AB \cdot CD$.

Wir können dann sagen: In dem Wurf $AB \cdot CD$ wird das Punktpaar AB durch das Punktpaar CD nicht getrennt. Aus der Gruppe unsrer vier Punkte können wir ferner den Wurf $AD \cdot BC$ bilden. Unser Punkt X gelangt von A nach D, indem er B und C überschreitet. Würde er sich im entgegengesetzten Sinn bewegen, so würde er von A nach D gelangen, ohne B und C zu überschreiten. Auch in diesem Fall sagen wir: Das Punktpaar AD wird durch das Punktpaar BC nicht getrennt. — Bilden wir schließlich aus den vier Punkten $ABCD$ den Wurf $AC \cdot BD$, so gelangt der Punkt X von A nach C, indem er B überschreitet, D dagegen nicht; bewegt er sich im entgegengesetzten Sinn, so gelangt er von A nach C, indem er D überschreitet, B aber nicht. In diesem Fall sagen wir: Das Punktpaar AC wird durch das Punktpaar BD getrennt. — Um das Ergebnis zusammenfassen zu können, führen wir noch zwei neue Worte ein:

Definition. Ein Wurf, dessen Elementenpaare einander trennen, heißt **elliptisch**. — Ein Wurf, dessen Elementenpaare einander **nicht** trennen, heißt **hyperbolisch**.

Das Ergebnis unsrer Betrachtungen lautet demnach:

Lehrsatz. **Aus vier Elementen lassen sich drei Würfe bilden; zwei von diesen drei Würfen sind hyperbolisch, der dritte ist elliptisch.**

3. Die Anschauung liefert den

Lehrsatz. **Ein Punktwurf wird aus jedem Punkte durch einen gleichnamigen Strahlenwurf projiziert.**

Das in Nr. 53_2 über Punktwürfe Gesagte gilt deswegen auch für Strahlenwürfe.

4. Anmerkung. In Zukunft werden wir häufig (wie wir es in Nr. 53_2 bereits getan haben) Ergebnisse, die wir nur für Punkte [Strahlen] ausführlich begründen, in einer zugleich für Strahlen [Punkte] gültigen Form aussprechen, indem wir für Punkte und Strahlen das gemeinsame Wort **Element** [7_8] benutzen.

5. Bilden wir aus den vier harmonischen Punkten $PQ \cdot WW_1$ die drei Würfe

$$PW \cdot QW_1;\ PW_1 \cdot QW;\ PQ \cdot WW_1,$$

so muß einer und nur einer dieser drei Würfe elliptisch sein [53_2].

Wäre dieser Wurf $PW \cdot QW_1$ (Fig. 101), so müßte, wenn wir ihn aus Δ auf AB projizieren, AR · BW_1 ein elliptischer Wurf sein [53_3]; gleichzeitig müßte, wie wir durch Projektion des Wurfes $PW \cdot QW_1$ aus Γ erkennen, BR · AW_1 ein elliptischer Wurf sein. Da dies nicht möglich ist [53_2], so kann $PW \cdot QW_1$ kein aus zwei getrennten Punktpaaren bestehender Wurf sein. — Ebenso überzeugt man sich davon, daß auch $PW_1 \cdot QW$ kein elliptischer Wurf sein kann. Daher besteht der Wurf $PQ \cdot WW_1$ aus zwei getrennten Punktpaaren [53_2]:

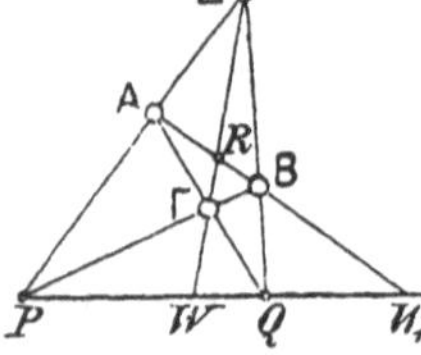

Fig. 101.

Lehrsatz. **Die Elementenpaare eines harmonischen Wurfes trennen einander** (vgl. Nr. 10_7).

6. Wir sprechen nicht bloß von einem Wurf gleichartiger Elemente, sondern auch von einem Wurf, der bestimmt wird durch ein Punktpaar AB und ein Strahlenpaar cd. Bezeichnen wir nämlich die Punkte, in denen die Verbindungslinie AB von den Strahlen c und d geschnitten wird, durch C und D und die Strahlen, durch welche die Punkte A

und B aus dem Schnittpunkt cd projiziert werden, durch a und b, so verstehen wir unter dem Wurf $AB \cdot cd$ entweder den Punktwurf $AB \cdot CD$ oder den Strahlenwurf $ab \cdot cd$. — Ist der Wurf $AB \cdot cd$ harmonisch, so sagen wir: Das Punktpaar [Strahlenpaar] wird durch das Strahlenpaar [Punktpaar] harmonisch getrennt. — Aus Nr. 53_5 folgt daher$^{(52_1)}$:

Je zwei Diagonalpunkte eines Vierecks werden durch die Gegenseiten des dritten harmonisch getrennt$^{(11_3)}$.	**Je zwei Diagonallinien eines Vierseits werden durch die Gegenecken der dritten harmonisch getrennt.**

7. Zusatz. Fallen bei einem harmonischen Wurf zwei zugeordnete Punkte zusammen, so muß auch, weil die beiden Punktpaare einander trennen sollen, ein Punkt des zweiten Paares mit dem ersten Punktpaar zusammenfallen. Durch Hinzunahme von Nr. 52_2 ergibt sich:

Fallen zwei Elemente eines harmonischen Wurfes zusammen, so fällt auch noch ein drittes Element mit ihnen zusammen$^{(10_8)}$.

54. Harmonische Strahlen (E 21).

1. Definition. Vier Strahlen heißen harmonisch, wenn sie durch vier harmonische Punkte gehen.

2. Lehrsatz. **Vier harmonische Strahlen schneiden jede Gerade in vier harmonischen Punkten.**

Beweis. Nach der Voraussetzung schneiden die vier harmonischen Strahlen $ab \cdot cd$ irgend eine Gerade in vier harmonischen Punkten $AB \cdot CD$. Es ist zu zeigen, daß sie eine zweite beliebige Gerade ebenfalls in harmonischen Punkten schneiden. Zunächst beweisen wir den Satz aber nicht für eine beliebige, sondern für eine durch den Punkt D gehende Gerade, welche von abc in $A_1 B_1 C_1$ geschnitten werden möge.

Wir projizieren (Fig. 102) den Punkt C_1 aus A auf $S(B)$ und aus B auf $S(A)$. Bezeichnen wir den Schnittpunkt von C_1A und $S(B)$ durch B, den Schnittpunkt von C_1B und $S(A)$ durch A, so bilden SC_1AB ein Viereck, von dem A und B zwei Diagonalpunkte sind, während eine Seite des dritten Diagonalpunktes durch C geht; die Gegenseite AB muß daher$^{(52_4)}$ durch D gehen. Betrachten wir nun das Viereck ABAB, so sehen wir, daß von diesem C_1 und D zwei Diagonalpunkte sind, während die Gegenseiten des dritten Diagonalpunktes S durch A_1 und B_1 gehen; $A_1B_1 \cdot C_1D$ sind also$^{(52_1)}$ vier harmonische Punkte. —

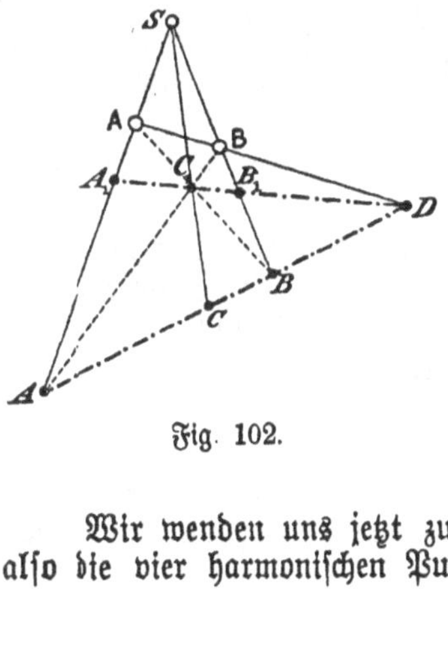

Fig. 102.

Wir wenden uns jetzt zu dem allgemeinen Fall: Wir projizieren also die vier harmonischen Punkte $AB \cdot CD$ aus S auf eine beliebige (nicht durch D gehende) Gerade t_1 und behaupten, daß $A_1B_1 \cdot C_1D_1$ ebenfalls vier harmonische Punkte sind. — Verbinden wir A_1 und D und bezeichnen die Punkte, in denen diese Verbindungslinie von den Projektionsstrahlen $S(B)$ und $S(C)$ geschnitten wird, durch B' und C', so sind nach dem eben geführten Beweise, weil $AB \cdot CD$ vier harmonische sind, auch $A_1B' \cdot C'D$ vier harmonische Punkte; und weil $A_1B' \cdot C'D$ vier harmonische Punkte sind, sind es auch $A_1B_1 \cdot C_1D_1$. —

3. Wiederholung der Aufgabe Nr. 11_5.

4. Aus der Fig. 101 ergibt sich noch durch Projektion des harmonischen Wurfes $PQ \cdot WW_1$ aus Δ (oder Γ) auf die Vierecksseite AB, daß AB $\cdot RW_1$ ein harmonischer Wurf ist [54₂]:

> Je zwei Ecken eines Vierecks werden durch ihren Diagonalpunkt und die zugeordnete [11₂] Diagonallinie harmonisch getrennt.

§ 2. Projektive Verwandtschaft.

55. Perspektive Verwandtschaft (E 6; 7). Das Wesen der Geometrie der Lage besteht darin, die Elemente [Punkte und Strahlen] der geraden Grundgebilde [Punktreihen und Strahlenbüschel] einander zuzuordnen, d. h. jedem Element des einen Grundgebildes ein Element des andern zuzuweisen. — Die einander zugewiesenen Elemente heißen homolog [51₇]. Auf die einfachste Art stellt man eine solche Zuordnung, z. B. zwischen einer Punktreihe s und einem Strahlenbüschel S, dadurch her, daß man jedem Strahl a des Mittelpunktes S den Punkt A des Trägers s zuordnet, in dem der Strahl a die Gerade s schneidet. Für die so hergestellte Beziehung oder, wie man auch sagt, Verwandtschaft führen wir einen neuen Namen ein durch die

> 1. Definition. Eine Punktreihe und ein Strahlenbüschel heißen perspektiv zugeordnet oder kurz perspektiv, wenn die Punktreihe ein Schnitt des Strahlenbüschels ist (oder, was dasselbe sagt, wenn der Strahlenbüschel ein Schein der Punktreihe ist).

2. Für die perspektive Verwandtschaft zweier Strahlenbüschel [Punktreihen] gilt die Definition

Zwei Strahlenbüschel heißen perspektiv, wenn sie Scheine derselben Punktreihe sind.	Zwei Punktreihen heißen perspektiv, wenn sie Schnitte desselben Strahlenbüschels sind.

3. Aus dieser Definition folgt unmittelbar [54₁, ₂] der

Lehrsatz. In zwei perspektiven Strahlenbüscheln sind vier Strahlen, die einen harmonischen Wurf bilden, vier Strahlen homolog, die wieder einen harmonischen Wurf bilden. —	Lehrsatz. In zwei perspektiven Punktreihen sind vier Punkten, die einen harmonischen Wurf bilden, vier Punkte homolog, die wieder einen harmonischen Wurf bilden. —

4. Aufgabe. **Zwei Strahlenbüschel perspektiv so aufeinander zu beziehen, daß zwei gegebenen Strahlen des einen Büschels zwei gegebene Strahlen des andern homolog sind.**

Lösung. Sind ab und $a_1 b_1$ die in den Strahlenbüscheln S und S_1 gegebenen Strahlen, so nehmen wir die Verbindungslinie s der Schnittpunkte aa_1 und bb_1 zu Hilfe und weisen dem beliebigen Strahl x von S den Strahl x_1 von S_1 zu, der durch den Schnittpunkt $X = sx$ geht.

4. Aufgabe. **Zwei Punktreihen perspektiv so aufeinander zu beziehen, daß zwei gegebenen Punkten der einen Reihe zwei gegebene Punkte der andern homolog sind.**

Lösung. Sind AB und $A_1 B_1$ die in den Punktreihen s und s_1 gegebenen Punkte, so nehmen wir den Schnittpunkt S der Verbindungslinien AA_1 und BB_1 zu Hilfe und weisen dem beliebigen Punkte X von s den Punkt X_1 von s_1 zu, der auf der Verbindungslinie $x = SX$ liegt.

Indem man für perspektiv das Zeichen $\overline{\wedge}$ einführt, drückt man die Aufgabe kurz so aus:

$ab \ldots \overline{\wedge}\, a_1 b_1 \ldots$ | $AB \ldots \overline{\wedge}\, A_1 B_1 \ldots$

5. Lehrsatz. Zwei perspektive Würfe sind gleichnamig (53₃).

56. Projektive Verwandtschaft (E 30; 31).

1. Definition. **Zwei gerade Grundgebilde (55) heißen projektiv, wenn sie die Endglieder einer Kette von perspektiven Gebilden sind.**

Aus der Definition folgt unmittelbar:

2. Sind zwei gerade Grundgebilde einem dritten projektiv, so sind sie auch einander projektiv.

3. Lehrsatz. In zwei projektiven Grundgebilden sind vier Elementen, die einen harmonischen Wurf bilden, vier Elemente homolog, die wieder einen harmonischen Wurf bilden (55₃).

4. Lehrsatz. Zwei projektive Würfe sind gleichnamig (55₅).

5. Aufgabe. **Zwei Strahlenbüschel projektiv so aufeinander zu beziehen, daß drei gegebenen Strahlen des einen Büschels drei gegebene des andern homolog sind.**

Allgemeine Lösung. Die Zuordnung soll so erfolgen, daß den Strahlen abc (Fig. 103) des einen Büschels S die Strahlen $a_1 b_1 c_1$ des andern Büschels S_1 homolog sind. — Wir legen durch den Schnittpunkt zweier homologen Strahlen, z. B. durch $aa_1 = \mathsf{A}$, zwei beliebige

5. Aufgabe. **Zwei Punktreihen projektiv so aufeinander zu beziehen, daß drei gegebenen Punkten der einen Reihe drei gegebene der andern homolog sind.**

Allgemeine Lösung. Die Zuordnung soll so erfolgen, daß den Punkten ABC (Fig. 104) der einen Reihe s die Punkte $A_1 B_1 C_1$ der andern Reihe s_1 homolog sind. — Wir wählen auf der Verbindungslinie zweier homologen Punkte, z. B. auf $AA_1 = \alpha$, zwei beliebige Punkte

Geraden s und s_1, ziehen die Verbindungslinie β der Schnittpunkte $s(b)$ und $s_1(b_1)$ und die Verbindungslinie

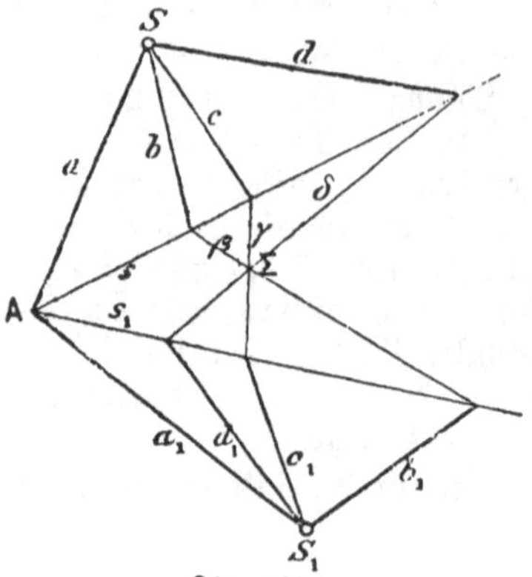

Fig. 103.

γ der Schnittpunkte $s(c)$ und $s_1(c_1)$ und bestimmen den Schnittpunkt $\beta\gamma = \Sigma$. Beziehen wir dann S und Σ vermittels s, und Σ und S_1 vermittels s_1 perspektiv aufeinander, so erhalten wir die verlangte Zuordnung der Strahlenbüschel S und S_1. — Ist z. B. d ein beliebiger Strahl von S, so bestimmt der Schnittpunkt $s(d)$ in Σ den Strahl δ und der Schnittpunkt $s_1(\delta)$ in S_1 den gesuchten homologen Strahl d_1. —

6. Besondere Lösungen. Unter

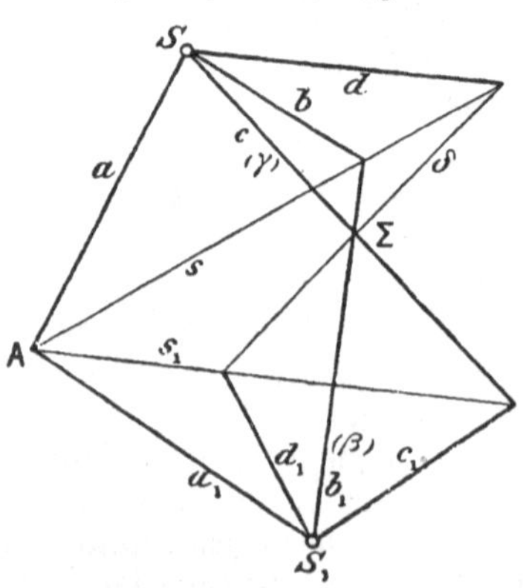

Fig. 105.

S und S_1, bestimmen den Schnittpunkt B der Verbindungslinien $S(B)$ und $S_1(B_1)$ und den Schnittpunkt Γ

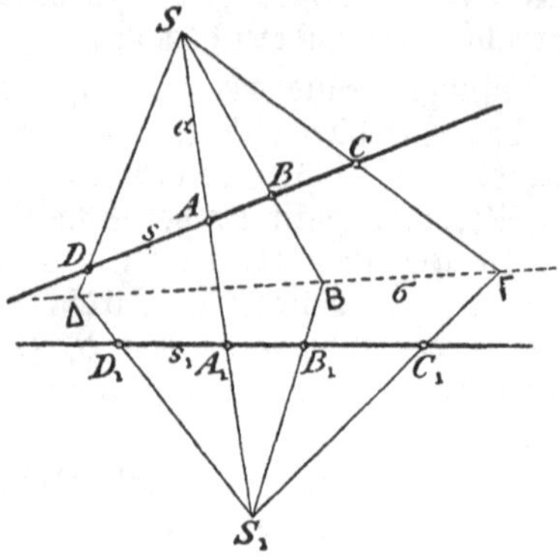

Fig. 104.

der Verbindungslinien $S(C)$ und $S_1(C_1)$ und ziehen die Verbindungslinie BΓ $= \sigma$. Beziehen wir dann s und σ vermittels S, und σ und s_1 vermittels S_1 perspektiv aufeinander, so erhalten wir die verlangte Zuordnung der Punktreihen s und s_1. — Ist z. B. D ein beliebiger Punkt von s, so bestimmt die Verbindungslinie $S(D)$ in σ den Punkt Δ und die Verbindungslinie $S_1(\Delta)$ in s_1 den gesuchten homologen Punkt D_1. —

6. Besondere Lösungen. Unter

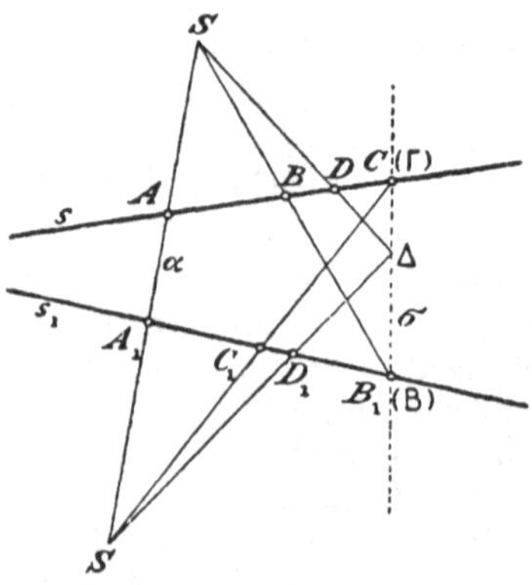

Fig. 106.

den verschiedenen Lagen, die man den durch $\mathsf{A} = aa_1$ gehenden Hilfsgeraden s und s_1 geben kann, sind zwei von besonderer Wichtigkeit:

s und s_1 fallen mit den Geraden zusammen, die A mit den Schnittpunkten der beiden andern Paare von homologen Strahlen bb_1 und cc_1 verbinden (Fig. 105).

7. s fällt mit der Verbindungslinie $\mathsf{A}S_1 = a_1$ und s_1 mit der Verbindungslinie $\mathsf{A}S = a$ zusammen (Fig. 107).

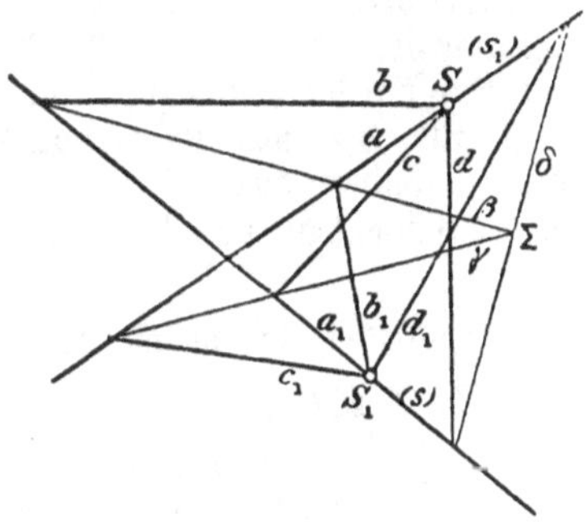

Fig. 107.

den verschiedenen Lagen, die man den auf $a = AA_1$ liegenden Hilfspunkten S und S_1 geben kann, sind zwei von besonderer Wichtigkeit:

S und S_1 fallen mit den Punkten zusammen, in denen a von den Verbindungslinien der beiden andern Paare von homologen Punkten BB_1 und CC_1 geschnitten wird (Fig. 106).

7. S fällt mit dem Schnittpunkt $as_1 = A_1$ und S_1 mit dem Schnittpunkt $as = A$ zusammen (Fig. 108).

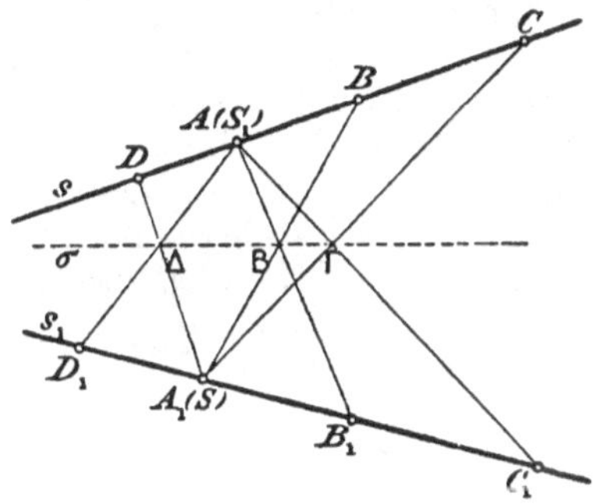

Fig. 108.

8. Zusatz. Indem man für projektiv das Zeichen $\barwedge$ einführt, drückt man die vorstehende Aufgabe kurz aus durch

$$abc \ldots \barwedge a_1 b_1 c_1 \ldots \qquad | \qquad ABC \ldots \barwedge A_1 B_1 C_1 \ldots$$

und die Konstruktion, durch welche man zu einem beliebigen Elemente das homologe erhält, durch

$$d \doublebarwedge s(d) \doublebarwedge \delta \doublebarwedge s_1(\delta) \doublebarwedge d_1 \qquad | \qquad D \doublebarwedge S(D) \doublebarwedge \Delta \doublebarwedge S_1(\Delta) \doublebarwedge D_1.$$

9. Anmerkung. Die vorstehende Konstruktion bildet die Grundlage für alle folgenden Betrachtungen; sie ist daher unter Abänderung der Lage der gegebenen und der willkürlich angenommenen Stücke zu wiederholen und einzuüben.

57. **Projektivität** (E 37). 1. Liegen die Punkte ABC und die ihnen zugewiesenen $A_1 B_1 C_1$ in einer Gerade s, so führt die in Nr. 56_5 (rechts) angegebene Konstruktion nicht zum Ziel, weil die Verbindungslinie AA_1 mit s zusammenfällt. Wir können uns dadurch helfen, daß

wir ABC aus einem beliebigen Punkt auf eine beliebige Gerade s' in $A'B'C'$ projizieren und nun mit ABC und $A'B'C'$ und darauf mit $A'B'C'$ und $A_1B_1C_1$ nach 56_5 verfahren. — Es ist aber nicht nötig, dieser allgemeinen Konstruktion weiter nachzugehen, weil sie nicht zu neuen Sätzen führt. Wichtig dagegen sind zwei besondere Fälle, von denen der eine hier, der andere in Nr. 75_1 folgt.

2. Definition. Der Inbegriff zweier projektiven Grundgebilde, die einen gemeinsamen Träger haben, heißt **Projektivität**. —

Liegen zwei projektive Punktreihen in **einer** Gerade, so kann jeder Punkt der Gerade zur ersten sowohl wie zur zweiten Punktreihe gerechnet werden: Jeder Punkt kann, wie wir sagen wollen, als ein **zweifacher** angesehen werden. Statt wie bisher drei beliebigen Punkten ABC drei beliebige Punkte $A_1B_1C_1$ zuzuweisen, bietet sich jetzt die Möglichkeit, Punkte der zweiten Reihe mit Punkten der ersten zusammenfallen zu lassen. Dabei wollen wir den Punkt, der mit seinem homologen zusammenfällt, nicht durch A, B oder C, sondern durch einen neuen Buchstaben K bezeichnen, um uns immer an seine besondere Bedeutung zu erinnern. Wir stellen uns also die

Aufgabe. Eine Projektivität herzustellen, für welche ist

$$KBC \;\overline{\wedge}\; KB_1C_1.$$

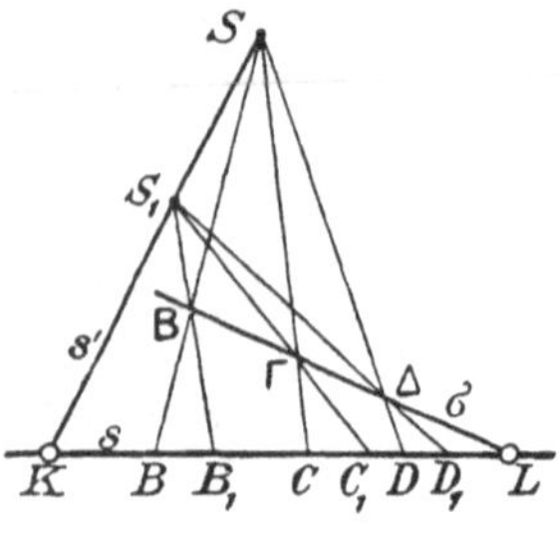

Fig. 109.

Lösung. Auf einer beliebigen durch K gelegten Gerade s' (Fig. 109) wählen wir zwei beliebige Punkte S und S_1 (vgl. Nr. 56_5), bestimmen den Schnittpunkt B von $S(B)$ und $S_1(B_1)$ und den Schnittpunkt Γ von $S(C)$ und $S_1(C_1)$ und ziehen die Verbindungslinie σ von B und Γ. Zu einem beliebigen Punkt D erhalten wir den homologen D_1 durch die Konstruktion (Fig. 109):

$$D \;\overline{\overline{\wedge}}\; S(D) \;\overline{\overline{\wedge}}\; \Delta \;\overline{\overline{\wedge}}\; S_1(\Delta) \;\overline{\overline{\wedge}}\; D_1.$$

3. Fällt D in den Punkt L, in dem die Verbindungslinie $\mathsf{B}\Gamma$ den gemeinsamen Träger der beiden Punktreihen schneidet, so sehen wir, daß auch D_1 in L fällt. Außer K ist also noch der Punkt L sich selbst homolog.

Definition. Ein Element, das mit seinem homologen zusammenfällt, heißt **Ordnungselement**.

Lehrsatz. Hat eine gerade Projektivität **ein** Ordnungselement, so hat sie auch noch ein zweites. — Eine Projektivität mit zwei Ordnungselementen heißt **hyperbolisch**. Eine Projektivität ohne Ordnungselement heißt **elliptisch**.

4. Zusatz. Fällt L in K, so sind mit K zwei Punktpaare gegeben; wir dürfen also außer K nur noch ein Punktpaar BB_1 will-

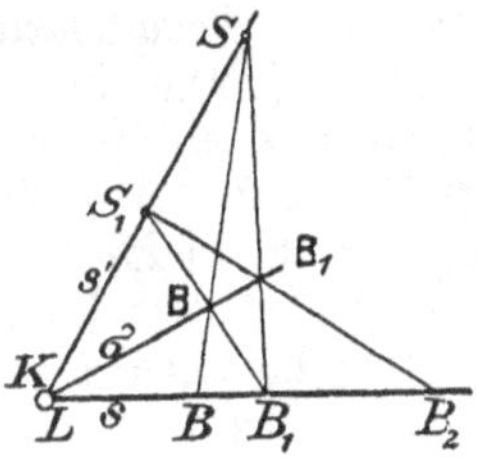

Fig. 110.

kürlich annehmen und müssen den Schnittpunkt B von $S(B)$ und $S_1(B_1)$ mit K (Fig. 110) verbinden. — Statt zu einem beliebigen Punkt D den homologen D_1 zu zeichnen, wollen wir D mit B_1 zusammenfallen lassen und den homologen Punkt, statt durch D_1, durch B_2 bezeichnen. Wir haben dann zu einem Punkt B_1 zwei homologe Punkte B und B_2 gezeichnet, indem wir B_1 als Punkt der zweiten Punktreihe und dann als Punkt der ersten Punktreihe auffaßten. Das Viereck SS_1BB_1 zeigt$^{(53_6)}$, daß $KB_1 \cdot BB_2$ vier harmonische Punkte sind:

Definition. Eine Projektivität, für welche die beiden Ordnungspunkte zusammenfallen, heißt **parabolisch**.

Lehrsatz. Jeder Punkt einer parabolischen Projektivität ist durch seine beiden homologen Punkte von dem Ordnungspunkt harmonisch getrennt.

58. Der Staudtsche Satz (E 32). Wir betrachten zwei projektive Punktreihen, die denselben Träger haben, und nehmen an, daß (nicht wie in der vorhergehenden Nummer zwei, sondern) **drei** Punkte mit ihren homologen zusammenfallen. —

1. Lehrsatz. Jeder Punkt, der mit drei sich selbst homologen Punkten einer Projektivität einen harmonischen Wurf bildet, ist sich selbst homolog.

Beweis. Sind KLM drei Punkte, die mit ihren homologen $K_1 L_1 M_1$ zusammenfallen, und N ein vierter Punkt, der mit KLM den harmonischen Wurf $KL \cdot MN$ bildet, so muß der dem Punkte N homologe Punkt N_1 mit $K_1 L_1 M_1$ einen harmonischen Wurf bilden$^{(56_3)}$. Da aber die beiden harmonischen Würfe $KL \cdot MN$ und $K_1 L_1 \cdot M_1 N_1$ drei Punkte gemeinsam haben, so fällt N_1 in $N^{(52_4)}$. —

2. Staudtscher Satz. Wenn zwei **projektive Grundgebilde drei Elemente entsprechend gemeinsam haben, so haben sie jedes Element entsprechend gemeinsam.**

In Zeichen: Wenn

$$KLMAB \cdot\cdot \barwedge KLMA_1B_1 \cdot\cdot$$

ist, so fallen A und A_1, B und B_1 usw. zusammen.

Beweis. Haben die drei sich selbst homologen Punkte die Reihenfolge KLM, so gibt es zwischen K und L unendlich viele Punkte, die mit ihren homologen zusammenfallen. Zeichnen wir nämlich den von M durch K und L harmonisch getrennten Punkt N, so liegt dieser zwischen K und $L^{(53_5)}$ und fällt, wie wir eben gesehen haben, mit seinem homologen zusammen. Ebenso würde der von M durch K und N harmonisch getrennte Punkt mit seinem homologen zusammenfallen usw. — Ist nun P irgend einer dieser unendlich vielen sich selbst homologen Punkte, die zwischen K und L liegen, so muß auch der dem Punkte P benachbarte Punkt sich selbst homolog sein. Die Annahme nämlich, daß nicht dieser benachbarte Punkt, sondern erst einer der folgenden, etwa Q, mit seinem homologen zusammenfällt, führt zu einem Widerspruch. Denn der z. B. von M durch P und Q harmonisch getrennte Punkt muß zwischen P und Q liegen (53₅) und sich selbst homolog sein (58₁). — Fallen aber sämtliche Punkte, die zwischen K und L liegen, mit ihren homologen zusammen, so sind auch die übrigen sich selbst homolog. Denn zeichnen wir den von einem solchen Punkte R durch K und L harmonisch getrennten Punkt S, so fällt dieser, wie wir eben bewiesen haben, mit seinem homologen zusammen und folglich (58₁) auch der Punkt R selbst.

3. Daß der eben für zwei projektive Punktreihen bewiesene Satz auch für zwei projektive Strahlenbüschel gilt, wird in folgender Weise gezeigt. — Fallen die Strahlen klm mit ihren homologen $k_1 l_1 m_1$ zusammen, so wird eine beliebige Gerade s von den beiden projektiven Strahlenbüscheln in zwei projektiven (56₁) Punktreihen geschnitten, in denen sämtliche Punkte mit ihren homologen zusammenfallen, weil die drei Punkte KLM mit ihren homologen $K_1 L_1 M_1$ zusammenfallen. —

4. In Nr. 56_5 haben wir gesehen, daß man zwei gerade Grundgebilde projektiv so aufeinander beziehen **kann**, daß drei Elementen des einen drei Elemente des andern entsprechen. Aus dem Staudtschen Satz folgt:

Die projektive Verwandtschaft zweier geraden Grundgebilde ist durch drei Paar homologe Elemente eindeutig bestimmt. —

5. Sind die Endglieder einer Kette zwei gleichnamige Grundgebilde, also zwei Strahlenbüschel **oder** zwei Punktreihen, so hat die Kette immer eine unpaare Zahl von Gliedern. Hat sie drei Glieder, so heißen die Endglieder perspektiv (55₂); hat sie fünf, sieben usw., kurz mehr als drei Glieder, so heißen die Endglieder projektiv (56₁). Die perspektive Verwandtschaft ist also dadurch gekennzeichnet, daß wir die Kette durch Einschalten nur eines Gliedes herstellen können; die projektive dadurch, daß wir mindestens drei Glieder einschalten müssen. Haben wir aber eine Kette durch Einschalten von drei oder mehr Gliedern gebildet, so sind wir noch nicht sicher, ob die Kette nicht auch durch Einschalten nur eines Gliedes hätte geschlossen werden können: die projektiven Endglieder könnten noch, wie man sagt, in perspektiver Lage sein. — Der folgende Lehrsatz liefert das

Kennzeichen der perspektiven Lage projektiver Grundgebilde:

Zwei projektive Strahlenbüschel sind in perspektiver Lage, wenn die Verbindungslinie ihrer Mittelpunkte sich selbst homolog ist.

Zwei projektive Punktreihen sind in perspektiver Lage, wenn der Schnittpunkt ihrer Träger sich selbst homolog ist.

In Zeichen: Aus

$$abc..\boldsymbol{m}... \overline{\wedge}\, a_1 b_1 c_1 .. \boldsymbol{m}...$$

folgt, daß die Schnittpunkte aa_1, bb_1, cc_1 ... in einer Gerade liegen.

In Zeichen: Aus

$$ABC..\boldsymbol{M}... \overline{\wedge}\, A_1 B_1 C_1 .. \boldsymbol{M}...$$

folgt, daß die Verbindungslinien AA_1, BB_1, CC_1 ... durch einen Punkt gehen.

Beweis. Die Verbindungslinie σ (Fig. 111) der Punkte A und B, in denen zwei beliebige Strahlen a und b des ersten Büschels S von den homologen Strahlen a_1 und b_1 des zweiten Büschels S_1 geschnitten werden, möge von dem den beiden Büscheln gemeinsamen Strahle $SS_1 = m[m_1]$ in M geschnitten werden. Bezeichnen wir ferner die Punkte, in denen σ von cd... geschnitten wird, durch ΓΔ...; die Punkte, in denen σ von $c_1 d_1$... geschnitten wird, durch $\Gamma_1 \Delta_1$..., so ist

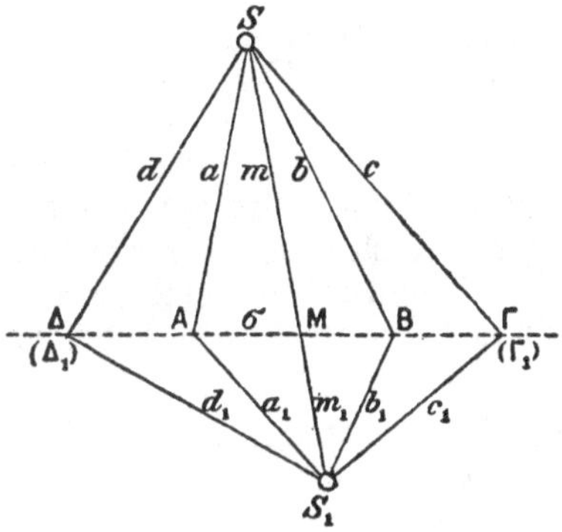

Fig. 111.

$$\mathsf{ABM\Gamma\Delta}... \overline{\overline{\wedge}}\, abmcd...$$

$$\overline{\wedge}\, a_1 b_1 m_1 c_1 d_1 ... \overline{\overline{\wedge}}\, \mathsf{ABM}\Gamma_1\Delta_1...$$

Folglich fallen Γ und Γ_1, Δ und Δ_1 ... zusammen $^{(58_2)}$. Die beiden Strahlenbüschel S und S_1 sind also Scheine der Punktreihe σ, d. h. $^{(55_2)}$ perspektiv.

6. Anmerkung. Über das Lösen von Ortsaufgaben siehe Nr. 107.

§ 3. Krumme Grundgebilde.

59. Definition der krummen Grundgebilde.

1. Definition. Der Inbegriff der Punkte, in denen sich die homologen Strahlen zweier projektiven geraden Strahlenbüschel schneiden, heißt eine krumme Punktreihe oder eine Kurve zweiter Ordnung.

1. Definition. Der Inbegriff der Geraden, die die homologen Punkte zweier projektiven geraden Punktreihen verbinden, heißt ein krummer Strahlenbüschel oder ein Strahlenbüschel zweiter Ordnung.

Wollen wir also eine krumme Punktreihe zeichnen, so haben wir nach Nr. 56_5 zwei projektive Strahlenbüschel zu zeichnen. Da die projektive Verwandtschaft zweier Strahlenbüschel durch drei Strahlenpaare bestimmt ist $^{(58_4)}$, so können uns für die krumme Punktreihe fünf Punkte gegeben sein: zwei von diesen sind zu Mittelpunkten von Strahlenbüscheln und die drei übrigen zu Schnittpunkten homologer Strahlen dieser beiden Büschel zu machen. — Indem wir die hier angedeutete Konstruktion im folgenden ausführen, haben wir den Nachweis zu liefern, daß die entstandene Kurve davon unabhängig ist, welche beiden der fünf gegebenen Punkte wir zu Mittelpunkten machen. Bei diesem Nachweis treten die Strahlen, welche der Verbindungslinie der beiden Strahlenmittelpunkte homolog sind, besonders hervor; durch sie werden wir zu dem Begriff der Tangente geführt und durch diesen zu der Erkenntnis, daß die krummen Punktreihen und ihr duales$^{(11_5)}$ Gebilde, der krumme Strahlenbüschel, identisch sind.

2. Zusatz. Die Schnittpunkte homologer Strahlen zweier perspektiven Strahlenbüschel liegen in einer Gerade $\sigma^{(58_5)}$. Da die Verbindungslinie der Strahlenmittelpunkte sich selbst homolog ist, so kann man auch jeden Punkt dieser Verbindungslinie $m[m_1]$ als Schnittpunkt zweier homologen Strahlen auffassen und damit die beiden Geraden σ und m als Ort für den Schnittpunkt homologer Strahlen zweier perspektiven Büschel und weiter dann, weil perspektive Strahlenbüschel auch projektiv sind, als Kurve zweiter Ordnung. In der Tat bedient man sich der Ausdrucksweise:

> Sind die beiden projektiven Strahlenbüschel in perspektiver Lage, so zerfällt die Kurve in zwei Geraden.

60. **Erste Konstruktion der Kurve** (E 46).

1. Aufgabe. Eine Kurve zweiter Ordnung zu zeichnen, von der fünf Punkte gegeben sind.

In Zeichen: SS_1ABΓ.

Aufgabe. Einen Strahlenbüschel zweiter Ordnung zu zeichnen, von dem fünf Strahlen gegeben sind.

In Zeichen: $\sigma\sigma_1\alpha\beta\gamma$.

Lösung. Die fünf gegebenen Punkte seien SS_1ABΓ. Wir ziehen nach ABΓ aus S und S_1 die Strahlen abc und $a_1b_1c_1$ und beziehen die Strahlenbüschel S und S_1 projektiv so aufeinander, daß den Strahlen abc die Strahlen $a_1b_1c_1$ entsprechen (Nr. 56_5, Allgemeine Lösung). Wir legen also (Fig. 112) durch A zwei beliebige Strahlen s und s_1, welche bc und b_1c_1 in BC und B_1C_1 schneiden, so daß A B C $\barwedge$ A B_1 C_1 werden muß; den Schnittpunkt von $BB_1 = \beta$ und $CC_1 = \gamma$ bezeichnen wir durch Σ.

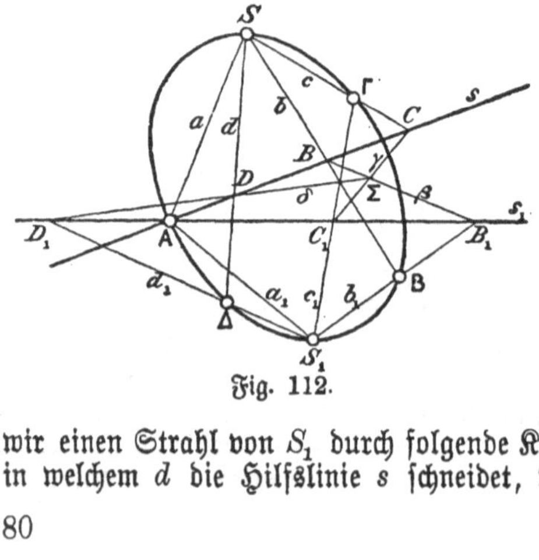

Fig. 112.

Einem beliebigen vierten Strahle d von S ordnen wir einen Strahl von S_1 durch folgende Konstruktion zu: Den Punkt D, in welchem d die Hilfslinie s schneidet, verbinden wir mit Σ und den

Punkt D_1, in welchem diese Verbindungslinie δ die Hilfslinie s_1 schneidet, verbinden wir mit S_1 durch $S_1 D_1 = d_1$. Der Schnittpunkt $\Delta = dd_1$ ist ein sechster Punkt der Kurve. — Auf die angegebene Weise sind soviel Punkte zu zeichnen, daß der Lauf der Kurve erkennbar ist.

2. Zusatz. Da die projektive Verwandtschaft der Strahlenbüschel S und S_1 durch drei Strahlenpaare bestimmt ist(58₄), so erhalten wir dieselbe Kurve, wenn wir an die Stelle des Punktes A (durch den wir die Hilfsgeraden s und s_1 legten) einen beliebigen andern Punkt der Kurve setzen, mit andern Worten:

A ist ein beliebiger Punkt der Kurve.

61. Zweite Konstruktion der Kurve (E 47). 1. Die vorhergehende Konstruktion(60) wird einfacher, wenn wir als Hilfslinien s und

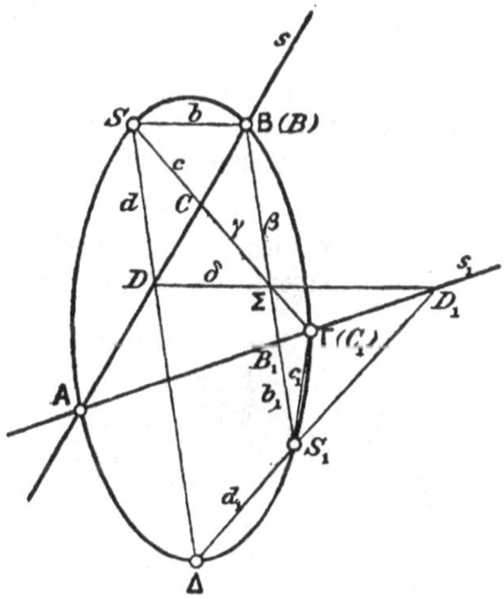

Fig. 113.

s_1 nicht zwei beliebige durch A gehende Geraden nehmen, sondern die Verbindungslinien AB und AΓ(56₆); es fallen dann die Punkte BB (Fig. 113) und C_1Γ und folglich die Linien βb_1 und γc zusammen.

2. Zusatz. Führen wir die Konstruktion aus, so ergibt sich aus der Figur eine wichtige Eigenschaft des gezeichneten Kurvensechsecks: Die drei Punkte Σ$D_1 D$, welche in der Gerade δ liegen, lassen sich auffassen als die Punkte, in denen sich die Gegenseiten des Sechsecks(12₂)

SΓABS_1Δ

schneiden. Also:

Die Punkte, in denen sich die Gegenseiten dieses Sechsecks schneiden, liegen in einer Gerade. —

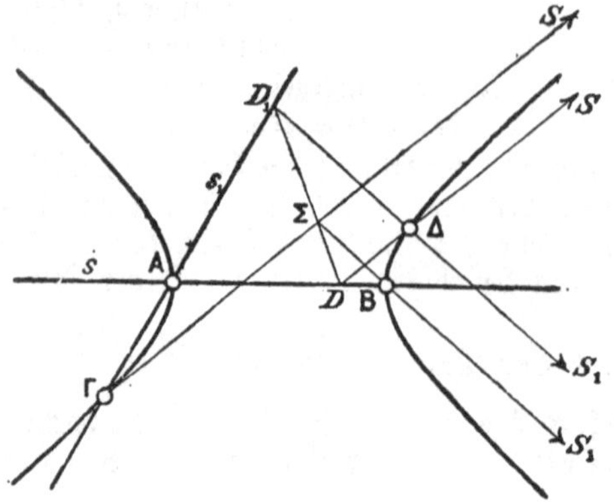

Fig. 114.

3. Zur Einübung der vorstehenden Konstruktion sollen die folgenden Aufgaben, bei denen ein uneigentlicher Punkt durch den Index $_\infty$ bezeichnet ist, gelöst werden.

Zur Übung:
$SS_1 \mathrm{AB}\Gamma_\infty$;
$SS_1 \mathrm{AB}_\infty \Gamma_\infty$;
$SS_1 \mathrm{A}_\infty \mathrm{B}\Gamma$;
$S_\infty S_1 \mathrm{AB}\Gamma$;
$S_\infty S_{1\infty} \mathrm{AB}\Gamma$ (Fig. 114);
$S_\infty S_1 \mathrm{A}_\infty \mathrm{B}\Gamma$.

4. Zusatz. Bei diesen wie bei den folgenden Übungsaufgaben empfiehlt es sich, statt der beliebigen Lage der Punkte auch noch besondere Lagen anzunehmen, z. B. aus der Aufgabe $S_\infty S_{1\infty} \mathrm{AB}\Gamma$ zu bilden die folgende

Aufgabe. Einem gleichschenkligen Dreieck eine Kurve zu umschreiben, die durch die uneigentlichen Punkte der Schenkelhöhen geht.

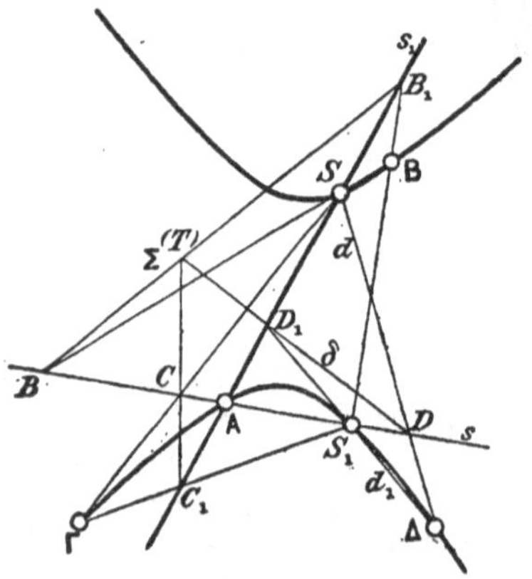

Fig. 115.

62. Dritte Konstruktion der Kurve (E 48). Wir fügen noch eine dritte Lösung, die für uns wichtigste, hinzu, indem wir die Hilfsgeraden s_1 und s mit $\mathrm{A}S$ und $\mathrm{A}S_1$ zusammenfallen lassen (56₇).

Wir ziehen also nach ABΓ (Fig. 115) aus S die drei Strahlen, die $s = \mathrm{A}S_1$ in $\mathrm{A}BC$, und aus S_1 die drei Strahlen, die $s_1 = \mathrm{A}S$ in $\mathrm{A}B_1 C_1$ schneiden, und bestimmen den Schnittpunkt Σ von BB_1 und CC_1. — Zu einem beliebigen Strahl d von S erhalten wir den zugeordneten d_1 von S_1, indem wir den Schnittpunkt $sd = D$ mit Σ durch δ und den Schnittpunkt $s_1\delta = D_1$ mit S_1 verbinden.

63. **Tangente und Berührungspunkt** (E 48 Z_2). 1. Die in Nr. 62 gegebene Lösung ist die fruchtbarste, weil bei ihr der Punkt Σ eine wichtige geometrische Bedeutung gewinnt. Um diese zu erkennen, ziehen wir den (in der Fig. 115 nicht gezeichneten) Strahl $SS_1 = m$ und suchen den homologen m_1 von S_1. Dazu müssen wir den Schnittpunkt sm,

d. i. S_1, mit Σ durch μ und den Schnittpunkt $s_1\mu$ mit S_1 verbinden. Wir sehen, daß $S_1\Sigma = m_1$ der dem Strahl $SS_1 = m$ homologe ist. Da der Strahl m von seinem homologen m_1 in S_1 geschnitten wird, so ist S_1 ein Punkt der Kurve. Während nun ein beliebiger Strahl d_1 von S_1 außer S_1 noch einen zweiten Punkt mit der Kurve gemeinsam hat, den Punkt Δ nämlich, in dem er von seinem homologen d geschnitten wird, hat der Strahl m_1 nur den Punkt S_1 mit der Kurve gemeinsam; er heißt daher Tangente der Kurve. — Die Verbindungslinie S_1S der Strahlenmittelpunkte läßt sich auch als Strahl des Büschels S_1 auffassen. Bezeichnen wir ihn als solchen mit n_1, so ergibt sich in derselben Weise, daß der homologe Strahl $S\Sigma = n$ Tangente in S ist:

Die Mittelpunkte zweier projektiven Strahlenbüschel sind Punkte der erzeugten krummen Punktreihe. — Die Strahlen, welche der Verbindungslinie der Mittelpunkte entsprechen, sind Tangenten der Kurve.

Die Träger zweier projektiven Punktreihen sind Strahlen des erzeugten krummen Büschels. — Die Punkte, welche dem Schnittpunkte der Träger entsprechen, sind Berührungspunkte des krummen Büschels.

2. Anmerkung. Der Punkt Σ ist, wie wir sehen, der Schnittpunkt der Tangenten in S und S_1. Um uns immer an diese geometrische Bedeutung zu erinnern, wollen wir an die Stelle des Buchstaben Σ von jetzt an T setzen.

64. Drei Punkte und zwei Tangenten (E 56). Aus der vorhergehenden Nummer ergibt sich die Lösung der

Aufgabe. **Eine Kurve zweiter Ordnung zu zeichnen, von der drei Punkte und die Tangenten in zweien dieser Punkte gegeben sind.**

In Zeichen: $SS_1\mathsf{A}\sigma\sigma_1$.

Aufgabe. **Einen Strahlenbüschel zweiter Ordnung zu zeichnen, von dem drei Strahlen und die Berührungspunkte in zweien dieser Strahlen gegeben sind.**

In Zeichen: $\sigma\sigma_1 a S S_1$.

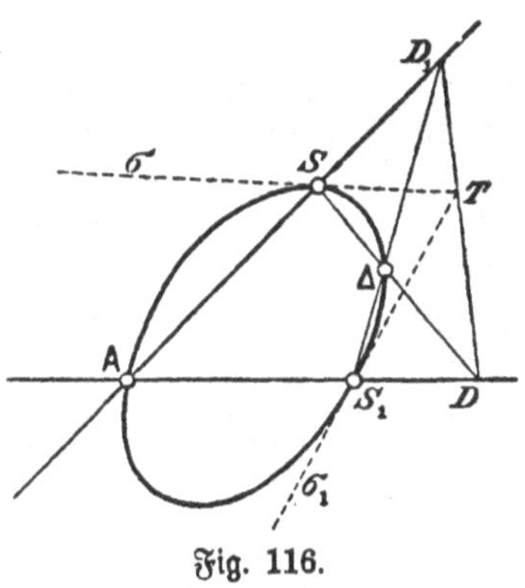

Fig. 116.

Lösung. Ziehen wir (Fig. 116) durch den Schnittpunkt T der Tangenten σ und σ_1 eine beliebige Gerade, welche die Sehnen $\mathsf{A}S_1 = s$ und $\mathsf{A}S = s_1$ in D und D_1 schneidet, so erhalten wir in dem Schnittpunkt von $S(D)$ und $S_1(D_1)$ einen neuen Kurvenpunkt Δ [(62)].

Anmerkung. Während bisher zur Bestimmung der Kurve fünf Punkte $SS_1\mathsf{AB\Gamma}$ erforderlich waren, sind jetzt die gegebenen Stücke festgelegt durch vier Punkte: $SS_1\mathsf{A}$ und T. Wir legen daher diese Konstruktion allen folgenden Betrachtungen, Lehrsätzen sowohl wie Aufgaben, zugrunde.

Zur Übung $^{(61_3)}$: $SS_1\mathsf{A}\sigma\|\sigma_1$, $SS_1\mathsf{A}_\infty\sigma\sigma_1$; $SS_1\mathsf{A}_\infty\sigma\|\sigma_1$; $S_\infty S_1\mathsf{A}\sigma\sigma_1$; $S_\infty S_1\mathsf{A}_\infty\sigma\sigma_1$; $S_\infty S_{1\infty}\mathsf{A}\sigma\sigma_1$.

65. Bestimmungsstücke eines krummen Grundgebildes (E 49).

1. Von einer Kurve seien uns fünf Punkte $SS_1\mathsf{AB}\Gamma$ gegeben. Wir konstruieren zuerst nach Nr. 62 den Schnittpunkt $T^{(63_2)}$ der Tangenten in S und S_1 und zeichnen dann nach Nr. 64 weitere Kurvenpunkte Δ. — Von dem Kurvenviereck $SS_1\mathsf{A}\Delta$ (Fig. 117) sind D und D_1 zwei Diagonalpunkte. Wir zeichnen noch den dritten Diagonalpunkt R und betrachten die Bewegung der Diagonallinie RD, während der Strahl DD_1 sich um T dreht. Da die beiden Gegenseiten $S\Delta$ und $S_1\mathsf{A}$, die sich in dem Diagonalpunkte D schneiden, durch die beiden andern Diagonalpunkte R und D_1 harmonisch getrennt sind $^{(53_8)}$, so gehen von D vier harmonische Strahlen aus, die die Tangente ST in vier harmonischen Punkten $SK \cdot TM$ schneiden $^{(54_2)}$. Von diesen vier harmonischen Punkten bleiben drei, nämlich STK, bei der Drehung von DD_1 fest; es geht daher die Diagonallinie RD immer durch den vierten von T durch S und K harmonisch getrennten Punkt $M^{(52_4)}$. Wir haben daher bei der Drehung des Strahles DD_1

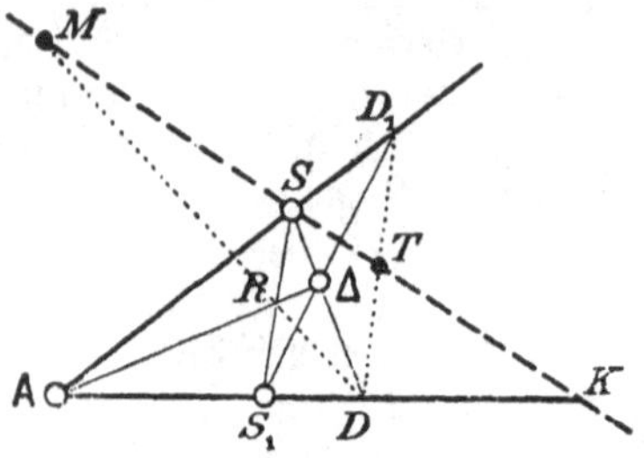

Fig. 117.

$$\mathsf{A}(\Delta)\overline{\overline{\wedge}}R\overline{\overline{\wedge}}M(R)\overline{\overline{\wedge}}D\overline{\overline{\wedge}}S(\Delta);$$

d. h. $^{(56_1)}$
$$\mathsf{A}(\Delta)\overline{\wedge}S(\Delta).$$

Da A ein beliebiger Kurvenpunkt ist $^{(60_2)}$, so läßt sich in derselben Weise zeigen

$$\mathsf{B}(\Delta)\overline{\wedge}S(\Delta);$$

folglich $^{(56_2)}$
$$\mathsf{A}(\Delta)\overline{\wedge}\mathsf{B}(\Delta).$$

Lehrsatz. Eine krumme Punktreihe wird aus zwei beliebigen ihrer Punkte durch zwei projektive Strahlenbüschel projiziert.

Lehrsatz. Ein krummer Strahlenbüschel schneidet zwei beliebige seiner Strahlen in zwei projektiven Punktreihen.

2. Hätten wir also aus den fünf Punkten $SS_1\mathsf{AB}\Gamma$ die Kurve gezeichnet, indem wir (nicht S und S_1, sondern) A und B zu Strahlenmittelpunkten gemacht hätten, so würden wir dieselbe Kurve erhalten haben, weil die projektive Verwandtschaft der in A und B zu konstruierenden Strahlenbüschel durch die drei $^{(58_4)}$ Punkte $SS_1\Gamma$ bestimmt ist:

Lehrsatz. Eine krumme Punktreihe ist durch fünf Punkte bestimmt.

Lehrsatz. Ein krummer Strahlenbüschel ist durch fünf Strahlen bestimmt.

3. Zusatz. Da S und S_1 sich durch zwei beliebige Kurvenpunkte ersetzen lassen, so haben S und S_1 keine Eigenschaften vor den übrigen Kurvenpunkten voraus:

Alle Sätze, die von S und S_1 gelten, gelten von jedem Kurvenpunkte.

4. Z. B. (vgl. 63_1):

In jeder Gerade, in der ein Punkt der krummen Punktreihe liegt, liegt auch noch ein zweiter Punkt.

Durch einen Punkt, durch den ein Strahl des krummen Strahlenbüschels geht, geht auch noch ein zweiter Strahl.

66. **Pascal und Brianchon.** 1. Aus Nr. 61_2 ergibt sich [(65_3)] der

Satz des Pascal. Die drei Punkte, in denen sich die Gegenseiten eines Kurvensechsecks schneiden, liegen in einer Gerade. —

Satz des Brianchon. Die drei Geraden, welche die Gegenecken eines Büschelsechsseits verbinden, gehen durch einen Punkt. —

2. Für die Anwendung des Pascal ist es am bequemsten, die Ecken des Sechsecks (in beliebiger Reihenfolge) durch Ziffern zu bezeichnen und die Schnittpunkte der Gegenseiten zu bestimmen nach dem Schema

1 2 3 4 5 6.

3. (vgl. 17). Der Satz des Pascal bleibt richtig, wenn man zwei Kurvenpunkte zusammenfallen läßt und zugleich an die Stelle der Verbindungslinie dieser beiden Punkte die Tangente setzt. Auch in diesem Fall erleichtert das Schema die Übersicht, wenn man die zusammenfallenden Punkte mit derselben Ziffer bezeichnet und diese zweimal hinschreibt.

Für ein Kurvendreieck ergibt sich z. B. das Schema

1 1 2 2 3 3.

In Worten:

Die drei Punkte, in denen die Seiten eines Kurvendreiecks die Tangenten der Gegenecken schneiden, liegen in einer Gerade.

Die drei Geraden, welche die Ecken eines Büscheldreiseits mit den Berührungspunkten der Gegenseiten verbinden, gehen durch einen Punkt.

67. **Vier Punkte und eine Tangente** (E 53). 1. Da DD_1 (Fig. 117) die der Seite SS_1 des Kurvenvierecks $SS_1 A \Delta$ zugeordnete [(11_2)] Diagonalinie ist und DD_1 durch den Schnittpunkt T der Tangenten in S und S_1 geht, so haben wir [(65_3)] den

Lehrsatz. Die Tangenten zweier Ecken eines Kurvenvierecks schneiden sich in einem

Lehrsatz. Die Berührungspunkte zweier Seiten eines Büschelvierseits liegen in

Punkte der zugeordneten Diagonallinie. —

2. Aufgabe. Eine Kurve zweiter Ordnung zu zeichnen, wenn vier Punkte und die Tangente in einem dieser Punkte gegeben sind.

In Zeichen: $SS_1\mathrm{AB}\sigma$.

einem Strahl des zugeordneten Diagonalpunktes. —

2. Aufgabe. Einen Strahlenbüschel zweiter Ordnung zu zeichnen, wenn vier Strahlen und der Berührungspunkt in einem dieser Strahlen gegeben sind.

In Zeichen: $\sigma\sigma_1\alpha\beta S$.

Lösung. Die den Ecken S und S_1 zugeordnete Diagonallinie des gegebenen Vierecks $SS_1\mathrm{AB}$ schneidet die gegebene Tangente σ in einem Punkte T, durch den auch die Tangente von S_1 geht [(67$_1$)]. Durch Konstruktion dieses Punktes T ist die Aufgabe auf unsere Fundamentalaufgabe [(64)] zurückgeführt.

Zur Übung [(61$_3$)]: $SS_1\mathrm{A}_\infty\,\mathrm{B}\sigma$; $SS_1\mathrm{A}_\infty\,\mathrm{B}_\infty\,\sigma$; $S_\infty\,S_1\mathrm{AB}\sigma$; $S_\infty\,S_1\mathrm{AB}_\infty\,\sigma$; $S_\infty\,S_1\mathrm{A}_\infty\,\mathrm{B}\sigma$; $S_\infty\,S_{1\infty}\,\mathrm{AB}\sigma$.

68. **Der Tangentenbüschel** (E 60). 1. Wir sahen [(65$_1$)], daß die Diagonallinie DR des Kurvenvierecks $SS_1\mathrm{A}\Delta$ durch den festen Punkt M der Tangente ST geht; ebenso ergibt sich, daß die Diagonallinie D_1R durch den festen Punkt N_1 der Tangente S_1T geht. Wenden wir nun den Satz 67_1 an 1. auf die Ecken S und Δ, 2. auf die Ecken S_1 und Δ, so sehen wir, daß der Schnittpunkt N (Fig. 118) von ST und D_1R und der Schnittpunkt M_1 von S_1T und DR auf der Tangente von Δ liegen. Dreht sich der Strahl DD_1 um T, so ergibt sich:

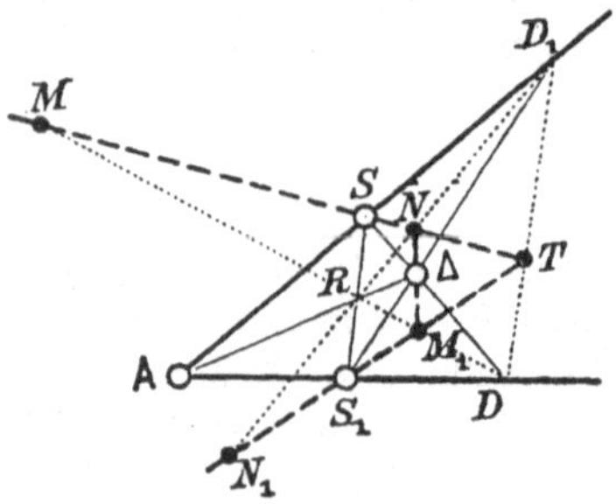

Fig. 118.

$$N \overline{\overline{\wedge}} N_1(N) \overline{\overline{\wedge}} R \overline{\overline{\wedge}} M(R) \overline{\overline{\wedge}} M_1,$$

d. h. [(56$_1$)]

$$N \overline{\wedge} M_1.$$

Lehrsatz. Die Tangenten einer Kurve zweiter Ordnung schneiden in zwei beliebigen festen Tangenten zwei projektive Punktreihen aus. —

Lehrsatz. Die Berührungspunkte eines Büschels zweiter Ordnung werden aus zwei beliebigen festen Berührungspunkten durch zwei projektive Strahlenbüschel projiziert. —

2. Da wir mithin die Tangenten einer Kurve ansehen können als die Verbindungslinien der homologen Punkte N und M_1 zweier projektiven Punktreihen, so haben wir den

Lehrsatz. Die Tangenten einer krummen Punktreihe bilden einen krummen Strahlenbüschel [(59$_1$)].

Lehrsatz. Die Berührungspunkte eines krummen Strahlenbüschels bilden eine krumme Punktreihe [(59$_1$)].

3. Zusatz. Alle Sätze also, die wir von den Strahlen eines krummen Büschels aufgestellt haben, gelten auch von den Tangenten einer krummen Punktreihe. Z. B. [(65₄)]:

Durch jeden Punkt, durch den eine Tangente geht, geht auch noch eine zweite Tangente. —

4. An die Stelle des Büschelsechsseits dürfen wir [(68₂)] das von sechs Tangenten der Kurve gebildete Sechsseit, das wir kurz ein Kurvensechsseit nennen wollen, setzen, so daß die in Nr. 66 (rechts) ausgesprochenen Sätze lauten:

Satz des Brianchon [(22)]. Die drei Geraden, welche die Gegenecken eines Kurvensechsseits verbinden, gehen durch einen Punkt.

Die drei Geraden, welche die Ecken eines Kurvendreiseits mit den Berührungspunkten der Gegenseiten verbinden, gehen durch einen Punkt.

69. Zwei Punkte und drei Tangenten (E 58 Z.).

Aufgabe. Eine Kurve zu zeichnen, von der drei Tangenten und die Berührungspunkte in zweien dieser Tangenten gegeben sind.

In Zeichen: $SS_1\sigma\sigma_1 a$.

Lösung. In dem von den drei Tangenten $\sigma\sigma_1 a$ gebildeten Kurvendreiseit kennen wir die Berührungspunkte der beiden Seiten σ und σ_1; wir können daher vermittels des Brianchon für das Dreiseit [(68₄)] den Berührungspunkt der Tangente a finden: Wir verbinden die Ecke σa mit S_1 und die Ecke $\sigma_1 a$ mit S; die Gerade, welche den Schnittpunkt dieser beiden Verbindungslinien mit der dritten Ecke $\sigma\sigma_1$ verbindet, schneidet die Tangente a in ihrem Berührungspunkt A. Durch die Zeichnung dieses Kurvenpunktes A ist unsere Aufgabe auf die Fundamentalaufgabe [(64)] zurückgeführt.

Zur Übung [(61₃)]: $SS_{1\infty}\sigma\sigma_1 a$; $SS_1\sigma\|\sigma_1 a$; $SS_1\sigma\sigma_1\|a$; $S_\infty S_{1\infty}\sigma\sigma_1 a$; $SS_1\sigma\sigma_1 a_\infty$.

70. Ein Punkt und vier Tangenten (E 61).

1. Lehrsatz. Verbindet man die drei Punkte, in denen die Diagonallinien eines Vierecks von einem beliebigen Strahl einer Ecke geschnitten werden, mit den zugeordneten Ecken des Vierecks, so erhält man ein dem Viereck umgeschriebenes Vierseit, das mit dem Viereck das Diagonaldreieck gemeinsam hat.

Beweis. Der Strahl δ der Ecke Δ schneide die drei Diagonallinien des Vierecks $\Delta\mathrm{AB}\Gamma$ in ABC (Fig. 119). Zu dem Punkt A [B; C] ist, weil er in QR [RP; PQ] liegt, der zugeordnete Diagonalpunkt P

$[Q; R]$ und folglich die zugeordnete Ecke[(11$_2$)] A[B; Γ]. Wir haben also die Punkte ABC der Reihe nach mit den Ecken ABΓ durch die Geraden $\alpha\beta\gamma$ zu verbinden und zu zeigen, daß die Ecken $\beta\gamma$, $\gamma\alpha$, $\alpha\beta$ des Vierseits $\delta\alpha\beta\gamma$ in den Diagonallinien des Vierecks ΔABΓ liegen. — Weil Δ und A durch P und QR harmonisch getrennt werden[(54$_4$)], gehen von A aus vier harmonische Strahlen A(ΔA · PQ), folglich[(54$_2$)] schneidet α die Diagonallinie RP in dem von B durch R und P harmonisch getrennten Punkt B_1 und die Diagonallinie PQ in dem von C durch P und Q harmonisch getrennten Punkt C_1. — Bezeichnen wir noch den von A durch

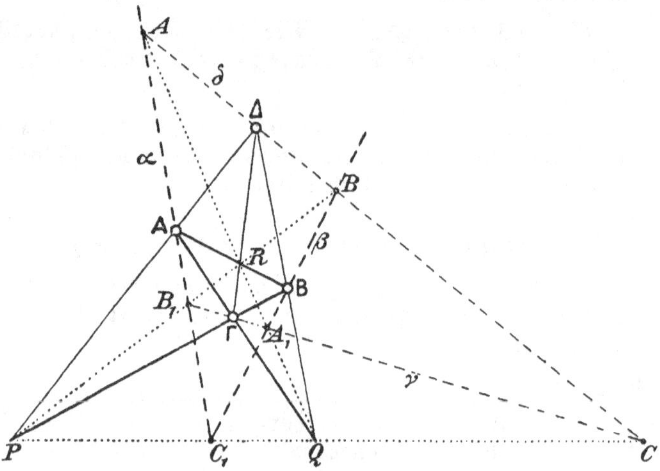

Fig. 119.

R und Q harmonisch getrennten Punkt durch A_1, so läßt sich in derselben Weise zeigen, daß β durch C_1 und A_1 und γ durch A_1 und B_1 geht.

2. Anmerkung. Halten wir in der Fig. 119 die Punkte ABΓ und C_1 (und damit auch ihre Verbindungslinien) fest und lassen die Gerade PQ um C_1 sich drehen, so ist

$$\mathsf{A}(\Delta)\,\overline{\overline{\wedge}}\,P\,\overline{\overline{\wedge}}\,C_1(P)\,\overline{\overline{\wedge}}\,Q\,\overline{\overline{\wedge}}\,\mathsf{B}(\Delta);$$

der Punkt Δ beschreibt also als Schnittpunkt homologer Strahlen der beiden projektiven Büschel A und B eine krumme Punktreihe[(59$_1$)]. — Ferner ist, weil $A_1[B_1]$ als der von C_1 durch B[A] und ΓA[BΓ] harmonisch getrennte Punkt[(58$_6$)] fest bleibt,

$$A\,\overline{\overline{\wedge}}\,A_1(A)\,\overline{\overline{\wedge}}\,R\,\overline{\overline{\wedge}}\,B_1(R)\,\overline{\overline{\wedge}}\,B;$$

die Gerade δ beschreibt also als Verbindungslinie homologer Punkte der beiden projektiven Punktreihen α und β einen krummen Strahlenbüschel[(59$_1$)]. — Da die Gerade δ Tangente der von Δ beschriebenen Punktreihe ist[(67$_1$)], so haben wir in der Fig. 119 eine übersichtliche Vereinigung der Figuren 117 und 118 und ihrer ineinandergreifenden Eigenschaften.

3. Nicht bloß δ, sondern auch $\alpha\beta\gamma$ (Fig. 119) sind Tangenten der durch $\mathsf{AB\Gamma\Delta}\delta$ bestimmten Kurve $^{(67_1)}$. Nennen wir das aus den vier Tangenten gebildete Vierseit und das aus den vier Kurvenpunkten gebildete Viereck einander zugeordnet, so haben wir den

Lehrsatz. Jedes Kurvenvierseit hat mit dem zugeordneten Kurvenviereck das Diagonaldreieck gemeinsam. —

4. Aufgabe. Eine Kurve zweiter Ordnung zu zeichnen, von der vier Tangenten und der Berührungspunkt in der einen dieser Tangenten gegeben sind.

In Zeichen: $\Delta\delta\alpha\beta\gamma$.

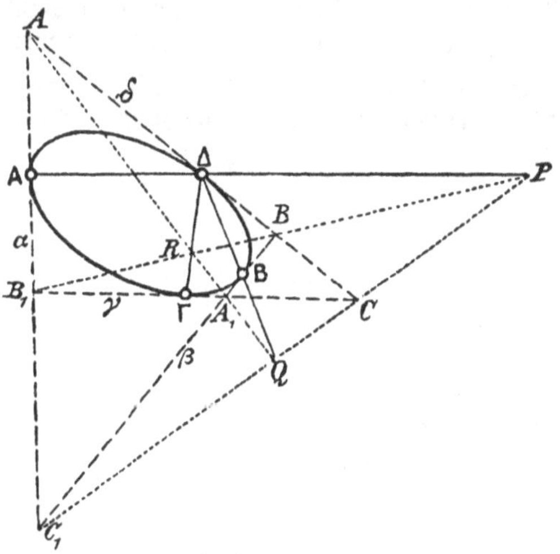

Fig. 120.

Lösung. Wir zeichnen das Diagonaldreieck PQR des Vierseits $\delta\alpha\beta\gamma$ (Fig. 120). Weil die Tangenten δ und α sich in einem Punkt A von QR schneiden, so muß die Verbindungslinie ihrer Berührungspunkte durch den Diagonalpunkt P gehen $^{(67_1)}$; ΔP schneidet also die Tangente α in ihrem Berührungspunkte A. — Ferner schneiden ΔQ und ΔR die Tangenten β und γ in den Berührungspunkten B und Γ.

71. **Fünf Tangenten** (E 62).

Aufgabe. Eine Kurve zweiter Ordnung zu zeichnen, von der fünf Tangenten gegeben sind.

In Zeichen: $\alpha\beta\gamma\delta\varepsilon$.

1. Erste Lösung. Um die Berührungspunkte A und B von α und β zu finden, betrachten wir die Kurvenvierseite $\alpha\beta\gamma\delta$ und $\alpha\beta\gamma\varepsilon$ und zeichnen in jedem den Diagonalpunkt, der der Ecke $\alpha\beta$ zugeordnet ist $^{(11_2)}$, indem wir in dem ersten Vierseit den Schnittpunkt der Diagonallinien $\alpha\gamma\cdot\beta\delta$ und $\alpha\delta\cdot\beta\gamma$ und in dem zweiten Viereck den Schnittpunkt der Diagonallinien $\alpha\gamma\cdot\beta\varepsilon$ und $\alpha\varepsilon\cdot\beta\gamma$ bestimmen; die Gerade, welche die für beide Vierseite gefundenen Diagonalpunkte verbindet, schneidet α und β in den gesuchten Berührungspunkten $^{(67_1)}$.

2. Zweite Lösung. Eine bequemere Konstruktion erhalten wir durch den Brianchon für das Kurvenfünfseit (vgl. Nr. 68_4). Wollen

wir z. B. den Berührungspunkt der Tangente α finden, so benutzen wir das Schema

$$\alpha\ \alpha\ \beta\ \gamma\ \delta\ \varepsilon,$$

d. h. wir zeichnen die Verbindungslinie der Schnittpunkte $\alpha\beta$ und $\delta\varepsilon$ und die Verbindungslinie der Schnittpunkte $\beta\gamma$ und $\alpha\varepsilon$; die Gerade, welche den Schnittpunkt dieser Verbindungslinien mit $\gamma\delta$ verbindet, schneidet α in dem gesuchten Kurvenpunkt A.

§ 4. Pol und Polare.

72. Polare (E 86). Vermittels einer Kurve kann man jedem Punkt P eine Gerade p durch die folgende Konstruktion (vgl. 18) zuordnen:

Die Gerade, welche den Punkt P (Fig. 121) mit einem beliebigen Kurvenpunkt Δ verbindet, schneidet die Kurve noch in

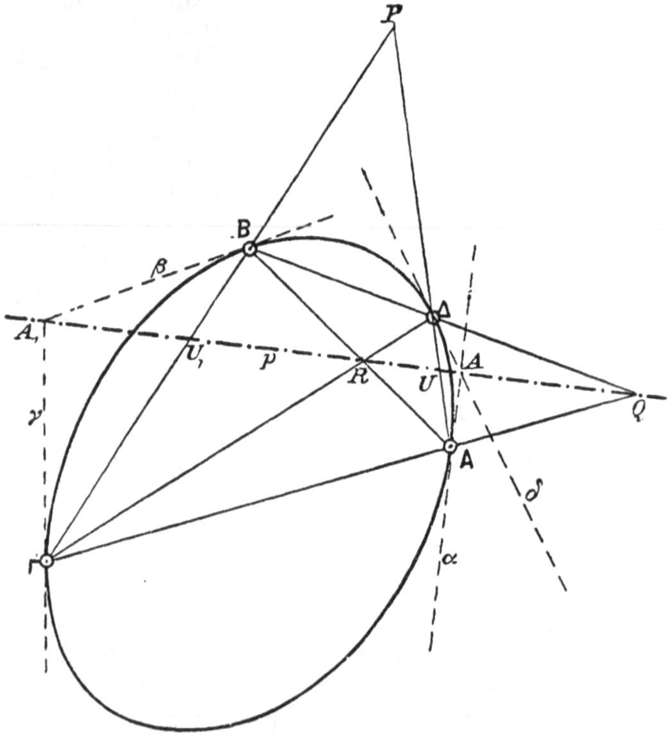

Fig. 121.

einem zweiten Punkt$^{(65_4)}$ A; zeichnen wir den von P durch Δ und A harmonisch getrennten Punkt U und ferner den Schnittpunkt A der Tangenten δ und α in Δ und A, so heißt die Verbindungslinie p von U und A die **Polare** des Punktes P. —

Es läßt sich zeigen, daß die Gerade p allein von der Lage des Punktes P, nicht aber von der Wahl des Kurvenpunktes Δ abhängt:

Schneidet die Gerade, welche P mit einem weitern beliebigen Kurvenpunkt B verbindet, die Kurve zum zweitenmale in Γ, so haben wir den von P durch B und Γ harmonisch getrennten Punkt U_1 und den Schnittpunkt A_1 der Tangenten β und γ in B und Γ zu zeichnen und nachzuweisen, daß U_1A_1 mit UA zusammenfällt. Dazu zeichnen wir von dem Kurvenviereck, von dem P ein Diagonalpunkt ist, die beiden andern Diagonalpunkte Q und R (Fig. 121); die Verbindungslinie dieser beiden Diagonalpunkte geht sowohl durch $U\,[U_1]^{(54_4)}$ als auch durch $A\,[A_1]^{(67_1)}$. Die beiden gezeichneten Geraden fallen also mit QR zusammen. —

Wie wir gesehen haben, liegen in der Polare von P

der von P durch Δ und A harmonisch getrennte Punkt;
der Schnittpunkt der Tangenten in Δ und A;
zwei Diagonalpunkte des Kurvenvierecks $\Delta\mathsf{A}\mathsf{B}\Gamma$.

Diese Ergebnisse sprechen wir aus in dem

Lehrsatz. In der Polare des Punktes P liegen
1. **die von P durch die Kurve harmonisch getrennten Punkte;**
2. **die Schnittpunkte derjenigen Tangentenpaare, deren Berührungssehnen durch P gehen;**
3. **zwei Diagonalpunkte jedes Kurvenvierecks, dessen dritter Diagonalpunkt P ist.**

4. Folgerung. Jedes Diagonaldreieck eines Kurvenvierecks [eines Kurvenvierseits$^{(70_3)}$] ist ein **Polardreieck**, d. h. ein Dreieck, in dem jede Seite die Polare ihrer Gegenecke ist.

5. **Zusatz.** Geht durch P eine Tangente, so können wir zu der Konstruktion der Polare den Berührungspunkt dieser Tangente wählen. Da in diesem Fall der Punkt U mit dem Berührungspunkt zusammenfällt$^{(53_7)}$, so geht die Polare durch den Berührungspunkt:

Gehen durch P zwei Tangenten, so ist die Verbindungslinie der Berührungspunkte die Polare. —

6. Fällt P in den Kurvenpunkt S, so fällt auch U in $S^{(53_7)}$:

Die Polare eines Kurvenpunktes ist seine Tangente.

7. Umkehrung. Ein Punkt, der in seiner Polare liegt, ist ein Kurvenpunkt; die Polare ist eine Tangente.

Beweis. Ist P ein Punkt, der in seiner Polare p liegt, so schneidet die Gerade, welche P mit einem beliebigen Kurvenpunkte Δ verbindet, die Kurve noch in einem zweiten Punkt$^{(65_4)}$, der von Δ durch P und p harmonisch getrennt ist$^{(72_1)}$. Der Punkt fällt also mit P zusammen$^{(53_7)}$.

73. Projektive Verwandtschaft zwischen Pol und Polare (E 90). 1. Zu einem beliebigen Punkt Q der Gerade p wollen wir die Polare zeichnen und zwar auf folgendem Wege:

Schneidet die Tangente des beliebigen Kurvenpunktes Δ (Fig. 122) die Gerade p in A, so geht durch A noch eine zweite Tangente$^{(68_3)}$, die die Kurve in Α berühren möge. Schneiden die Geraden, welche Q mit Δ und Α verbinden, die Kurve noch$^{(65_4)}$ in Β und Γ, so ist Q ein Diagonalpunkt des Kurvenvierecks ΔΑΒΓ, die Verbindungslinie der beiden andern P und R also$^{(72_3)}$ die Polare q von Q. — Der Diagonalpunkt R liegt in $p^{(67_1)}$. —

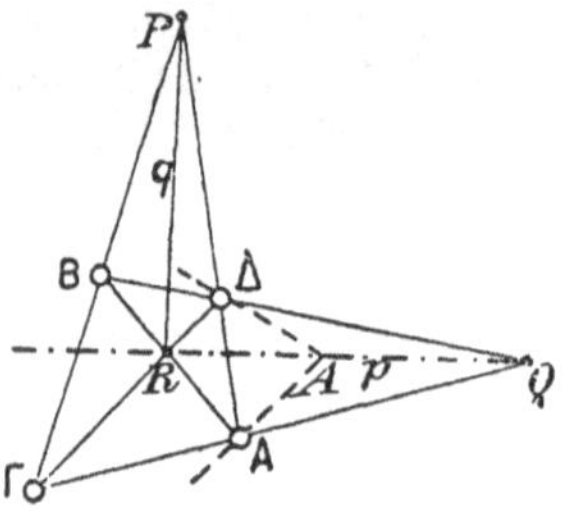

Fig. 122.

2. Lassen wir nun Q in p sich bewegen und benutzen zu der Konstruktion der Polare q immer die beiden Punkte Δ und Α, so bleibt außer ΔΑA und p auch der Punkt P fest, weil er der von p durch Δ und Α harmonisch getrennte Punkt ist$^{(54_4)}$. Führen wir für diesen festen Punkt, von dem p die Polare ist$^{(72_3)}$, ein neues Wort ein durch die

> Definition. Der Punkt P heißt der Pol der Gerade p, wenn p die Polare von P ist,

so haben wir den

> Lehrsatz. Die Polaren q der Punkte Q einer Gerade p gehen durch einen Punkt P, den Pol der Gerade p.

3. Ferner haben wir (Fig. 122)

$$Q \doublebarwedge \Delta(\mathrm{B}) \barwedge \mathrm{A}(\mathrm{B})^{(65_1)} \doublebarwedge R \doublebarwedge P(R).$$

> Lehrsatz. Die Polaren der Punkte einer Gerade bilden einen zu der geraden Punktreihe projektiven Strahlenbüschel.

4. Die in der vorstehenden Kette enthaltene Aussage$^{(56_1)}$

$$Q \barwedge R$$

übersetzen wir ins Deutsche durch eine Definition und einen Lehrsatz:

Definition. Zwei Punkte heißen hinsichtlich einer Kurve konjugiert, wenn der eine in der Polare des andern liegt.

Lehrsatz. Je zwei konjugierte Punkte einer Gerade sind Punktpaare einer Projektivität$^{(57_2)}$.

Definition. Zwei Geraden heißen hinsichtlich einer Kurve konjugiert, wenn die eine durch den Pol der andern geht.

Lehrsatz. Je zwei konjugierte Strahlen eines Punktes sind Strahlenpaare einer Projektivität.

5. Mit Hilfe des Begriffs der konjugierten Elemente läßt sich Nr. 72_4 auch so aussprechen:

Ein Diagonalpunkt eines Kurvenvierecks (Kurvenvierseits) ist jedem der beiden andern Diagonalpunkte konjugiert.

Eine Diagonallinie eines Kurvenvierseits (Kurvenvierecks) ist jeder der beiden andern Diagonallinien konjugiert.

6. Zusatz. Die Punktpaare Q und R haben, wie aus der Fig. 122 hervorgeht, die Eigenschaft, daß R in Q fällt, wenn Q in R fällt.

74. Aufgaben über Pol und Polare (E 97). Ist für eine Kurve ein Punkt P und seine Polare p gegeben, so kann man zu jedem Kurvenpunkte S einen neuen Kurvenpunkt finden, indem man den von S durch P und p harmonisch getrennten Punkt S_1 zeichnet $^{(72_1)}$. Auf Grund dieser Bemerkung sind die folgenden Aufgaben zu lösen, in denen ein Punkt und seine Polare durch (Pp) oder (Qq) und ein Polardreieck $^{(72_4)}$ durch (PQR) angedeutet ist.

Zur Übung $^{(61_3)}$:

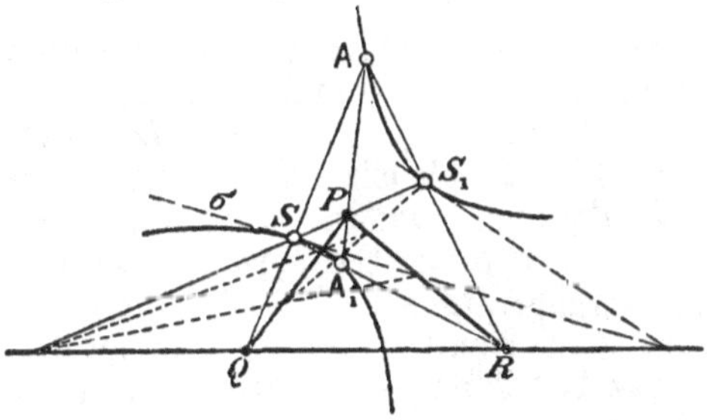

Fig. 123.

$S\sigma(PQR)$ (Fig. 123);
$S\mathsf{AB}(Pp)$;
$S\mathsf{A}\sigma(Pp)$;
$S\sigma a(Pp)$;
$\sigma a\beta(Pp)$;
$S(Pp)(Qq)$;
$\sigma(Pp)(Qq)$;
$S\mathsf{A}(PQR)$;
$\sigma a(PQR)$;

§ 5. Involutionen.

75. Eine Elementengruppe und ihre Permutationen. 1. Einen besondern Fall der Aufgabe: Eine Projektivität herzustellen, haben wir in Nr. 57_2 kennen gelernt. Einen zweiten besondern Fall erhalten wir in der

Aufgabe: Eine Projektivität herzustellen, für welche ist

$$ABC \barwedge BAD.$$

Konstruktion. Aus einem beliebigen Punkt Σ (Fig. 124) projizieren wir die Punkte $ABCD$ des Trägers s auf eine z. B. durch C gehende Gerade s' und lösen nach 56_5 die Aufgabe: Eine projektive Verwandtschaft herzustellen, für welche ist $ABC \barwedge B'A'D'$:

Auf der Verbindungslinie zweier homologen Punkte, etwa A und B', haben wir zwei Punkte S und S_1 zu wählen, als welche wir B'

und A selbst nehmen[(56$_7$)]. Da sich $B'(B)$ und $A(A')$ in Σ schneiden und $B'(C)$ und $A(D')$ in D', so ist $\Sigma D'$ die Hilfsgerade σ, vermittels welcher wir zu einem beliebigen (in der Figur nicht gezeichneten) Punkt E von s den homologen E' von s' finden. Projizieren wir dann diesen Punkt E' aus Σ auf s, so erhalten wir den Punkt E_1, der dem Punkt E in unsrer Projektivität homolog ist. — Zeichnen wir so zu D den homologen Punkt, so erhalten wir C. Es ist also[(56$_1$)]

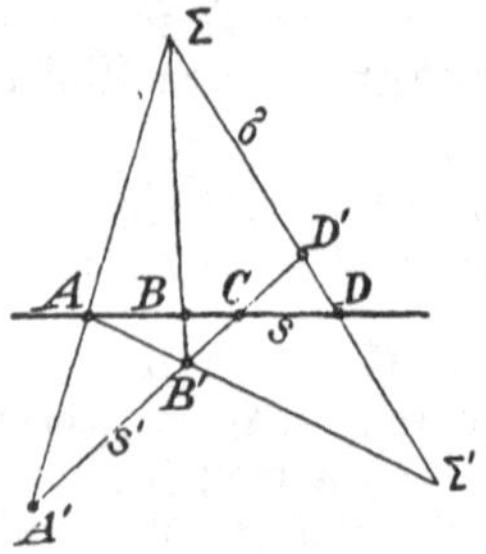

Fig. 124.

$$ABCD \barwedge BADC. —$$

2. Dies Ergebnis können wir auch unmittelbar aus Fig. 124 ablesen, wenn wir noch den Schnittpunkt von AB' und σ durch Σ' bezeichnen:

$$ABCD \doublebarwedge \Sigma(ABCD) \barwedge A'B'CD' \doublebarwedge A(A'B'CD') \barwedge \Sigma\Sigma'DD'$$
$$\doublebarwedge B'(\Sigma\Sigma'DD') \barwedge BADC.$$

3. Das Ergebnis ist so wichtig, daß wir es in Worte kleiden müssen. Dazu führen wir ein neues Wort ein: Vertauschen wir in einer Punktgruppe[(8$_1$)] $ABCD$ irgend zwei Punkte, z. B. B und D, so erhalten wir eine neue Punktgruppe $ADCB$, die wir eine **einfache Permutation** der ursprünglichen Punktgruppe nennen. Vertauschen wir außer B und D **gleichzeitig** auch noch die beiden übrigen Punkte A und C, so erhalten wir die Punktgruppe $CDAB$, die wir eine **zweifache** Permutation der ursprünglichen Punktgruppe $ABCD$ nennen. Mit Hilfe dieser Worte können wir das Ergebnis aussprechen durch den (zum erstenmal in Nr. 8_{10} bewiesenen)

Lehrsatz. Eine Elementengruppe und ihre **zweifachen** Permutationen sind projektiv.

In Zeichen: $ABCD \barwedge BADC \barwedge CDAB \barwedge DCBA$.

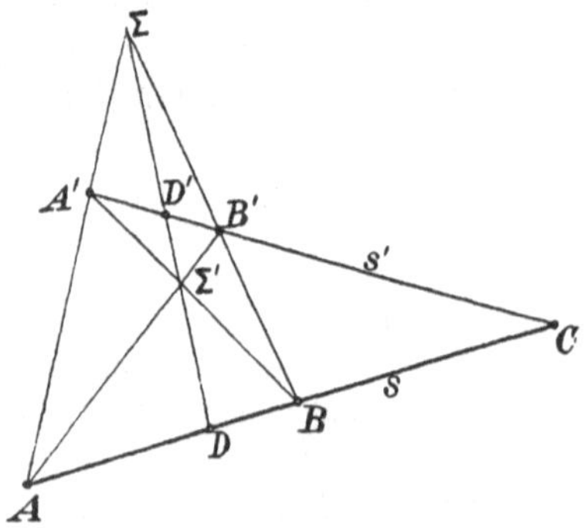

Fig. 125.

4. Zusatz. Aus

$$ABCD \barwedge A_1B_1C_1D_1$$

folgt demnach

$$ABCD \barwedge B_1A_1D_1C_1 \barwedge C_1D_1A_1B_1$$
$$\barwedge D_1C_1B_1A_1.$$

5. **Lehrsatz**[(7$_4$)]. Eine Elementengruppe, die einer **einfachen** Permutation projektiv ist, besteht aus vier harmonischen Elementen.

Beweis. Die Voraussetzung ist z. B. $ABCD \barwedge BACD$. Projizieren wir nun die Punktgruppe $ABCD$ (Fig. 125) des Trägers s aus einem beliebigen Punkte Σ auf eine beliebige etwa durch C gehende Gerade s', so ist

$$A'B'CD' \barwedge ABCD \barwedge BACD.$$

Da der Schnittpunkt C der beiden Träger s und s' sich selbst homolog ist, so gehen $A'B$, $B'A$, $D'D$ durch einen Punkt $\Sigma'$$^{(58_5)}$. Das Viereck $\Sigma\Sigma'A'B'$, von dem ABD' die Diagonalpunkte sind, zeigt, daß $AB \cdot CD$ ein harmonischer Wurf ist$^{(52_1)}$. — Die vertauschten und die nicht vertauschten Punkte der Punktgruppe bilden also je ein Paar des harmonischen Wurfes.

76. Involution. 1. Wir haben in Nr. 75_1 eine Projektivität hergestellt, für welche $ABC \barwedge BAD$ ist. Welches ist das charakteristische Merkmal dieser Projektivität? Dem Punkt A der ersten Punktreihe ist der Punkt B der zweiten Punktreihe homolog; diesem Punkt B ist, wenn wir ihn als Punkt der ersten Punktreihe auffassen (vgl. Nr. 57_2), der als Punkt der zweiten Punktreihe aufgefaßte Punkt A wieder homolog. Ein solches Entsprechen wollen wir ein zweifaches nennen:

Definition. Eine Projektivität, in der ein Element seinem homologen zweifach entspricht, heißt eine Involution.

In Zeichen: Die Projektivität $ABC\,.. \barwedge BAD\,..$ heißt eine Involution.

2. Ist in einer Involution $ABC \barwedge BAD$ einem beliebigen Punkt E der ersten Punktreihe der Punkt F der zweiten Punktreihe homolog, so ist auch, wie wir zeigen wollen, dem Punkt F der Punkt E homolog. Bezeichnen wir zunächst den dem Punkt F homologen Punkt durch X, so ist $ABEF \barwedge BAFX$. Nun ist$^{(75_3)}$ $ABEF \barwedge BAFE$; folglich$^{(56_2)}$ $BAFE \barwedge BAFX$; folglich$^{(58_2)}$ fällt X in E:

Lehrsatz. **In einer Involution entspricht jedes Element seinem homologen zweifach.**

In Zeichen: Aus $ABCE\,.. \barwedge BADF\,..$ folgt

$$ABCEDF\,.. \barwedge BADFCE\,...$$

3. Anmerkung. Eine Involution, in der sich die Punkte A und B, C und D, E und F usw. (zweifach) entsprechen, schreibt man auch häufig, statt in der vorstehenden Weise,

$$AB \cdot CD \cdot EF\,...$$

4. Wollen wir eine Involution herstellen, so dürfen wir nicht wie bei der Projektivität$^{(57)}$ drei beliebigen Punkten drei andere beliebige Punkte zuweisen; denn wenn wir dem Punkt A den Punkt B zuweisen, so müssen wir auch wegen des zweifachen Entsprechens dem Punkt B den Punkt A zuweisen. Durch die Zuordnung AB ist also in Wirklichkeit nicht ein Punktpaar, sondern zwei Punktpaare gegeben. Aus dem Staudtschen Satz$^{(58_4)}$ folgt daher der

Lehrsatz. **Eine Involution ist durch zwei Elementenpaare bestimmt.**

5. Werden die Gegenseiten eines Vierecks durch eine beliebige Gerade in den Punktpaaren AA_1, BB_1, CC_1 geschnitten, so ist $AA_1BC \barwedge A_1AB_1C_1$ $^{(30_1)}$. Weil die Punkte A und A_1 einander zweifach entsprechen, so haben wir $^{(76_1)}$ den Lehrsatz von der

Vierecksinvolution. Die Punkte, in denen eine beliebige Gerade durch die Gegenseiten eines Vierecks geschnitten wird, sind Punktpaare einer Involution.

Vierseitsinvolution. Die Strahlen, durch welche die Gegenecken eines Vierseits aus einem beliebigen Punkt projiziert werden, sind Strahlenpaare einer Involution.

6. Weil eine Involution eine Projektivität $^{(76_1)}$ ist, gilt von ihr $^{(57_3)}$ der

Lehrsatz. Hat eine Involution **ein** Ordnungselement, so hat sie auch noch ein zweites. —

Definition. Eine Involution mit zwei Ordnungselementen heißt **hyperbolisch**. — Eine Involution ohne Ordnungselement heißt **elliptisch**.

7. Bezeichnen wir die Ordnungselemente einer hyperbolischen Involution durch K und L, so ist, wenn noch AA_1 ein beliebiges Elementenpaar bezeichnet, $KLAA_1 \barwedge KLA_1A$; folglich $^{(75_5)}$:

Lehrsatz. Jedes Elementenpaar einer hyperbolischen Involution bildet mit den beiden Ordnungselementen einen harmonischen Wurf.

8. Definition. Eine hyperbolische Involution, für welche die beiden Ordnungselemente zusammenfallen, heißt **parabolisch** (vgl. Nr. 57_4).

Weil jedes Elementenpaar mit den beiden Ordnungselementen einen harmonischen Wurf bildet $^{(76_7)}$, so muß also der einem beliebigen Punkte in einer parabolischen Involution homologe Punkt mit dem Ordnungspunkt zusammenfallen $^{(53_7)}$:

Lehrsatz. In einer parabolischen Involution ist jedem Element das Ordnungselement homolog.

77. Krumme Involution. 1. Der Begriff der Projektivität und der Involution läßt sich auf die krumme Punktreihe übertragen durch die

Definition. Die in einer Kurve zweiter Ordnung liegenden krummen Punktreihen $\mathsf{AB\Gamma}$ .. und $\mathsf{A_1B_1\Gamma_1}$ .. bilden eine krumme Projektivität [krumme Involution], wenn sie aus irgend einem Kurvenpunkt durch eine Strahlenprojektivität [Strahleninvolution] projiziert werden. —

2. Lehrsatz. Eine krumme Projektivität [krumme Involution] wird aus jedem **Kurvenpunkt** $^{(65_1)}$ durch eine Strahlenprojek-

tivität [Strahleninvolution] projiziert. — Eine krumme Projektivität [krumme Involution] wird aus zwei beliebigen Kurvenpunkten [65$_1$] durch zwei projektive Strahlenbüschel projiziert.

3. Projizieren wir die krumme Projektivität

$$AB\Gamma\ldots \barwedge A_1B_1\Gamma_1\ldots$$

nicht aus zwei beliebigen Kurvenpunkten, sondern z. B. aus A_1 und A, so ist

$$A_1(AB\Gamma\ldots) \barwedge A(A_1B_1\Gamma_1\ldots).$$

Weil diese beiden projektiven Strahlenbüschel die Verbindungslinie der Strahlenmittelpunkte entsprechend gemein haben, so sind sie perspektiv [58$_5$], d. h. Scheine einer Gerade p.

4. Bilden die beiden krummen Punktreihen eine Involution $AA_1 \cdot BB_1 \cdot \Gamma\Gamma_1\ldots$ [76$_3$], so ist [76$_2$]

$$A_1(AA_1BB_1\Gamma\Gamma_1\ldots) \barwedge A(A_1AB_1B\Gamma_1\Gamma\ldots).$$

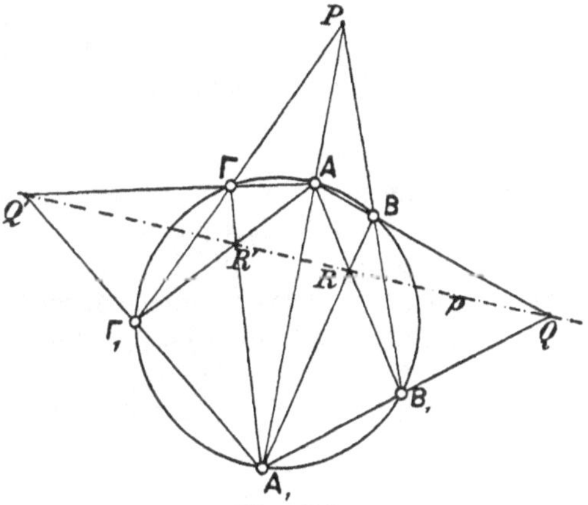

Fig. 126.

In der Gerade p (Fig. 126) liegt also der Schnittpunkt Q von A_1B_1 und AB und ferner der Schnittpunkt R von A_1B und AB_1, d. h. zwei Diagonalpunkte des Kurvenvierecks AA_1BB_1. Die Seite BB_1 dieses Vierecks schneidet daher die Gegenseite AA_1 in dem von p durch A und A_1 harmonisch getrennten Punkte P [54$_4$]. — Da aus denselben Gründen auch $\Gamma\Gamma_1$ durch P gehen muß, so haben wir den

Lehrsatz. Die Geraden, welche die homologen Punkte einer krummen Involution verbinden, gehen durch einen Punkt.

5. Richtig ist auch die

Umkehrung. Je zwei Kurvenpunkte, die mit einem beliebigen nicht auf der Kurve liegenden Punkte in einer Gerade liegen, sind Punktpaare einer krummen Involution.

78. Konjugierte Involutionen (E 92). 1. Aus Nr. 73$_4$ folgt [73$_8$]:

Lehrsatz. Je zwei (in bezug auf eine Kurve) konjugierte Punkte einer Gerade sind Punktpaare einer Involution.

Lehrsatz. Je zwei (in bezug auf eine Kurve) konjugierte Strahlen eines Punktes sind Strahlenpaare einer Involution.

Definition. Diese in einer Gerade durch die Kurve erzeugte Involution heißt die der Kurve konjugierte Punktinvolution.

Definition. Diese in einem Punkte durch die Kurve erzeugte Involution heißt die der Kurve konjugierte Strahleninvolution.

2. Die konjugierte Punktinvolution einer Gerade und die konjugierte Strahleninvolution ihres Poles liegen perspektiv (73₃), d. h. je zwei homologe Punkte der Gerade werden durch zwei homologe Strahlen ihres Poles projiziert. — Die konjugierte Punktinvolution einer Gerade und die konjugierte Strahleninvolution ihres Poles sind also gleichzeitig elliptisch oder hyperbolisch (76₆) oder parabolisch (76₈).

3. Lehrsatz. Die Endpunkte einer Kurvensehne sind Ordnungspunkte in der konjugierten Involution der Sehne (72₆) oder

Die konjugierte Involution einer Gerade, die die Kurve schneidet, ist hyperbolisch.

Die konjugierte Involution eines Punktes, durch den zwei Tangenten gehen, ist hyperbolisch.

4. Zusatz. Die Geraden, welche zwei Kurvenpunkte mit dem Pole ihrer Verbindungssehnen verbinden, sind Tangenten.

4. Zusatz. Die Punkte, in denen zwei Tangenten die Polare ihres Schnittpunktes schneiden, sind Kurvenpunkte.

5. Lehrsatz. Die Ordnungspunkte einer konjugierten Involution sind Kurvenpunkte (72₇).

5. Lehrsatz. Die Ordnungsstrahlen einer konjugierten Involution sind Tangenten.

6. Zusatz. Die konjugierte Involution einer Gerade, die die Kurve nicht schneidet, ist elliptisch.

6. Zusatz. Die konjugierte Involution eines Punktes, durch den keine Tangente geht, ist elliptisch.

7. Lehrsatz. Die konjugierte Involution einer Tangente ist parabolisch (76₈).

7. Lehrsatz. Die konjugierte Involution eines Kurvenpunktes ist parabolisch.

Kapitel IV. Maßbeziehungen.

§ 1. Gerade Punktreihen.

79. Einteilung der projektiven Verwandtschaften. 1. Die Geometrie der Lage und die Geometrie des Maßes hängen zusammen durch den

Lehrsatz. Zwei projektive Punktgruppen haben dasselbe Doppelverhältnis (8₆). —

2. Für die Anwendung dieses Satzes ist es vorteilhaft, außer der allgemeinen projektiven Verwandtschaft besondere Fälle zu betrachten.

Einen besondern Fall haben wir bereits kennen gelernt, nämlich den, daß die beiden projektiven Punktreihen in einer Gerade liegen, daß sie, wie man sagt, eine Projektivität bilden(57). Und von dieser Projektivität war dann wieder ein besondrer Fall die Involution(76), die durch das zweifache Entsprechen ihrer Elemente charakterisiert war.

Als weiteres Einteilungsprinzip nehmen wir jetzt hinzu das Verhalten der uneigentlichen Elemente. Der uneigentliche Punkt der einen Punktreihe kann entweder einem eigentlichen oder dem uneigentlichen Punkt der zweiten Punktreihe homolog sein. Im ersten Fall nennen wir die Verwandtschaft eine **eigentliche**, im zweiten eine **uneigentliche**.

Wir haben demnach zu betrachten

I. Zwei projektive Punktreihen in zwei Trägern(80):
  α) Eigentliche Verwandtschaft;
  β) Uneigentliche Verwandtschaft.

II. Zwei projektive Punktreihen in einem Träger(81):
  α) Eigentliche Projektivität;
  β) Uneigentliche Projektivität.

III. Die Involution, den besondern Fall von II(82):
  α) Eigentliche Involution;
  β) Uneigentliche Involution.

3. Die Punkte des ersten Trägers s bezeichnen wir durch $ABCD\,..,$ die homologen des zweiten durch $A_1 B_1 C_1 D_1 \ldots$ —

Definition. Der Punkt der ersten Punktreihe, dem der uneigentliche Punkt der zweiten Punktreihe homolog ist, heißt erster Fluchtpunkt; der Punkt der zweiten Punktreihe, der dem uneigentlichen Punkt der ersten Punktreihe homolog ist, heißt zweiter Fluchtpunkt. —

Den ersten und zweiten Fluchtpunkt wollen wir durch F und G_1 bezeichnen, so daß G der uneigentliche Punkt der ersten und F_1 der uneigentliche Punkt der zweiten Punktreihe ist.

80. Zwei Träger.

Eigentliche Verwandtschaft.

1. $$(ADFG) = (A_1 D_1 F_1 G_1)\ ^{(79_1)}$$
$$FA : FD = G_1 D_1 : G_1 A_1\ ^{(7_6)}$$
$$FD \cdot G_1 D_1 = FA \cdot G_1 A_1.$$

Lehrsatz. Je zwei homologe Punkte haben von ihren Fluchtpunkten Entfernungen, deren Produkt konstant ist. —

Definition. Das konstante Produkt heißt die Potenz der projektiven Verwandtschaft.

2. Für die Anwendungen ist meistens die folgende Form des vorstehenden Satzes bequemer:

$$\frac{(BFAG)=(B_1F_1A_1G_1)}{AB:AF=A_1B_1:G_1B_1} \qquad \frac{(AFBG)=(A_1F_1B_1G_1)}{BA:BF=B_1A_1:G_1A_1}$$

$$\frac{A_1B_1}{AB}=\frac{G_1B_1}{AF}=\frac{A_1G_1}{FB}.$$

Lehrsatz. In dem Verhältnis zweier homologen Strecken darf man die äußern [innern] Punkte durch ihre Fluchtpunkte ersetzen. —

Uneigentliche Verwandtschaft.

3. Da jetzt der uneigentliche Punkt G und der uneigentliche Punkt F_1 einander homolog sind [(79_1)], so haben wir

$$\frac{(ACBG)=(A_1C_1B_1F_1)}{BA:BC=B_1A_1:B_1C_1} \qquad \frac{(BDCG)=(B_1D_1C_1F_1)}{CB:CD=C_1B_1:C_1D_1}$$

$$\frac{A_1B_1}{AB}=\frac{B_1C_1}{BC}=\frac{C_1D_1}{CD}.$$

Lehrsatz. Das einfache Verhältnis zweier (uneigentlich) homologen Strecken ist konstant.

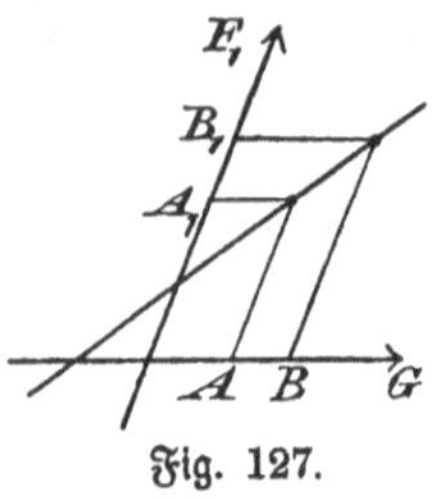

Fig. 127.

4. Anmerkung (für Nr. 99). Projizieren wir die beiden uneigentlich projektiven Punktreihen aus F_1 und G (Fig. 127), so projizieren wir aus zwei homologen Punkten; die Verbindungslinie der Strahlenmittelpunkte, die uneigentliche Gerade, ist also sich selbst homolog. Die Schnittpunkte homologer Strahlen liegen daher in einer Gerade [(58_5)]. Die Aussage, daß $A_1B_1:AB$ konstant ist, wird in der analytischen Geometrie [(99)] in die Worte gekleidet:

Der Differenzenquotient für je zwei Punkte einer Gerade ist konstant.

81. Ein Träger. Weil für eine Projektivität [(57)] die beiden Träger zusammenfallen, haben wir für die Bezeichnung des uneigentlichen Punktes des Trägers zwischen G und F_1 [(79_3)] zu wählen; wir entscheiden uns für F_1 und bezeichnen dementsprechend den Punkt (G_1), der dem Punkt $G[F_1]$ homolog ist, jetzt durch F_2. Es sind mithin in unsrer neuen Bezeichnung F und F_2 die Fluchtpunkte unsrer Projektivität. —

Eigentliche Projektivität.

1. Aus Nr. 80_1 folgt, wenn wir das konstante Produkt, die Potenz, durch pq bezeichnen,

$$FD \cdot F_2D_1 = pq. \text{ —}$$

Gibt es einen Ordnungspunkt $^{(57_3)}$ K, so muß sein

$$pq = FK \cdot F_2K = FK(F_2F + FK)^{(2_2)};$$
$$FK^2 - FF_2 \cdot FK - pq = 0;$$
$$FK = \tfrac{1}{2} FF_2 \pm \sqrt{(\tfrac{1}{2} FF_2)^2 + pq}. \text{ —}$$

Es gibt also zwei Ordnungspunkte oder keinen Ordnungspunkt, je nachdem der Radikand positiv oder negativ ist.

Lehrsatz. Eine Projektivität mit positiver Potenz ist immer hyperbolisch $^{(76_6)}$. —

2. Ist $pq = -c^2$, also negativ, so erhalten wir, indem wir drei Fälle unterscheiden, den

Lehrsatz. Eine Projektivität mit negativer Potenz ist
hyperbolisch, wenn $FF_2 > 2c$ ist;
elliptisch, wenn $FF_2 < 2c$ ist;
parabolisch, wenn $FF_2 = 2c$ ist.

3. **Zusatz.** Für eine parabolische Projektivität $^{(57_4)}$ ist

$$FK = \frac{FF_2}{2} = \frac{FK + KF_2}{2}; \text{ folglich } FK = KF_2:$$

Lehrsatz. In einer parabolischen Projektivität ist die Mitte zwischen beiden Fluchtpunkten der Ordnungspunkt. —

Anmerkung. Die parabolische Projektivität findet eine wichtige Anwendung in der Optik: Objekt und Bild für eine ideelle Linse sind homologe Punkte einer parabolischen Projektivität; der Scheitel der Linse ist der Ordnungspunkt. —

4. **Lehrsatz.** Die Potenz einer parabolischen Projektivität ist stets negativ (Linse). Denn $FK \cdot F_2K = -FK^2$.

Anmerkung. Aus diesem Satz folgt: Objekt und Bild für eine ideelle Linse bewegen sich stets in demselben Sinn. (Vgl. des Verfassers Optische Verwandtschaft in projektiver Darstellung, Hamburg 1907). —

Uneigentliche Projektivität.

5. Da für diese der uneigentliche Punkt sich selbst homolog, also ein Ordnungspunkt ist, so fallen F und F_2 in F_1:

Lehrsatz. In einer uneigentlichen Projektivität ist der uneigentliche Punkt ein Ordnungspunkt — oder:
Eine uneigentliche Projektivität ist stets hyperbolisch$^{(57_3)}$. —

Heißt der zweite Ordnungspunkt M, so ist, wenn wir das konstante$^{(80_3)}$ Verhältnis homologer Strecken durch ε bezeichnen,

$$\frac{MD_1}{MD} = \varepsilon.$$

6. Zusatz. Fällt der zweite Ordnungspunkt M auch in F_1; ist, mit andern Worten, die uneigentliche Projektivität parabolisch, so ist das konstante Verhältnis homologer Strecken, weil $F_1D_1 : F_1D = 1$$^{(4_3)}$ ist,

$$\frac{A_1B_1}{AB} = 1.$$

In einer uneigentlich parabolischen Projektivität sind die homologen Strecken einander gleich. — oder:
Gleitet eine Strecke in einer Gerade, so sind die Endpunkte der Strecke homologe Punkte einer uneigentlich parabolischen Projektivität.

82. **Involution.** Weil in einer Involution jeder Punkt seinem homologen zweifach entspricht$^{(76_2)}$, so fällt F_2 in F. —

Eigentliche Involution.

1. Aus Nr. 80_1 folgt

$$FD \cdot FD_1 = pq. -$$

Für einen Ordnungspunkt K muß $FK^2 = pq$ sein:

Lehrsatz. Eine Involution mit positiver [negativer] Potenz ist hyperbolisch [elliptisch]$^{(57_3)}$.

2. Zusatz. Für eine Involution fallen die beiden Ordnungspunkte dann und nur dann zusammen, wenn die Potenz $= 0$ ist; in einer parabolischen$^{(57_4)}$ Involution entspricht daher jeder Punkt dem Ordnungspunkt (vgl. Nr. 76_8), der zugleich als Fluchtpunkt aufzufassen ist (Beispiel: konjugierte Involution einer Tangente$^{(78_5)}$). —

3. Ist eine Involution durch die beiden Punktpaare AA_1 und BB_1 gegeben$^{(76_4)}$, so läßt sich der Fluchtpunkt F durch Rechnung in folgender Weise finden. Sind die Koordinaten$^{(96)}$ der Punkte

$$OA = a;\ OA_1 = a_1;\ OB = b;\ OB_1 = b_1,$$

so ergibt sich $\quad FA \cdot FA_1 = FB \cdot FB_1$$^{(82_1)}$;

$$(FO + OA)(FO + OA_1) = (FO + OB)(FO + OB_1)^{(2_2)};$$

$$FO(OA + OA_1) + OA \cdot OA_1 = FO(OB + OB_1) + OB \cdot OB_1;$$

$$OF = \frac{aa_1 - bb_1}{a + a_1 - b - b_1}. -$$

Uneigentliche Involution.

4. Lehrsatz. Eine uneigentliche Involution ist stets hyperbolisch(81₅). —

5. Weil das Verhältnis homologer Strecken konstant ist(80₃), AA_1 und A_1A aber jetzt wegen des zweifachen Entsprechens der Punkte homologe Strecken sind, so haben wir den

Lehrsatz. In einer uneigentlichen Involution ist das Verhältnis homologer Strecken -1(2₁). —

6. Für den eigentlichen Ordnungspunkt M ist also $MA_1 : MA = -1$:

Lehrsatz. Der eigentliche Ordnungspunkt einer uneigentlichen Involution ist die Mitte zwischen je zwei homologen Punkten.

7. Zusatz. In einer uneigentlichen parabolischen Involution ist jeder Punkt dem uneigentlichen Punkt homolog.

83. Gleichung der projektiven Verwandtschaft.

1. Lehrsatz. Sind zwei bewegliche Punkte D und D_1 mit zwei festen Punkten A und B_1 durch die Gleichung verknüpft

$$\frac{p}{AD} + \frac{q}{B_1 D_1} = 1,$$

so sind D und D_1 homologe Punkte zweier eigentlich projektiven Punktreihen.

Beweis. Wir bestimmen zwei Punkte F und G_1 so, daß $AF = p$ und $B_1 G_1 = q$ ist. Aus

$$\frac{p}{AF + FD} + \frac{q}{B_1 G_1 + G_1 D_1} = 1$$

wird dann

$$\frac{p}{p + FD} + \frac{q}{q + G_1 D_1} = 1$$

und daraus

$$FD \cdot G_1 D_1 = pq$$ (80₁). —

2. Lehrsatz. Sind zwei bewegliche Punkte D und D_1 mit zwei festen Punkten A und B_1 durch die Gleichung verknüpft

$$\alpha \cdot AD + \beta \cdot B_1 D_1 = c,$$

so sind D und D_1 homologe Punkte zweier uneigentlich projektiven Punktreihen.

Beweis. Sind C und C_1 irgend zwei feste Punkte, für welche unsere Gleichung gilt, sodaß ist

$$\alpha \cdot AC + \beta \cdot B_1 C_1 = c,$$

so ergibt sich aus

$$\alpha(AC+CD)+\beta(B_1C_1+C_1D_1)=c, \text{ daß}$$
$$\alpha\cdot CD+\beta\cdot C_1D_1=0 \text{ oder}$$
$$\frac{C_1D_1}{CD}=-\frac{\alpha}{\beta} \quad \text{ist}^{(80_3)}.$$

3. Anmerkung. Alle Glieder einer Gleichung müssen in der Dimension übereinstimmen. Die Schüler müssen sich daher, um Rechenfehler zu vermeiden, daran gewöhnen, in jeder Gleichung die Dimensionen zu prüfen. — In den vorstehenden Gleichungen haben p, q, c wie jede durch zwei große Buchstaben bezeichnete Strecke die Dimension 1, α und β haben die Dimension 0.

§ 2. Krumme Punktreihen.

84. Kreis (E 113). 1. Ebenso wie in Nr. 9 für Punktgruppen und Strahlengruppen wird für Punktreihen und Strahlenbüschel bewiesen der

Lehrsatz. Zwei kongruente [symmetrische] Punktreihen sind projektiv.

Lehrsatz. Zwei kongruente [symmetrische] Strahlenbüschel sind projektiv.

2. Da eine Kreislinie aus zwei beliebigen ihrer Punkte durch zwei kongruente Strahlenbüschel projiziert wird $^{(23_1)}$, so lassen sich die Kreispunkte auffassen als Schnittpunkte homologer Strahlen zweier projektiven $^{(84_1)}$ Strahlenbüschel:

Lehrsatz. Der Kreis ist eine Punktreihe zweiter Ordnung $^{(59_1)}$.

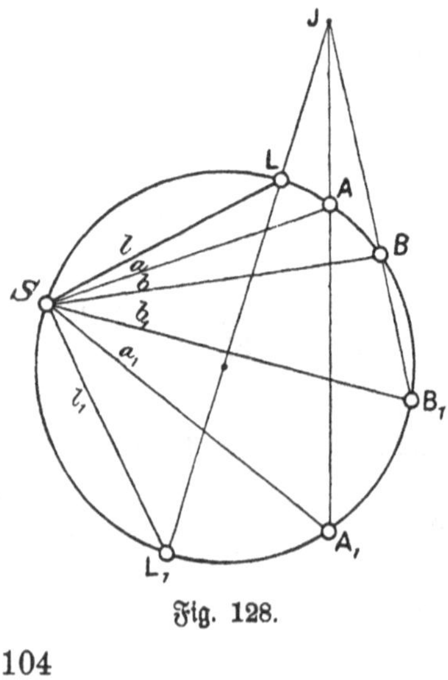

Fig. 128.

3. Lehrsatz. In einer Strahleninvolution gibt es stets ein rechtwinkliges Strahlenpaar.

Beweis. Durch den Mittelpunkt S (Fig. 128) der Strahleninvolution $aa_1 \cdot bb_1 \ldots$ legen wir einen beliebigen Kreis, der die Strahlen zum zweitenmale in der krummen Involution $^{(77_1)}$ $AA_1 \cdot BB_1 \ldots$ schneidet. Die Verbindungslinien der homologen Punkte A und A_1, B und B_1 usw. gehen durch einen Punkt $J^{(77_4)}$. Die Gerade, welche diesen Punkt J mit dem Kreismittelpunkt verbindet, liefert zwei Kreispunkte L und L_1, die aus S durch das rechtwinklige Strahlenpaar ll_1 projiziert werden.

4. Gibt es in einer Strahleninvolution zwei rechtwinklige Strahlenpaare, so fällt der Punkt J in den Mittelpunkt des Kreises; es steht daher jeder Strahl auf seinem homologen senkrecht:

Lehrsatz. Sind in einer Strahleninvolution zwei Strahlenpaare rechtwinklig, so ist jedes Strahlenpaar rechtwinklig. —

5. Definition. Eine Strahleninvolution, die aus lauter rechtwinkligen Strahlenpaaren besteht, wollen wir eine zirkulare nennen.

Lehrsatz. Die zirkulare Strahleninvolution ist elliptisch$^{(57_3)}$.

Denn jeder Strahl ist seinem Lot homolog, kann also nicht mit ihm zusammenfallen.

85. Mittelpunkt der Kurve (E 115). 1. Der Pol O der uneigentlichen Gerade o heißt der Mittelpunkt der Kurve. Aus folgendem Grunde: Schneidet die Gerade, welche O mit dem beliebigen Kurvenpunkte S verbindet, die Kurve zum zweitenmale in S_1, so ist O von seiner Polare o durch S und S_1 harmonisch getrennt$^{(72_1)}$, O also$^{(10_{15})}$ die Mitte von SS_1.

2. Definition. Die Polare eines uneigentlichen Punktes heißt ein Durchmesser der Kurve, weil sie durch den Mittelpunkt geht$^{(73_2)}$. —

3. Lehrsatz. Jeder Durchmesser, der die Kurve schneidet, wird im Mittelpunkt halbiert$^{(10_{15})}$.

4. Ist SS_1 eine beliebige Sehne der Kurve und P_∞ ihr uneigentlicher Punkt, so geht die Polare von P_∞ 1. weil P_∞ in der uneigentlichen Gerade liegt, durch den Mittelpunkt der Kurve$^{(73_2)}$; 2. durch den von P_∞ durch S und S_1 harmonisch getrennten Punkt$^{(72_1)}$, also durch die Mitte der Sehne $SS_1$$^{(10_{15})}$; 3. durch den Schnittpunkt der Tangenten in S und $S_1$$^{(72_2)}$:

Lehrsatz. Der Schnittpunkt zweier Tangenten, die Mitte ihrer Berührungssehne und der Mittelpunkt der Kurve liegen in einer Gerade.

86. Konjugierte Durchmesser (E 114).

1. Lehrsatz. In der konjugierten Strahleninvolution$^{(78_1)}$ jedes Punktes gibt es einen Strahl, der auf seinem homologen senkrecht steht$^{(84_3)}$.

2. Wenden wir diesen Satz auf den Kurvenmittelpunkt an, so heißt er:

Es gibt stets zwei konjugierte Durchmesser, die aufeinander senkrecht stehen. —

Definition. Die konjugierten Durchmesser, die aufeinander senkrecht stehen, heißen Achsen der Kurve.

Lehrsatz. Jede Kurve hat zwei Achsen.

3. Definition. Zwei Richtungen heißen konjugiert, wenn sie zwei konjugierten Durchmessern parallel sind.

4. Für den besonderen Fall, daß P ein uneigentlicher Punkt ist, ergibt sich aus Nr. 72:

Lehrsatz. Die Mitten paralleler Sehnen liegen in dem der Sehnenrichtung konjugierten Durchmesser $^{(72_1)}$. —

Lehrsatz. Die Gerade, welche die Berührungspunkte zweier parallelen Tangenten verbindet, ist der der Tangentenrichtung konjugierte Durchmesser $^{(72_5)}$.

Lehrsatz. Die Tangenten in den Endpunkten eines Durchmessers haben eine dem Durchmesser konjugierte Richtung $^{(72_5)}$. —

5. Lehrsatz. Ist für eine Kurve eine Achse gegeben, so ist auch ihr Pol bekannt.

Es ist der senkrecht über der Achse liegende uneigentliche Punkt.

6. Lehrsatz. Ein Durchmesser, der auf der Tangente seines Endpunktes senkrecht steht, ist eine Achse $^{(86_2)}$.

7. Lehrsatz. Für einen Kreis ist die Strahleninvolution der konjugierten Durchmesser zirkular $^{(20)}$.

8. Umkehrung. Eine Kurve ist ein Kreis, wenn zwei Durchmesser auf den ihnen konjugierten senkrecht stehen.

Beweis. Stehen zwei Durchmesser auf ihren konjugierten senkrecht, so steht jeder Durchmesser auf seinem konjugierten senkrecht $^{(84_4)}$. Sind nun S und S_1 zwei beliebige Kurvenpunkte, so geht die Polare p des uneigentlichen Punktes P_∞ von SS_1 durch die Mitte der Sehne $^{(72_1)}$ und ist der dem Durchmesser OP_∞ konjugierte Durchmesser; P steht also senkrecht auf OP_∞ und daher auch senkrecht auf SS_1, sodaß O als Punkt des Mittellotes gleichweit von S und S_1 entfernt ist. —

9. Lehrsatz. Der eigentliche Diagonalpunkt jedes einer Kurve eingeschriebenen Parallelogramms ist der Kurvenmittelpunkt $^{(72_4)}$. —

10. Weil die beiden eigentlichen Diagonallinien eines (als Viereck aufgefaßten) eingeschriebenen Parallelogramms einander konjugierte Durchmesser sind $^{(73_5)}$, so ergibt sich der

Lehrsatz. Zwei anstoßende Seiten eines eingeschriebenen Parallelogramms haben konjugierte Richtungen — oder

Zwei Seiten eines Kurvendreiecks, dessen dritte Seite ein Durchmesser ist, haben konjugierte Richtungen.

Zusatz. Für einen Kreis würden also diese beiden Seiten aufeinander senkrecht stehen $^{(86_7)}$, sodaß der Satz eine Verallgemeinerung des aus der Planimetrie bekannten ist: Der Peripheriewinkel über dem Durchmesser ist ein Rechter.

11. Lehrsatz. Die eigentlichen Diagonallinien jedes (als Vierseit aufgefaßten) umgeschriebenen Parallelogramms sind konjugierte Durchmesser $^{(78_5)}$.

Zusatz. Jedes einem Kreise umgeschriebene Parallelogramm ist also ein Rhombus.

87. Aufgaben über den Mittelpunkt. Ist uns für eine Kurve der Mittelpunkt O gegeben, so kennen wir, mit andern Worten $^{(85_1)}$, einen Punkt und seine Polare; sind uns zwei konjugierte Durchmesser d und e gegeben, so kennen wir ein Poldreieck. Als besondere Fälle der Aufgaben in Nr. 74 ergeben sich daher:

$S\sigma(de)$; SS_1AO; $SS_1\sigma O$; $S\sigma\sigma_1 O$; $\sigma\sigma_1 aO$; $S(Pp)O$; $\sigma(Pp)O$; $SS_1(de)$; $\sigma\sigma_1(de)$.

88. Einteilung der Kurven (E 120). 1. Die Kurven werden eingeteilt vermittels der uneigentlichen Gerade.

> Definition. Eine Kurve heißt Ellipse oder Hyperbel oder Parabel, je nachdem sie mit der uneigentlichen Gerade keinen Punkt oder zwei Punkte oder einen Punkt gemein hat —

oder mit andern Worten $^{(78)}$:

> je nachdem die konjugierte Involution der uneigentlichen Gerade elliptisch oder hyperbolisch oder parabolisch ist.

2. Zusatz. Für jede Parabel ist also ein Stück, eine Tangente, gegeben: die uneigentliche Gerade.

3. Da der Mittelpunkt der Pol der uneigentlichen Gerade ist $^{(85_1)}$, so liegt die Strahleninvolution der konjugierten Durchmesser perspektiv zu der Punktinvolution der uneigentlichen Gerade $^{(78_2)}$. Man kann daher an die Stelle der vorstehenden Definition auch setzen die

> Definition. Eine Kurve heißt Ellipse oder Hyperbel oder Parabel, je nachdem die Strahleninvolution der konjugierten Durchmesser elliptisch oder hyperbolisch oder parabolisch ist —

oder, da jeder Ordnungsstrahl eine Tangente ist $^{(78_5)}$, —

> je nachdem durch den Mittelpunkt keine Tangente oder zwei Tangenten oder eine Tangente geht.

4. Da die zirkulare Involution elliptisch ist $^{(84_5)}$, so ist der Kreis $^{(86_7)}$ ein besonderer Fall der Ellipse. —

5. Für die Hyperbel hat die Strahleninvolution der konjugierten Durchmesser zwei Ordnungsstrahlen; diese Ordnungsstrahlen heißen Asymptoten. — Für die Parabel hat die Strahleninvolution der konjugierten Durchmesser einen Ordnungsstrahl; dieser Ordnungsstrahl ist die uneigentliche Gerade.

89. Uneigentliche Kurvenpunkte.

Hyperbel (E 122; 123).

1. Sind B und Γ (Fig. 129) die beiden uneigentlichen Punkte$^{(88_1)}$ einer Hyperbel, Δ und A zwei beliebige Hyperbelpunkte und δ die Tangente in Δ, so lassen sich die Tangenten in ABΓ zeichnen$^{(67_1)}$, indem wir (wie in Fig. 119) die Punkte ABC, in denen δ die Seiten des Diagonaldreiecks PQR schneidet, mit ABΓ verbinden. — Der Punkt A_1, in dem sich die Tangenten BB $=\beta$ und CΓ $=\gamma$ schneiden, ist als Pol der uneigentlichen Gerade$^{(72_5)}$ der Mittelpunkt$^{(85_1)}$ der Hyperbel; β und γ sind die Asymptoten$^{(88_5)}$. — Weil die Diagonallinien BB_1 und CC_1 des von den Tangenten gebildeten Vierseits $\delta\alpha\beta\gamma$ durch den uneigentlichen Diagonalpunkt P des Vierecks ΔABΓ gehen, so haben wir den

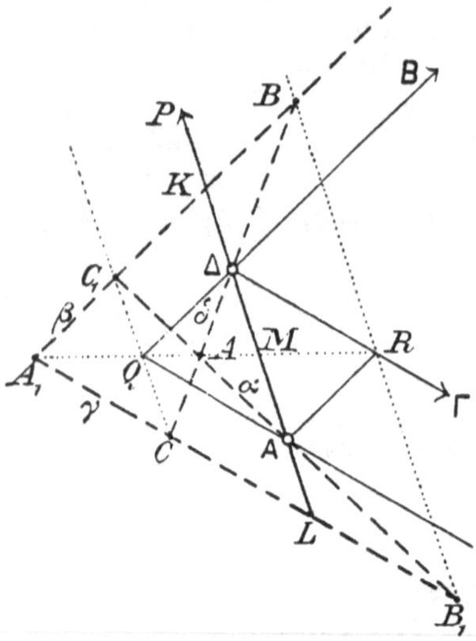

Fig. 129.

Lehrsatz$^{(50_4)}$. Zwei beliebige Hyperbeltangenten schneiden die Asymptoten in den Ecken eines Trapezes, dessen Grundlinien der Berührungssehne der beiden Tangenten parallel sind. —

2. Aus BB_1 parallel CC_1 (Fig. 129) ergibt sich weiter: Dreieck $A_1BC = A_1B_1C_1$; folglich

Lehrsatz. Jede Tangente begrenzt mit den beiden Asymptoten ein Dreieck von unveränderlichem Inhalt$^{(50_7)}$. —

3. Weil die Ecken Δ und A durch P und QR harmonisch getrennt werden$^{(54_4)}$, so ist M (Fig. 129) die Mitte von ΔA$^{(10_{15})}$. — Von dem Viereck BB_1CC_1 sind AA_1P die Diagonalpunkte; die Diagonalpunkte A und P werden also durch die Gegenseiten β und γ des dritten Diagonalpunktes A_1 harmonisch getrennt$^{(53_6)}$; M ist daher auch die Mitte von KL:

Lehrsatz$^{(50_8)}$. Die Mitte einer Hyperbelsehne ist zugleich die Mitte der von den Asymptoten auf der Sehne begrenzten Strecke. —

4. Die Diagonalpunkte Q und R (Fig. 129) werden durch die Gegenseiten ΔA und BΓ des dritten Diagonalpunktes P harmonisch getrennt; $P(QR \cdot$ ΔB) sind also vier harmonische Strahlen, die die Tangente δ in vier harmonischen Punkten schneiden$^{(54_2)}$. Es ist daher Δ die Mitte von $BC$$^{(10_{15})}$:

Lehrsatz$^{(50_3)}$. Die Strecke, welche auf einer beliebigen Hyperbeltangente durch die beiden Asymptoten begrenzt wird, wird durch den Berührungspunkt halbiert. —

Parabel (E 129).

5. Ist Δ (Fig. 130) der uneigentliche Punkt$^{(88_1)}$ einer Parabel, seine Tangente δ also die uneigentliche Gerade, so lassen sich die Tangenten in $\mathsf{AB\Gamma}$ zeichnen$^{(67_1)}$, indem wir (wie in Fig. 119) die Punkte ABC, in denen die uneigentliche Gerade δ die Seiten des Diagonaldreiecks PQR schneidet, mit $\mathsf{AB\Gamma}$ verbinden. Die Ecken $A_1 B_1 C_1$ des Vierseits $\delta\alpha\beta\gamma$ sind dann, weil z. B. B und B_1 durch R und P harmonisch getrennt werden$^{(70_1)}$, die Mitten$^{(10_{15})}$ der Seiten des Diagonaldreiecks PQR:

Lehrsatz. Die Tangenten in drei beliebigen Parabelpunkten halbieren die Diagonallinien desjenigen Kurvenvierecks, das von den drei Punkten und dem uneigentlichen Punkt der Parabel gebildet wird. —

6. Aus der Fig. 130 ergibt sich

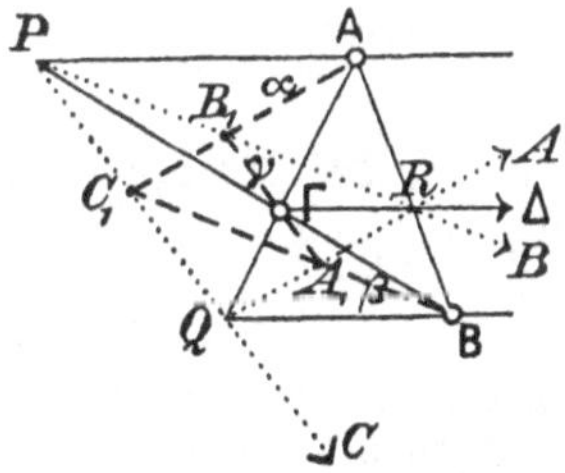

Fig. 130.

Dreieck $Q\mathsf{B}P = Q\mathsf{BA}$;

Dreieck $Q\mathsf{B\Gamma} = Q\mathsf{B\Gamma}$;

Dreieck $PQ\mathsf{\Gamma} = \mathsf{AB\Gamma}$;

Dreieck $PQ\mathsf{\Gamma} = 2 A_1 B_1 C_1$;

Dreieck $\mathsf{AB\Gamma} = 2 A_1 B_1 C_1$.

Lehrsatz$^{(89_1)}$. Jedes Parabeldreieck ist doppelt so groß wie das zugeordnete Parabeldreiseit.

90. Gleichung der Ellipse, Hyperbel, Parabel. 1. Da durch jeden Punkt einer Tangente noch eine zweite geht$^{(68_3)}$, so gibt es zu jeder Tangente eine parallele Tangente. Wir können daher jede Kurve als gegeben ansehen durch $SS_1\mathsf{A}$ und einen uneigentlichen Schnittpunkt T_∞ der Tangenten in S und S_1. Um in diesem besondern Fall einen neuen Kurvenpunkt Δ zu zeichnen, haben wir$^{(64)}$ durch T_∞ eine beliebige Gerade, d. h. eine Parallele zur Tangente ST_∞ zu ziehen (Fig. 131 und 133) und die Punkte D und D_1, in denen sie von den Sehnen $\mathsf{A}S_1$ und $\mathsf{A}S$ geschnitten wird, aus S und S_1 zu projizieren. — Für die weiteren Betrachtungen unterscheiden wir die beiden Fälle, daß S_1 ein eigentlicher oder ein uneigentlicher Punkt ist; im ersten Fall ist die Kurve eine Ellipse oder Hyperbel, im zweiten eine Parabel$^{(88_1)}$. —

Ellipse und Hyperbel (E 125).

2. Wir verbinden (Fig. 131) die Mitte O von SS_1 mit T_∞ und bezeichnen die Schnittpunkte von OT_∞ und den Sehnen $\mathsf{A}S$, $\mathsf{A}S_1$,

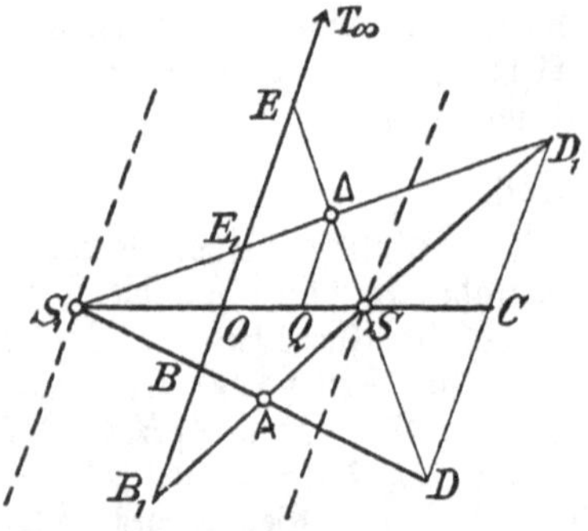

Fig. 131.

ΔS, ΔS_1 durch $B_1 B E E_1$ und den Schnittpunkt von ΔT_∞ und $S S_1$ durch Q. Es ist dann

$$\frac{OE}{OB_1} = \frac{CD}{CD_1} = \frac{OB}{OE_1}\,{}^{(5_4)};$$

folglich $OE \cdot OE_1 = OB \cdot OB_1$.

Ferner

$$\frac{Q\Delta}{OE} = \frac{SQ}{SO} \text{ und } \frac{Q\Delta}{OE_1} = \frac{S_1 Q}{S_1 O}\,{}^{(5_6)};$$

folglich

$$\frac{Q\Delta^2}{OE \cdot OE_1} = \frac{(SO + OQ)(-SO + OQ)}{-OS^2} = 1 - \frac{OQ^2}{OS^2}. -$$

Beziehen wir jetzt den beliebigen Kurvenpunkt Δ auf ein aus OS und OT_∞ gebildetes Achsenpaar[96], so ist OQ die Abszisse x und $Q\Delta$ die Ordinate y; es ist daher die Gleichung der Kurve

$$\frac{x^2}{OS^2} + \frac{y^2}{OB \cdot OB_1} = 1. -$$

3. Zusatz. Schneiden die Seiten AS und AS_1 des Kurvendreiecks ASS_1 (Fig. 132) die Tangenten der Gegenecken S_1 und S in K_1 und K und schneidet KK_1 die Seite SS_1 in K_2, so ist AK_2 die Tangente von A[66_3]. Da diese Tangente die eigentlichen Diagonalpunkte des Trapezes SKK_1S_1 verbindet, halbiert sie die Grundlinien in L und L_1[11_9]. Es ist daher

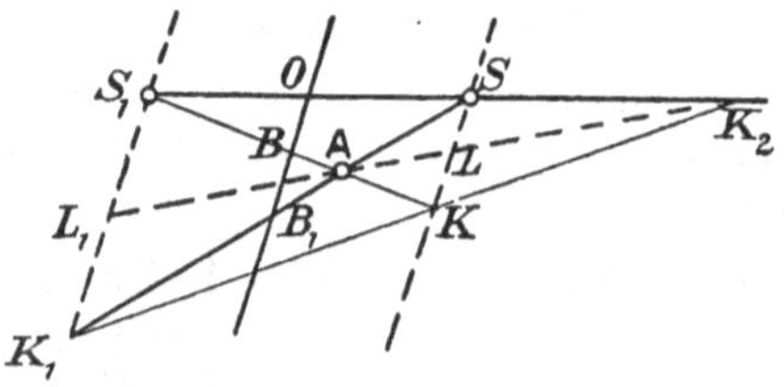

Fig. 132.

$$OB \cdot OB_1 = \tfrac{1}{4}\, SK \cdot SK_1\,{}^{(5_6)}$$
$$= SL \cdot S_1 L_1.$$

Die Kurvengleichung läßt sich daher auch schreiben

$$\frac{x^2}{OS^2} + \frac{y^2}{SL \cdot S_1 L_1} = 1. -$$

Bezeichnen wir die Punkte, in denen die Tangente des beweglichen Kurvenpunktes Δ (Fig. 131) die festen Tangenten von S und S_1 schneidet, durch N und N_1, so läßt sich in derselben Weise zeigen

$$OE \cdot OE_1 = SN \cdot S_1 N_1; \text{ folglich } SN \cdot S_1 N_1 = SL \cdot S_1 L_1:$$

Lehrsatz. Eine bewegliche Tangente schneidet auf zwei parallelen festen Tangenten Längen ab, deren Produkt konstant ist.

Parabel (E 130).

4. Bezeichnen wir die Schnittpunkte von ΔT_∞ und $\mathsf{A}\, T_\infty$ mit SS_1 durch Q und Q_1 (Fig. 133), so ist

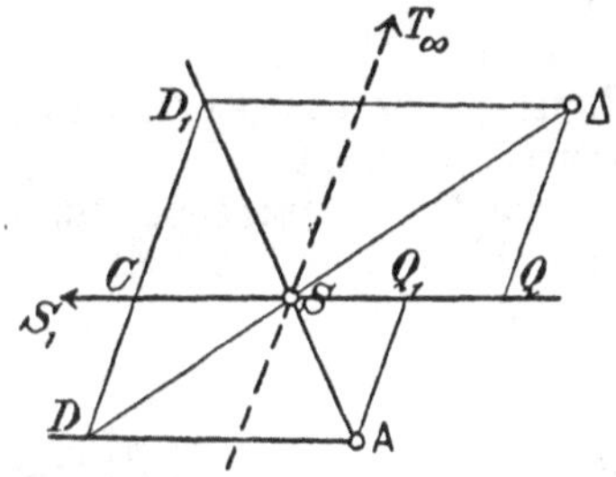

Fig. 133.

$$\frac{Q\Delta}{Q_1\mathsf{A}} = \frac{Q\Delta}{CD} = \frac{SQ}{SC}\;{}^{(5_6)}$$

und

$$\frac{Q\Delta}{Q_1\mathsf{A}} = \frac{CD_1}{Q_1\mathsf{A}} = \frac{SC}{SQ_1}\;{}^{(5_6)};$$

folglich

$$\frac{Q\Delta^2}{Q_1\mathsf{A}^2} = \frac{SQ}{SQ_1} \quad \text{oder} \quad \frac{Q\Delta^2}{SQ} = \frac{Q_1\mathsf{A}^2}{SQ_1}. \text{ —}$$

Beziehen wir jetzt den beliebigen Parabelpunkt Δ auf ein aus SS_1 und ST_∞ gebildetes Achsenpaar $^{(96)}$, so ist SQ die Abszisse x und $Q\Delta$ die Ordinate y; es ist daher die Gleichung der Parabel

$$\frac{y^2}{x} = \frac{Q_1\mathsf{A}^2}{SQ_1}. \text{ —}$$

5. Unter Benutzung der Sätze über konjugierte Involutionen ergibt sich die folgende einfachere Ableitung der Kurvengleichungen.

Ellipse und Hyperbel.

Sind OQ_∞ und OR_∞ (Fig. 134) zwei beliebige konjugierte $^{(73_4)}$ Durchmesser $^{(85_2)}$, so ist OQ_∞ die Polare von R_∞ und OR_∞ die Polare von Q_∞ und O der Pol $^{(73_2)}$ der uneigentlichen Gerade, d. h. $^{(85_1)}$ der Mittelpunkt der Kurve; für die konjugierten Involutionen ist O der Fluchtpunkt $^{(79_3)}$. — Die Polaren der Punkte Q_1 und R_1, in denen die Tangente eines beliebigen Kurvenpunktes Δ die konjugierten Durchmesser schneidet, sind die durch Δ zu OR_∞ und OQ_∞ gezogenen Parallelen $Q\Delta$ und $R\Delta$ $^{(73_2)}$: QQ_1 und RR_1 sind daher $^{(73_4)}$ konjugierte Punkte und die Produkte $OQ \cdot OQ_1$ und $OR \cdot OR_1$ die konjugierten Potenzen $^{(82_1)}$; diese bezeichnen wir durch pq und rs. — Es ist (Fig. 134)

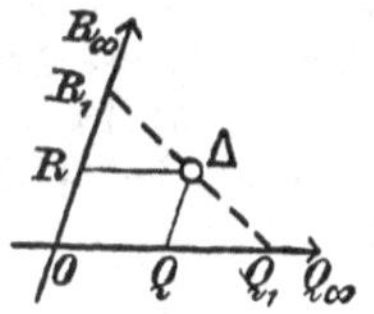

Fig. 134.

$$\frac{OQ}{OQ_1} = \frac{R_1\Delta}{R_1Q_1} = \frac{R_1R}{R_1O}\;{}^{(5_2)} = \frac{R_1O + OR}{R_1O}\;{}^{(2_2)} = 1 - \frac{OR}{OR_1};$$

$$\frac{OQ}{OQ_1} + \frac{OR}{OR_1} = 1; \text{ folglich}$$

$$\frac{OQ^2}{OQ \cdot OQ_1} + \frac{OR^2}{OR \cdot OR_1} = 1.$$

Beziehen wir jetzt den Punkt Δ auf die beiden konjugierten Durchmesser als Koordinatenachsen, so sind OQ und OR seine Koordinaten x und y; die Kurvengleichung ist daher

$$\frac{x^2}{pq} + \frac{y^2}{rs} = 1.$$

6. Zusatz 1. Beziehen wir den Punkt Δ auf zwei Koordinatenachsen, die den beiden konjugierten Durchmessern parallel sind, so ist, wenn wir die Koordinaten des Kurvenmittelpunktes O für diese Achsen durch c und d bezeichnen, $OQ = x - c$ und $OR = y - d$, die Kurvengleichung daher

$$\frac{(x-c)^2}{pq} + \frac{(y-d)^2}{rs} = 1.$$

7. Zusatz 2. Aus der eben abgeleiteten Gleichung $OQ : OQ_1 + OR : OR_1 = 1$ ergibt sich: Ist eins der beiden Verhältnisse negativ, so ist das andre positiv; mindestens eins der beiden Verhältnisse ist also immer positiv. Dann aber ist auch die Potenz positiv:

> Lehrsatz. Von den Potenzen zweier konjugierten Durchmesser ist mindestens die eine positiv; von zwei konjugierten Durchmessern schneidet also mindestens einer die Kurve $^{(82_1;\ 78_5)}$. —

Parabel.

8. Da von zwei konjugierten Durchmessern der Parabel der eine immer die uneigentliche Gerade ist $^{(88_5)}$, die uneigentliche Gerade aber nicht als Koordinatenachse dienen kann, so setzen wir an die Stelle des zweiten Durchmessers eine beliebige Gerade, deren Richtung dem ersten Durchmesser konjugiert ist. — Ist M der Fluchtpunkt dieser beliebigen Gerade (Fig. 135) und M_1 ihr Pol, so ist M_1M die Polare des uneigentlichen Punktes der Gerade $^{(73_2)}$ und daher ein Durchmesser $^{(85_2)}$. Schneidet die Tangente des beliebigen Parabelpunktes Δ die Gerade in C_1 und den Durchmesser in Q_1, so ist die durch Δ zu MC_1 gezogene Parallele $Q\Delta$ die Polare von Q_1, und ΔM_1 die Polare von C_1, die also MC_1 in dem dem Punkte C_1 konjugierten Punkt C schneidet.

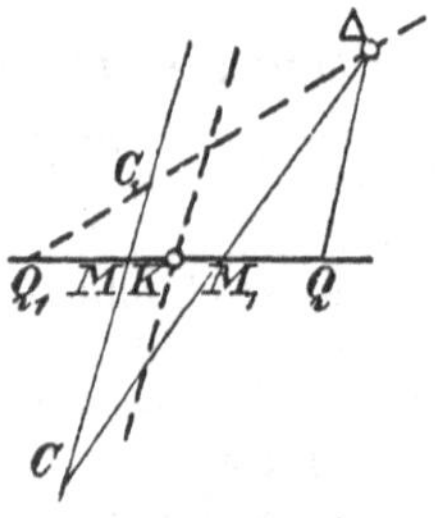

Fig. 135.

$$\frac{Q\Delta}{MC_1} = \frac{Q_1Q}{Q_1M} \text{ und } \frac{Q\Delta}{MC} = \frac{M_1Q}{M_1M}\,^{(5_6)}; \text{ folglich}$$

$$\frac{Q\Delta^2}{MC\cdot MC_1} = -\frac{M_1Q}{MQ_1}\cdot\frac{QQ_1}{MM_1}.$$

Da die konjugierte Involution eines Parabeldurchmessers uneigentlich ist, so ist $M_1Q : MQ_1 = -1\,^{(82_5)}$ und, wenn wir den eigentlichen Ordnungspunkt durch K bezeichnen, $\dfrac{QQ_1}{MM_1} = \dfrac{KQ}{KM}\,^{(82_6)}$, also

$$\frac{Q\Delta^2}{KQ} = \frac{MC \cdot MC_1}{KM}. \text{ —}$$

Wählen wir den Durchmesser und die durch K zu MC gezogene Parallele, die Tangente von $K^{(72_6)}$, als Achsen, so ist die Gleichung der Parabel

$$\frac{y^2}{x} = \frac{MC \cdot MC_1}{KM}.$$

9. Zusatz. Beziehen wir den Punkt Δ auf zwei Koordinatenachsen, die dem Durchmesser und der Tangente von K parallel sind, so ist, wenn wir die Koordinaten des Punktes K für diese Achsen durch c und d bezeichnen, $KQ = x - c$ und $Q\Delta = y - d$, die Parabelgleichung daher

$$\frac{(y-d)^2}{x-c} = \frac{MC \cdot MC_1}{KM}.$$

91. Verhältnis konjugierter Potenzen. Schneidet die Polare eines beliebigen Punktes C irgend zwei konjugierte Durchmesser in M_1 und R_1 (Fig. 136), so sind die durch C zu den Durchmessern gezogenen Parallelen MC und RC die Polaren von M_1 und R_1 (vgl. Nr. 90_5), und M_1R_1 schneidet MC in dem dem Punkte C konjugierten Punkt C_1. Es ist

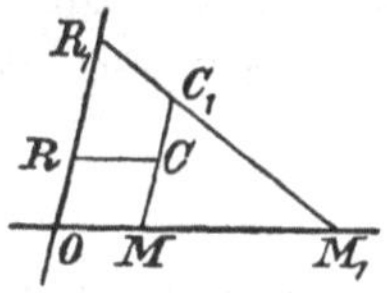

Fig. 136.

$$\frac{MC \cdot MC_1}{OR \cdot OR_1} = \frac{MC_1}{OR_1} = \frac{M_1M}{M_1O}^{(5_6)}. \text{ —}$$

Da $MC \cdot MC_1$ die konjugierte Potenz der beliebigen Gerade MC und $OR \cdot OR_1$ die konjugierte Potenz des parallelen Durchmessers ist, so haben wir den

Lehrsatz. Das Verhältnis aus der konjugierten Potenz einer beliebigen Gerade zu der konjugierten Potenz des parallelen Durchmessers ist gleich dem Verhältnis, in dem der Pol der Gerade die Verbindungslinie der Fluchtpunkte von Gerade und Durchmesser teilt.

92. Ableitung der Gleichung aus der Fundamentalkonstruktion. Um die Kurvengleichung aus der Fundamentalkonstruktion ableiten zu können, mußten wir $^{(90_1)}$ von dem besondern Fall ausgehen, daß der Schnittpunkt der Tangenten ein uneigentlicher Punkt war. Jetzt können wir diese beschränkende Annahme fallen lassen. — Ist die Kurve durch SS_1A und T gegeben, so ist die Gerade, welche T mit der Mitte M von SS_1 verbindet (Fig. 137), die Polare des uneigentlichen Punktes von $SS_1^{(72_1;\ 73_9)}$, also ein Durchmesser $^{(85_3)}$; von der konjugierten Involution dieses Durchmessers ist TM ein Punktpaar $^{(73_4)}$. — Schneidet TM die Sehnen AS und AS_1 in E_1 und E, so ist der Schnittpunkt von $S(E)$ und $S_1(E_1)$ ein neuer Kurvenpunkt E$^{(64)}$. E und E_1 sind daher zwei Diagonalpunkte des Kurvenvierecks SS_1AE und deshalb konjugiert$^{(78_5)}$. Die konjugierte Involution des Durchmessers ist also bestimmt$^{(76_4)}$ durch die Punktpaare TM und EE_1. — Von dieser Involution können wir nach Nr. 82_3 den Fluchtpunkt O (den wir früher mit F bezeichneten) berechnen.

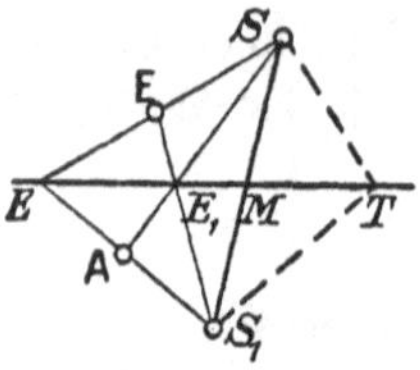

Fig. 137.

Wählen wir z. B. M als Zählpunkt, so ist

$$MO = \frac{ME \cdot ME_1 - MM \cdot MT}{ME + ME_1 - MM - MT} = \frac{ME \cdot ME_1}{ME + ME_1 - MT} = \frac{ME \cdot ME_1}{ME + TE_1}^{(2_9)}.$$

Nach dem Werte des Nenners unterscheiden wir die beiden Fälle:

1. ME nicht gleich E_1T; der Mittelpunkt O ist ein eigentlicher Punkt. Die durch O zu SS_1 gezogene Parallele ist der dem Durchmesser MT konjugierte. Die konjugierte Potenz rs dieses Durchmessers ist nach Nr. 91

$$rs : MS^2 = TO : TM.$$

Benutzen wir MT und MS als Achsen, so ist die Gleichung der Kurve, weil ihr Mittelpunkt O die Koordinaten MO und 0 hat, nach Nr. 90_6

$$\frac{(x - MO)^2}{OE \cdot OE_1} + \frac{y^2}{MS^2 \cdot TO : TM} = 1.$$

2. ME gleich E_1T; der Mittelpunkt O ist der uneigentliche Punkt von MT. Die uneigentliche Gerade geht also durch ihren Pol und ist daher eine Tangente$^{(72_6)}$, die Kurve mithin eine Parabel$^{(88_1)}$. — Die konjugierte Involution des Durchmessers MT ist, weil der uneigentliche Kurvenpunkt$^{(72_7)}$ O ein Ordnungspunkt ist$^{(78_3)}$, uneigentlich hyperbolisch$^{(82_4)}$; für den eigentlichen Ordnungspunkt K ist daher$^{(82_6)}$ $MK = \frac{1}{2}MT$; also$^{(90_9)}$

$$\frac{y^2}{x - \frac{1}{2}MT} = -\frac{MS^2}{\frac{1}{2}MT}.$$

93. Allgemeine Ableitung der Kurvengleichungen. Die Konstruktionen der Nummern 90 bis 92 haben ihre gemeinsame Wurzel in den folgenden Sätzen.

Die Pole zweier beliebigen parallelen Geraden seien M_1 und Q_1 (Fig. 138); die Verbindungslinie dieser beiden Pole, der Durchmesser$^{(85_2)}$ M_1Q_1, schneidet die beiden Parallelen in den Fluchtpunkten$^{(79_3)}$ M und Q der in ihnen liegenden konjugierten Involutionen. Die Polare eines beliebigen Punktes C der ersten Gerade geht durch den Pol M_1 und schneidet MC in dem dem Punkte C konjugierten Punkte C_1. Bezeichnen wir den Punkt, in dem diese Polare M_1C_1 die zweite Gerade schneidet, durch D_1, so ist Q_1C die Polare von D_1; Q_1C schneidet daher QD_1 in dem dem Punkte D_1 konjugierten Punkt D. Die konjugierte Involution des Durchmessers ist also bestimmt durch die Punktpaare MM_1 und QQ_1; die konjugierten Involutionen der parallelen Geraden durch den Fluchtpunkt $M[Q]$ und das Punktpaar $CC_1[DD_1]$. — Aus

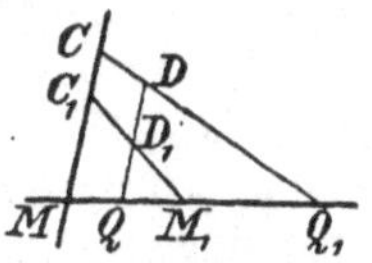

Fig. 138.

$$\frac{QD}{MC}=\frac{Q_1Q}{Q_1M} \text{ und } \frac{QD_1}{MC_1}=\frac{M_1Q}{M_1M}\;^{(5_6)}$$

folgt

$$\frac{QD\cdot QD_1}{MC\cdot MC_1}=-\frac{QQ_1}{MM_1}\cdot\frac{QM_1}{Q_1M}.$$

Aus diesem Satz, der eine Verallgemeinerung von Nr. 91 ist, ergeben sich die Kurvengleichungen:

1. Für Ellipse und Hyperbel ist der Mittelpunkt O, der Fluchtpunkt des Durchmessers M_1Q_1, ein eigentlicher Punkt. Wir dürfen also annehmen, daß M mit O und daher M_1 mit dem uneigentlichen Punkt des Durchmessers zusammenfällt. Für diesen Fall ist

$$\frac{QD\cdot QD_1}{OC\cdot OC_1}=-\frac{QQ_1}{Q_1O}\overset{(4_3)}{=}\frac{QO+OQ_1}{OQ_1}=1-\frac{OQ}{OQ_1}$$
$$=1-\frac{OQ^2}{OQ\cdot OQ_1}. -$$

$OQ\cdot OQ_1$ ist die konjugierte Potenz des Durchmessers M_1Q_1, die wir durch pq bezeichnen, und $OC\cdot OC_1$ die Potenz des konjugierten Durchmessers, die wir durch rs bezeichnen. Die Kurvengleichung lautet also

$$\frac{OQ^2}{pq}+\frac{QD\cdot QD_1}{rs}=1.$$

Zusatz. Ist die Potenz $QD\cdot QD_1$ positiv, so daß sie einen Ordnungspunkt $^{(82_1)}$ Δ hat, so sind OQ und $Q\Delta$ für diesen Kurvenpunkt $^{(78_5)}$ Δ die Koordinaten x und y in bezug auf ein Achsenpaar, das aus dem Durchmesser M_1Q_1 und dem ihm konjugierten gebildet wird.

2. Für die Parabel ist die konjugierte Involution eines Durchmessers uneigentlich, daher $^{(82_5)}$ $QM_1:Q_1M=-1$, so daß aus unsrer allgemeinen Gleichung wird, wenn wir den eigentlichen Ordnungspunkt durch K bezeichnen,

$$\frac{QD\cdot QD_1}{MC\cdot MC_1}=\frac{QQ_1}{MM_1}=\frac{KQ}{KM}\;^{(82_6)} \text{ oder}$$
$$\frac{QD\cdot QD_1}{KQ}=\frac{MC\cdot MC_1}{KM}.$$

94. Kennzeichen der Ellipse und Hyperbel (E 124) 1. Hat eine Kurve zwei eigentliche parallele Tangenten, so ist sie eine Ellipse oder Hyperbel. Denn bei der Parabel geht durch den uneigentlichen

Punkt einer eigentlichen Tangente als zweite(68₃) Tangente die uneigentliche Gerade(88₁).

2. Lehrsatz. Liegt ein Punkt der Kurve innerhalb [außerhalb] zweier parallelen Tangenten, so ist die Kurve eine Ellipse [Hyperbel].

Beweis. Liegt der Punkt A (Fig. 132) innerhalb [außerhalb] der beiden parallelen Tangenten, so haben, wie die Anschauung lehrt, SK und S_1K_1 und folglich auch SL und S_1L_1 gleichen [ungleichen] Sinn. Das Produkt $SL \cdot S_1L_1$ ist also positiv [negativ]. Es ist daher für alle Tangenten(90₃) das Produkt aus den auf den Tangenten von S und S_1 abgeschnittenen Längen positiv [negativ]. Im ersten Fall schneiden alle Tangenten den Durchmesser SS_1 außen; es geht also keine Tangente durch den Mittelpunkt, die Kurve ist eine Ellipse(88₃). Im zweiten Fall können wir zwei Tangenten angeben, die durch den Mittelpunkt gehen. Setzen wir nämlich $SL \cdot S_1L_1 = -b^2$, so erhalten wir zwei durch den Mittelpunkt gehende Tangenten, wenn wir auf ST_∞ die Strecke $+b\,[-b]$ und auf S_1T_∞ die Strecke $-b\,[+b]$ abtragen; die Kurve ist also eine Hyperbel(88₃).

Kapitel V. Analytische Geometrie.

A. Schiefwinklige Koordinaten.

§ 1. Gerade.

95. Gerade Punktreihe. 1. Ist O ein bekannter Punkt des Trägers einer geraden Punktreihe, so bestimmt jeder weitere Punkt P der Punktreihe eine Strecke $OP = x$. O heißt der Nullpunkt oder Zählpunkt oder Koordinatenanfang, x die Abszisse des Punktes P. — Liegt der Träger horizontal [vertikal], so ist es gebräuchlich, den Sinn(2) von links nach rechts [von unten nach oben] als den positiven zu nehmen.

2. Entfernung zweier Punkte.

$$P_1P_2 = P_1O + OP_2 \overset{(2_2)}{=} -OP_1 + OP_2 \overset{(2_1)}{=} x_2 - x_1 .$$

3. Mitte einer Strecke.

Aus $PP_1 = -PP_2$ folgt(95₂) $x_1 - x = -(x_2 - x)$; folglich

$$x = \tfrac{1}{2}(x_1 + x_2).$$

4. Teilpunkt(4) einer Strecke.

Aus $\dfrac{PP_1}{PP_2} = \varepsilon$ folgt(95₂) $\dfrac{x_1 - x}{x_2 - x} = \varepsilon$, folglich

$$x = \frac{x_1 - \varepsilon x_2}{1 - \varepsilon}.$$

5. Harmonische Punkte[(10)].

Aus $\frac{PP_1}{PP_2} = +\varepsilon$ und $\frac{P'P_1}{P'P_2} = -\varepsilon$[(10_1)] folgt[(95_4)]

$$x = \frac{x_1 - \varepsilon x_2}{1 - \varepsilon} \text{ und } x' = \frac{x_1 + \varepsilon x_2}{1 + \varepsilon}. —$$

Aus $\frac{PP_1}{PP_2} = -\frac{P'P_1}{P'P_2}$ folgt[(95_2)] $\frac{x_1 - x}{x_2 - x} = -\frac{x_1 - x'}{x_2 - x'}$;

$$x_1 x_2 - \tfrac{1}{2}(x_1 + x_2)(x + x') + x x' = 0$$

(vgl. Nr. 10_{13}).

6. Zusatz. Läßt man den Zählpunkt O mit der Mitte von $P_1 P_2$ zusammenfallen, so ist $OP_1 = -OP_2$[(2_4)] oder $x_1 + x_2 = 0$; folglich

$$x x' = x_1^2.$$

96. Koordinaten der Ebene. 1. Sind uns zwei feste Geraden der Ebene mit den uneigentlichen Punkten Q_∞ und R_∞ und dem Schnittpunkt O bekannt (Fig. 139), so läßt sich jeder Punkt der Ebene aus dem uneigentlichen Punkt der einen Gerade auf die andre Gerade projizieren[(5_1)]. — Die Projektion des beliebigen Punktes P aus $R_\infty[Q_\infty]$ bezeichnen wir durch $Q[R]$. — Die auf den beiden festen Geraden, den Koordinatenachsen, durch die Projektionen und den Schnittpunkt O, den Nullpunkt[(95_1)], bestimmten Strecken $OQ = x$ und $OR = y$ heißen die Koordinaten des Punktes P und zwar x die Abszisse und y die Ordinate. — Sind uns umgekehrt die Koordinaten $OQ = x$ und $OR = y$ gegeben, so erhalten wir P als Schnittpunkt der Projektionsstrahlen $R_\infty(Q)$ und $Q_\infty(R)$. — Die Abszissenachse wird meistens horizontal gezeichnet und dann der Sinn von links nach rechts als der positive genommen; in der Ordinatenachse pflegt dann der Sinn von unten nach oben als der positive genommen zu werden.

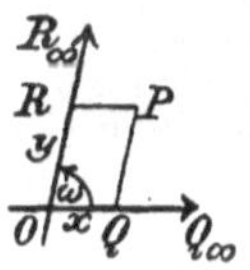

Fig. 139.

2. Man kann die Abszissenachse um den Nullpunkt O in zweierlei Sinn[(8_1)] drehen, bis sie mit der Ordinatenachse (nicht bloß der Richtung, sondern auch) dem Sinn nach zusammenfällt. Diese beiden Drehungswinkel ergänzen sich zu einer ganzen Umdrehung. Der kleinere von ihnen soll der Achsenwinkel heißen. Durch den Achsenwinkel ω ist also ein bestimmter Drehungssinn festgelegt; bei der gebräuchlichen[(95_1)] Zeichnung der Achsen (Fig. 139) ist es der Sinn gegen den Uhrzeiger.

3. Hat ein Punkt die Abszisse $x = 0$, so liegt er in der Ordinatenachse; denn Q fällt, weil $OQ = 0$ ist, in O, $R_\infty(Q)$ also in die Ordinatenachse. — Hat ein Punkt die Ordinate $y = 0$, so liegt er in

der Abszissenachse. — Der Punkt mit den Koordinaten $x=0$ und $y=0$ ist der Nullpunkt O.

4. Hat ein Punkt die Abszisse $x=\infty$ und eine endliche Ordinate, so fällt Q in Q_∞, und der Punkt ist der Schnittpunkt von $R_\infty(Q_\infty)$ und $Q_\infty(R)$, d. h. der Punkt Q_∞. — Hat ein Punkt eine endliche Abszisse und eine unendliche Ordinate, so ist er der uneigentliche Punkt R_∞ der Ordinatenachse. — Sind die beiden Koordinaten eines Punktes unendlich groß, so fallen Q und R in Q_∞ und R_∞; die beiden Projektionsstrahlen $R_\infty(Q_\infty)$ und $Q_\infty(R_\infty)$ fallen also zusammen und ihr Schnittpunkt wird unbestimmt. Uneigentliche Punkte können daher nicht durch ihre Koordinaten dargestellt werden (vgl. Nr. 103_5).

97. Teilpunkt. 1. Mitte einer Strecke. Weil beim Projizieren aus einem uneigentlichen Punkt auf eine beliebige Gerade das einfache Verhältnis unverändert bleibt[(5₂)], so folgt aus $PP_1=-PP_2$, daß auch $QQ_1=-QQ_2$ und $RR_1=-RR_2$ ist, und daraus[(95₃)]

$$x=\tfrac{1}{2}(x_1+x_2); \qquad y=\tfrac{1}{2}(y_1+y_2).$$

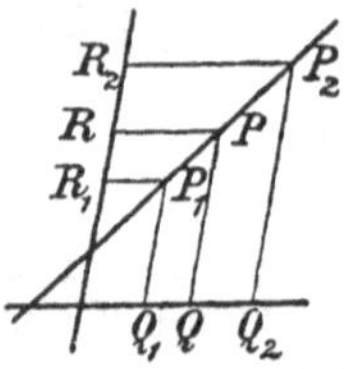

Fig. 140.

2. Teilpunkt (Fig. 140). Aus $\dfrac{PP_1}{PP_2}=\varepsilon$ folgt[(5₂)] $\dfrac{QQ_1}{QQ_2}=\varepsilon$ und $\dfrac{RR_1}{RR_2}=\varepsilon$; folglich[(95₄)]

$$x=\frac{x_1-\varepsilon x_2}{1-\varepsilon}; \qquad y=\frac{y_1-\varepsilon y_2}{1-\varepsilon}.$$

3. Harmonische Punkte[(10₁₃)]. Sind $P_1 P_2 P P'$ vier harmonische Punkte, so ergibt sich vermittels 95_5

$$x=\frac{x_1-\varepsilon x_2}{1-\varepsilon}, \qquad y=\frac{y_1-\varepsilon y_2}{1-\varepsilon} \text{ und}$$

$$x'=\frac{x_1+\varepsilon x_2}{1+\varepsilon}, \qquad y'=\frac{y_1+\varepsilon y_2}{1+\varepsilon};$$

$$x_1x_2-\tfrac{1}{2}(x_1+x_2)(x+x')+xx'=0;$$

$$y_1y_2-\tfrac{1}{2}(y_1+y_2)(y+y')+yy'=0.$$

4. Schwerpunkt. Sind $P_1P_2P_3$ die Ecken eines Dreiecks und D_1 die Mitte der Seite P_2P_3, so sind die Koordinaten von D_1[(97₁)]: $\frac{1}{2}(x_2+x_3)$; $\frac{1}{2}(y_2+y_3)$. Da der Schwerpunkt S die Mittellinie P_1D_1 nach dem Verhältnis $\varepsilon=-2$ teilt, so sind[(97₂)] die Koordinaten des Schwerpunktes

$$\tfrac{1}{3}(x_1+x_2+x_3); \qquad \tfrac{1}{3}(y_1+y_2+y_3).$$

98. Achsenabschnitte. 1. Schneidet eine Gerade s (Fig. 141) die Koordinatenachsen in A und B, so heißen die Punkte A und B die

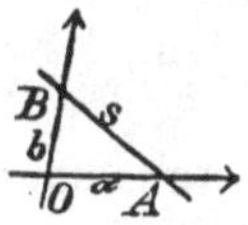

Fig. 141.

Spuren und die Strecken $OA = a$ und $OB = b$ die Achsenabschnitte. Wie ein Punkt durch seine Koordinaten x und y, so ist eine Gerade durch ihre Achsenabschnitte bestimmt.

2. Hat eine Gerade den Abszissenabschnitt $a = \infty$, so ist sie eine Parallele zur Abszissenachse; denn A fällt in Q_∞, die Gerade ist also $Q_\infty B$. — Hat eine Gerade den Ordinatenabschnitt $b = \infty$, so ist sie eine Parallele zur Ordinatenachse. — Die Gerade mit den Abschnitten $a = \infty$ und $b = \infty$ ist die uneigentliche Gerade $Q_\infty R_\infty$. —

3. Hat eine Gerade den Abschnitt $a = 0$, während b einen endlichen Wert hat, so ist die Gerade die Ordinatenachse; denn A fällt in O. — Hat eine Gerade den Abschnitt $b = 0$, während a einen endlichen Wert hat, so ist die Gerade die Abszissenachse. — Hat eine Gerade die Abschnitte $a = 0$ und $b = 0$, so fallen die Punkte A und B in den Nullpunkt O; die Verbindungslinie AB geht also durch O, ist aber unbestimmt. Eine durch den Zählpunkt O gehende Gerade kann also nicht durch ihre Achsenabschnitte dargestellt werden (vgl. Nr. 99_{10}).

99. Richtungsverhältnis.

1. Definition. Das negative Verhältnis aus dem Ordinatenabschnitt und dem Abszissenabschnitt

$$-\frac{OB}{OA} = -\frac{b}{a} = \mu$$

heißt Richtungsverhältnis [Richtungskoeffizient; Richtungskonstante] der Gerade AB.

2. Zusatz. Eine Parallele zur Abszissenachse hat das Richtungsverhältnis $-b : \infty = 0$; eine Parallele zur Ordinatenachse hat das Richtungsverhältnis ∞.

3. Anmerkung. Das Richtungsverhältnis μ hat die Dimension 0 (88_9).

4. Lehrsatz. Geraden mit gleicher Richtung haben gleiches Richtungsverhältnis.

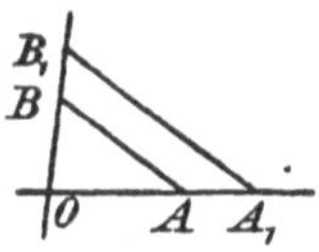

Fig. 142.

Beweis (Fig. 142). Aus $OA : OA_1 = OB : OB_1$ (5_9) folgt $-OB : OA = -OB_1 : OA_1$. — Richtig ist auch die

Umkehrung. **Geraden mit gleichem Richtungsverhältnis haben gleiche Richtung.** — Die Richtung einer Gerade ist also durch das Richtungsverhältnis μ bestimmt.

5. Definition. Sind $Q_1 Q_2$ und $R_1 R_2$ die Projektionen einer Strecke $P_1 P_2$ (Fig. 143), so wollen wir

$$\frac{R_1 R_2}{Q_1 Q_2} = \frac{y_2 - y_1}{x_2 - x_1} \quad (95_9)$$

den Differenzenquotienten der Strecke $P_1 P_2$ nennen.

6. Lehrsatz. **Der Differenzenquotient einer Strecke ist gleich dem Richtungsverhältnis einer jeden der Strecke parallelen Gerade.**

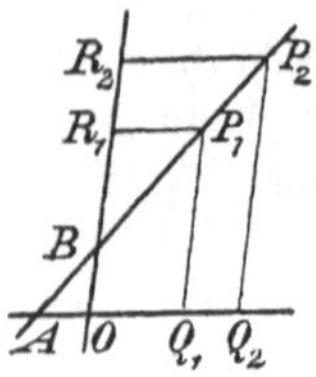

Fig. 143.

Beweis (Fig. 143). Schneidet die Verbindungslinie $P_1 P_2$ die Achsen in A und B, so ist $^{(5_3)}$

$$\frac{Q_1 Q_2}{OA} = \frac{P_1 P_2}{BA} = \frac{R_1 R_2}{BO}; \text{ folglich } \frac{R_1 R_2}{Q_1 Q_2} = -\frac{OB}{OA}. —$$

Weil für jede der Strecke $P_1 P_2$ parallele Gerade $A_1 B_1$

$$-\frac{OB}{OA} = -\frac{OB_1}{OA_1} \text{ ist}^{(99_4)}, \text{ so ist auch } \frac{R_1 R_2}{Q_1 Q_2} = -\frac{OB_1}{OA_1}.$$

7. Zusatz (vgl. Nr. 80_4). **Strecken mit gleicher Richtung haben gleichen Differenzenquotienten.**

8. Richtig ist auch die

Umkehrung. **Strecken mit gleichem Differenzenquotienten haben gleiche Richtung.**

9. Anmerkung 1. Der Punkt A hat die Koordinaten a und 0; B hat die Koordinaten 0 und b, der Differenzenquotient $^{(99_5)}$ der Strecke AB ist daher $\frac{b-0}{0-a} = -\frac{b}{a}$:

Das Richtungsverhältnis einer Gerade ist der Differenzenquotient der auf der Gerade durch die Achsen abgeschnittenen Strecke AB. — Richtungsverhältnis ist also ein besonderer Fall des Begriffs Differenzenquotient.

10. Anmerkung 2. Für eine durch den Nullpunkt O gehende Gerade ist $a = 0$ und $b = 0$, ihr Richtungsverhältnis nimmt also die unbestimmte Form $0:0$ an. Den wirklichen Wert finden wir $^{(99_6)}$, indem wir statt des Richtungsverhältnisses den Differenzenquotienten einer beliebigen in der Gerade liegenden Strecke bilden.

100. Drei Punkte in einer Gerade. 1. Das Richtungsverhältnis der Verbindungslinie $P_2 P_1$ ist, weil es gleich dem Differenzenquotienten ist $^{(99_6)}$,

$$\frac{y_1 - y_2}{x_1 - x_2}.$$

2. Zusatz. Fällt P_2 in den Nullpunkt O, so ist das Richtungsverhältnis (von OP_1)

$$\frac{y_1}{x_1}.$$

3. Sind $P_1 P_2 P_3$ drei Punkte einer Gerade, so sind die Differenzenquotienten der Strecken $P_2 P_1$ und $P_3 P_1$ einander gleich $^{(99_7)}$:

$$\frac{y_1 - y_2}{x_1 - x_2} = \frac{y_1 - y_3}{x_1 - x_3}. —$$

Dieser Gleichung läßt sich auch die Form geben:

$$x_1 (y_2 - y_3) + x_2 (y_3 - y_1) + x_3 (y_1 - y_2) = 0$$

oder

$$y_1 (x_2 - x_3) + y_2 (x_3 - x_1) + y_3 (x_1 - x_2) = 0 . —$$

Richtig ist auch die

Umkehrung. Besteht eine dieser drei Gleichungen, so liegen die drei Punkte in einer Gerade.

101. Anwendungen.

1. Lehrsatz. Die drei Mittellinien eines Dreiecks gehen durch einen Punkt, der jede Mittellinie nach dem Verhältnis — 2 teilt.

Beweis. Wir wählen die Seiten OA und OB des Dreiecks OAB (Fig. 144) als Achsen, bezeichnen die Mitten der Seiten OA, OB, AB durch M_1, M_2, M_3 und führen folgende Koordinatenbezeichnung ein:

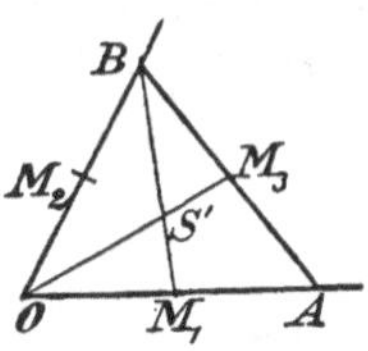

Fig. 144.

$$O:0;0 \qquad A:a;0 \qquad B:0;b$$

$$M_1 : \frac{a}{2};\ 0\ ^{(97_1)} \qquad M_2 : 0; \frac{b}{2} \qquad M_3 : \frac{a}{2};\ \frac{b}{2}.$$

Bezeichnen wir den Schnittpunkt der Mittellinien OM_3 und BM_1 durch $S' : \xi'; \eta'$, so ergibt sich durch Gleichsetzung der Differenzenquotienten von BS' und BM_1 (99₇)

$$\frac{\eta' - b}{\xi' - 0} = \frac{0 - b}{a : 2 - 0}$$

und durch Gleichsetzung der Differenzenquotienten von OS' und OM_3

$$\frac{\eta' - 0}{\xi' - 0} = \frac{b : 2 - 0}{a : 2 - 0}, \text{ folglich } \eta' = - \frac{2\,b}{a} \xi' + b = \frac{b}{a} \xi',$$

$$\text{folglich } \xi' = \frac{a}{3} \text{ und } \eta' = \frac{b}{3} . —$$

Da sich für die Koordinaten des Schnittpunktes der Mittellinien OM_3 und AM_2 dieselben Werte ergeben, so gehen die drei Mittellinien durch einen Punkt. —

Bezeichnen wir das Verhältnis, in dem BM_1 durch S' geteilt wird, durch ε, so ist (97₂)

$$\frac{a}{3} = \xi' = \frac{0 - \varepsilon \cdot a : 2}{1 - \varepsilon}; \text{ folglich } \varepsilon = -2 . —$$

2. Satz des Menelaus (33₈). Sind $P_1 P_2 P_3$ drei Punkte in den Seiten AO, OB, BA des Dreiecks OAB (Fig. 145), so haben wir,

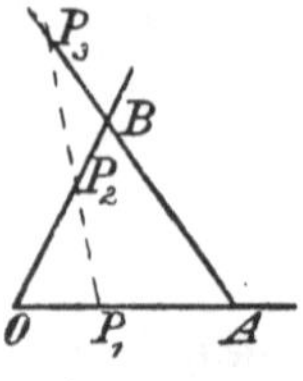
Fig. 145.

wenn wir die Seiten OA und OB als Achsen wählen, folgende Koordinatenbezeichnung (96₃):

$$O:0;\ 0 \qquad A:a;\ 0 \qquad B:0;\ b$$

$$P_1:x_1;\ 0 \qquad P_2:0;\ y_2 \qquad P_3:x_3;\ y_3$$

Setzen wir die Teilverhältnisse

$$\frac{P_1A}{P_1O}=\varepsilon_1;\ \frac{P_2O}{P_2B}=\varepsilon_2;\ \frac{P_3B}{P_3A}=\varepsilon_3,$$ so ist (97₂)

$$x_1=\frac{a-\varepsilon_1\cdot 0}{1-\varepsilon_1}=\frac{a}{1-\varepsilon_1};\ y_2=\frac{0-\varepsilon_2 b}{1-\varepsilon_2}=-\frac{\varepsilon_2 b}{1-\varepsilon_2};$$

$$x_3=\frac{0-\varepsilon_3 a}{1-\varepsilon_3}=-\frac{\varepsilon_3 a}{1-\varepsilon_3};\ y_3=\frac{b-\varepsilon_3\cdot 0}{1-\varepsilon_3}=\frac{b}{1-\varepsilon_3}. —$$

Liegen die Punkte $P_1P_2P_3$ in einer Gerade, so erhalten wir durch Gleichsetzung der Differenzenquotienten von P_3P_1 und P_2P_1 (99₇):

$$\frac{0-y_3}{x_1-x_3}=\frac{0-y_2}{x_1-0};$$ folglich $x_1y_3=(x_1-x_3)\ y_2$.

Durch Einsetzung der gefundenen Werte ergibt sich

$$\frac{a}{1-\varepsilon_1}\cdot\frac{b}{1-\varepsilon_3}=\left(\frac{a}{1-\varepsilon_1}+\frac{\varepsilon_3 a}{1-\varepsilon_3}\right)\left(\frac{-\varepsilon_2 b}{1-\varepsilon_2}\right)$$

und daraus $\varepsilon_1\varepsilon_2\varepsilon_3=+1$, das ist der Satz des Menelaus.

3. Satz des Ceva (33₄). Liegen die drei Punkte $P_1P_2P_3$ nicht in einer Gerade, sondern so (Fig. 146), daß die drei Strahlen $O(P_3)$, $A(P_2)$, $B(P_1)$ durch einen Punkt $S:\xi;\eta$ gehen, so ergeben sich nach Nr. 99₇ durch Benutzung der Streckenpaare OS und OP_3; AS und AP_2; BS und BP_1 die drei Gleichungen

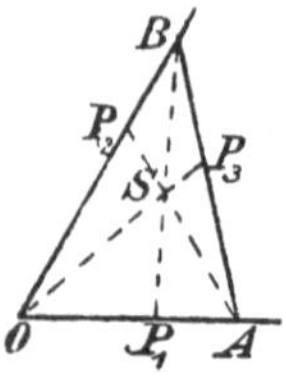
Fig. 146.

$$\frac{\eta-0}{\xi-0}=\frac{y_3-0}{x_3-0};\qquad \frac{\eta-0}{\xi-a}=\frac{y_2-0}{0-a};$$

$$\frac{\eta-b}{\xi-0}=\frac{0-b}{x_1-0}$$

und hieraus $\eta=\frac{y_3}{x_3}\cdot\xi=-\frac{y_2}{a}\xi+y_2=-\frac{b}{x_1}\xi+b$; folglich

$$\frac{\xi}{x_3}=\frac{ay_2}{ay_3+x_3y_2}=\frac{bx_1}{x_1y_3+bx_3}.$$

Durch Einsetzung der in Nr. 101₂ gefundenen Werte ergibt sich

$\varepsilon_1\varepsilon_2\varepsilon_3=-1$, das ist der Satz des Ceva.

102. Symmetrische Form der Gleichung einer Gerade. 1. Soll ein Punkt $P:x;y$ in der durch a und b bestimmten Ge-

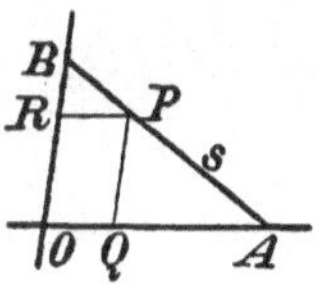

Fig. 147.

rade $s^{(98_1)}$ liegen (Fig. 147), so können die Koordinaten x und y nicht willkürlich sein. Es muß vielmehr zwischen ihnen und den Werten der Achsenabschnitte ein Zusammenhang bestehen. Dieser Zusammenhang ergibt sich aus dem Projektionssatz Nr. 5_2:

$$\frac{OQ}{OA}=\frac{BP}{BA}=\frac{BR}{BO} \quad \text{oder}^{(95_2)} \quad \frac{x}{a}=\frac{y-b}{-b};$$

daraus erhalten wir die

symmetrische Form der Gleichung einer Gerade:

$$\frac{x}{a}+\frac{y}{b}=1. \text{ —}$$

2. Umkehrung. Besteht zwischen den Koordinaten x und y des Punktes P und den Abschnitten a und b der Gerade s die Gleichung $\frac{x}{a}+\frac{y}{b}=1$, so liegt der Punkt P in der Gerade s (Fig. 148). — Aus unserer Gleichung oder $\frac{OQ}{OA}+\frac{OR}{OB}=1$ folgt

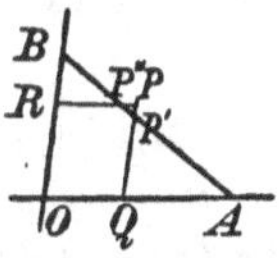

Fig. 148.

$$\frac{OQ}{OA}=1-\frac{OR}{OB}=\frac{OB+RO}{OB}=\frac{BR}{BO};$$

folglich, wenn wir die Schnittpunkte von QP und RP mit AB durch P' und P'' bezeichnen, $\frac{BP'}{BA}=\frac{BP''}{BA}^{(5_2)}$; es fallen also P' und P'' mit P zusammen.

3. Zusatz. Für eine Parallele zur Abszissenachse ist $a=\infty$, folglich $x:a=0$. Es ist daher

$$\frac{y}{b}=1 \quad \text{oder} \quad y=b$$

die Gleichung einer Parallele zur Abszissenachse. —

$y=0$ ist die Gleichung der Abszissenachse. —

$x=a$ ist die Gleichung einer Parallele zur Ordinatenachse. —

$x=0$ ist die Gleichung der Ordinatenachse. —

4. Anmerkung. Die symmetrische Form der Gleichung einer Gerade eignet sich nicht für Geraden, die durch den Nullpunkt O gehen; denn, weil für sie $a=0$ und $b=0$ ist, nimmt die linke Seite die unbestimmte Form $\infty+\infty$ an.

103. Entwickelte Form der Gleichung einer Gerade. 1. Entwickeln wir die vorhergehende Gleichung nach y:

$$y = -\frac{b}{a}x + b$$

und setzen das Richtungsverhältnis (99₁) $-\frac{b}{a} = \mu$,

so erhalten wir

die entwickelte Form der Gleichung einer Gerade:

$$\boldsymbol{y = \mu x + b}$$

2. Zusatz. 1. Ist $b = 0$, so fällt B in O. Die Gerade geht also durch den Nullpunkt O und das Richtungsverhältnis μ hat einen nach Nr. 99_{10} zu bestimmenden Wert:

Die Gleichung $$y = \mu x$$

stellt eine durch den Zählpunkt O gehende Gerade dar.

3. Zusatz 2. Ist $b = 0$ und $\mu = 1$, so ist $y = x$ oder $OR = OQ$; aus dem Parallelogramm $OQPR$ wird also ein Rhombus, und die Diagonale OP halbiert den Winkel QOR:

Die Gleichung $y = x$ stellt die Gerade dar, welche den Achsenwinkel (96₂) halbiert.

4. Zusatz 3. Die Gleichung $y = -x$ stellt die Gerade dar, welche den Nebenwinkel des Achsenwinkels halbiert.

5. Zusatz 4. Ein uneigentlicher Punkt kann nicht durch seine Koordinaten $x_\infty; y_\infty$ dargestellt werden (96₄). Man hilft sich dadurch, daß man ihn mit einem eigentlichen Punkt $P_1: x_1; y_1$ verbindet und das Richtungsverhältnis dieser Verbindungslinie (100₁)

$$\mu = \frac{y_\infty - y_1}{x_\infty - x_1} = \frac{y_\infty}{x_\infty}$$

bildet. Dieses Richtungsverhältnis hat einen endlichen und für alle Punkte P_1 gleichen Wert (99₇). Wir stellen daher einen uneigentlichen Punkt dar durch

$$P_\infty: \frac{y_\infty}{x_\infty} = \mu .$$

6. Zusatz 5. Der uneigentliche Punkt der Abszissenachse wird dargestellt durch $y_\infty : x_\infty = 0$; der uneigentliche Punkt der Ordinatenachse durch $y_\infty : x_\infty = \infty$.

104. Allgemeine Form der Gleichung einer Gerade.

1. Jede Gleichung ersten Grades mit zwei Unbekannten, also jede Gleichung von der Form

$$\alpha x + \beta y + c = 0$$

stellt eine Gerade dar.

Bringen wir diese Gleichung auf die symmetrische Form[(102)]:

$$\frac{x}{-c:\alpha}+\frac{y}{-c:\beta}=1,$$

so erkennen wir, daß die Achsenabschnitte der Gerade sind

$a=-\frac{c}{\alpha}$; $b=-\frac{c}{\beta}$. — Das Richtungsverhältnis ist daher[(99₁)] $-\frac{\alpha}{\beta}$.

2. Stellen die beiden Gleichungen

$$\alpha x+\beta y+c=0 \qquad \alpha_1 x+\beta_1 y+c_1=0$$

dieselbe Gerade dar, so muß, weil die Achsenabschnitte dieselben sind, sein:

$$\frac{c}{\alpha}=\frac{c_1}{\alpha_1};\ \frac{c}{\beta}=\frac{c_1}{\beta_1}.$$

3. Eine Gleichung zweiten Grades von der Form

$$(\alpha x+\beta y+c)(\alpha_1 x+\alpha_1 y+c_1)=0$$

stellt zwei Geraden dar; denn sie wird erfüllt sowohl durch die Punkte, deren Koordinaten der Gleichung

$$\alpha x+\beta y+c=0,$$

als auch durch die Punkte, deren Koordinaten der Gleichung

$$\alpha_1 x+\beta_1 y+c_1=0$$ genügen.

4. Anmerkung. Die Koeffizienten α und β haben die Dimension 0[(88₃)].

105. Gleichung der Verbindungslinie zweier Punkte.

1. Aufgabe. Die Gleichung der Gerade zu bilden, die zwei gegebene Punkte miteinander verbindet.

Lösung. Sind $P_1: x_1; y_1$ und $P_2: x_2; y_2$ die gegebenen Punkte und $P: x; y$ ein beliebiger Punkt ihrer Verbindungslinie, so ergibt sich durch Gleichsetzung der Differenzenquotienten von P_1P und P_2P_1[(99₇)] die

Gleichung der Verbindungslinie P_1P_2: $\quad \frac{y-y_1}{x-x_1}=\frac{y_1-y_2}{x_1-x_2}$.

2. Zusatz. Fällt P_1 in O, so heißt

die Gleichung von OP_2: $\frac{y}{x}=\frac{y_2}{x_2}$.

3. Der Gleichung der Verbindungslinie P_1P_2 läßt sich geben die

Entwickelte Form[(103)]: $y=\frac{y_1-y_2}{x_1-x_2}\cdot x+\frac{x_1y_2-x_2y_1}{x_1-x_2}$;

4. Symmetrische Form (102):
$$\frac{x}{-\frac{x_1y_2-x_2y_1}{y_1-y_2}}+\frac{y}{\frac{x_1y_2-x_2y_1}{x_1-x_2}}=1.$$

5. Die Verbindungslinie P_1P_2 schneidet also auf den Achsen die Strecken ab:
$$a=-\frac{x_1y_2-x_2y_1}{y_1-y_2};\qquad b=\frac{x_1y_2-x_2y_1}{x_1-x_2}.$$

6. Aufgabe. Die Gleichung der Gerade zu bilden, die durch einen gegebenen Punkt geht und ein gegebenes Richtungsverhältnis hat.

Lösung. Bezeichnen wir die Koordinaten des gegebenen Punktes durch $x_1; y_1$, die eines beliebigen Punktes der gesuchten Gerade durch $x; y$ und das gegebene Richtungsverhältnis durch μ, so erhält man durch Gleichsetzung des Differenzenquotienten und des Richtungsverhältnisses (99₆)
$$\frac{y-y_1}{x-x_1}=\mu.$$

7. Zusatz. Weil parallele Geraden dasselbe Richtungsverhältnis haben (99₄), so kann man die vorhergehende Aufgabe auch so fassen:

Die Gleichung der Gerade zu bilden, die durch einen gegebenen Punkt geht und einer gegebenen Gerade parallel ist (die einen gegebenen Punkt mit dem uneigentlichen Punkt einer gegebenen Gerade verbindet).

106. Schnittpunkt zweier Geraden. 1. Liegt ein Punkt mit den Koordinaten ξ und η in einer Gerade, so müssen ξ und η der Gleichung $\alpha x+\beta y+c=0$ der Gerade genügen, d. h. es muß sein
$$\alpha\xi+\beta\eta+c=0 \text{ (vgl. Nr. } 102_1).$$

2. Genügen die Koordinaten ξ und η eines Punktes der Gleichung einer Gerade, d. h. ist $\alpha\xi+\beta\eta+c=0$, so liegt der Punkt $\xi;\eta$ in der Gerade $\alpha x+\beta y+c=0$ (vgl. Nr. 102_2). —

3. Die Koordinaten ξ und η des Schnittpunktes zweier Geraden müssen den Gleichungen beider Geraden genügen. Wir erhalten also zur Bestimmung von ξ und η zwei Gleichungen ersten Grades mit zwei Unbekannten und können daher die Unbekannte ξ und η berechnen:

Symmetrische Form (102):
$$\frac{x}{a_1}+\frac{y}{b_1}=1;\qquad \frac{x}{a_2}+\frac{y}{b_2}=1$$
$$\xi=-\frac{a_1a_2(b_1-b_2)}{a_1b_2-a_2b_1};\qquad \eta=\frac{b_1b_2(a_1-a_2)}{a_1b_2-a_2b_1}.$$

4. Entwickelte Form [103]:

$$\frac{y=\mu_1 x+b_1; \qquad y=\mu_2 x+b_2}{\xi=-\frac{b_1-b_2}{\mu_1-\mu_2};\ \eta=\frac{\mu_1 b_2-\mu_2 b_1}{\mu_1-\mu_2}.}$$

5. Allgemeine Form [104]:

$$\frac{a_1 x+\beta_1 y+c_1=0; \qquad a_2 x+\beta_2 y+c_2=0}{\xi=-\frac{c_1\beta_2-c_2\beta_1}{a_1\beta_2-a_2\beta_1};\ \eta=\frac{c_1 a_2-c_2 a_1}{a_1\beta_2-a_2\beta_1}.}$$

107. Ortsaufgabe über die Gerade.

Aufgabe. Um die Ecke C des Parallelogramms $OACB$ (Fig. 149) dreht sich ein Strahl, der die Seiten $OA=a$ und $OB=b$ in D und E schneidet. Gesucht wird der Ort für den Schnittpunkt Δ der Verbindungslinie $A\,(E)$ und der Gerade, welche D mit der Mitte M von AC verbindet. —

Wir unterscheiden dreierlei Lösungen:

I. Rein-geometrische Lösung (durch die Geometrie der Lage);

II. Projektiv-geometrische Lösung (Ableitung der Gleichung aus der rein-geometrischen Lösung);

III. Analytisch-geometrische Lösung.

1. **Rein-geometrische Lösung.** Die Lösung jeder Ortsaufgabe durch die Geometrie der Lage erfordert viererlei Ueberlegungen.

α. Welche Stücke der Figur sind fest, welche beweglich?

In unserm Fall sind die Punkte $OACBM$ und mithin auch ihre Verbindungslinien fest; beweglich sind die Punkte D und E und mithin auch ihre Verbindungslinien mit anderen Punkten.

β. Zwei feste Punkte sind als Mittelpunkte zweier Strahlenbüschel zu wählen und diese Strahlenbüschel sind als Endglieder einer Kette perspektiver und projektiver Glieder darzustellen.

In unserm Fall wählen wir die festen Punkte A und M und bilden die Kette $$A(E)\overline{\wedge}E\overline{\wedge}C(E)\overline{\wedge}D\overline{\wedge}M(D).$$

Der Punkt Δ ist also der Schnittpunkt homologer Strahlen zweier projektiven [56₁] Büschel; der Ort ist daher eine Kurve zweiter Ordnung [59₁].

Bemerkung. Man bildet die Kette, indem man

den beweglichen Punkt einer festen Gerade aus einem nicht in der Gerade liegenden, festen Punkt projiziert.	den beweglichen Strahl eines festen Punktes durch eine nicht durch den Punkt gehende, feste Gerade schneidet.

γ. Man bestimmt die Strahlen der beiden Büschel, die der Verbindungslinie der Strahlenmittelpunkte homolog sind.

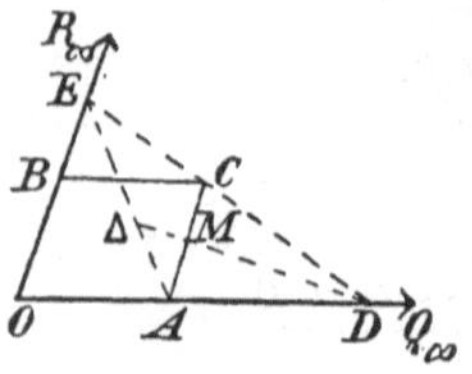

Fig. 149.

In unserm Fall:

$$A(M) \overline{\wedge} R_\infty \overline{\wedge} C(R_\infty) \overline{\wedge} A \overline{\wedge} M(A).$$

Die Verbindungslinie der Strahlenmittelpunkte A und M ist also sich selbst homolog; die Kurve zerfällt daher in zwei Geraden ${}^{(59_2)}$: die Gerade AM und eine zweite, noch näher zu bestimmende Gerade.

δ. Der gefundene Ort ist durch geeignete Wahl besonderer Lagen der ihn erzeugenden Strahlen näher zu bestimmen.

Für unsere Aufgabe sind geeignete besondere Lagen des um C sich drehenden Strahles 1. $C(O)$ und 2. $C(B)$. Aus unsrer Kette wird, weil im ersten Falle D und E in O, im zweiten D in Q_∞ und E in B fällt:

$$A(O) \overline{\wedge} O \overline{\wedge} C(O) \overline{\wedge} O \overline{\wedge} M(O);$$

$$A(B) \overline{\wedge} B \overline{\wedge} C(B) \overline{\wedge} Q_\infty \overline{\wedge} M(Q_\infty).$$

Da der Schnittpunkt von $A(O)$ und $M(O)$ der Punkt O und der Schnittpunkt von $A(B)$ und $M(Q_\infty)$ der Diagonalenschnittpunkt des Parallelogramms $OACB$ ist, so ist die zweite Gerade unsres Ortes die durch den Nullpunkt O gehende Diagonale OC des Parallelogramms.

2. **Projektiv-geometrische Lösung** (Ableitung der Gleichung aus der rein-geometrischen Lösung). Nehmen wir die Seiten OA und OB als Koordinatenachsen, so lautet die Gleichung der ersten Gerade AM, da sie parallel der Ordinatenachse ist, $x = a$ ${}^{(102_3)}$.

Ist $P: x; y$ ein beweglicher Punkt der zweiten Gerade, die den Nullpunkt $O: 0; 0$ und den Punkt $C: a; b$ verbindet, so ergibt sich durch Bildung der Differenzenquotienten von OP und OC für die zweite Gerade

$$\frac{y}{x} = \frac{b}{a} \; {}^{(105_3)}. \text{ —}$$

Den Gleichungen dieser beiden Geraden kann man auch die Form geben ${}^{(104_3)}$

$$(x - a)(ay - bx) = 0.$$

3. **Analytisch-geometrische Lösung.** Für die festen Punkte haben wir die Koordinaten:

$$O: 0; 0; \quad A: a; 0; \quad B: 0; b; \quad C: a; b; \quad M: a; \frac{b}{2} \; {}^{(97_1)}.$$

Wir wählen einen beweglichen Punkt, in unsrem Fall z. B. den Punkt $D: x_1; 0$, als Hilfspunkt und drücken die Koordinaten des zweiten beweglichen Punktes $E: 0; y_2$ durch x_1 aus, indem wir die Gleichung der Verbindungslinie CD aufstellen ${}^{(105_1)}$:

$$\frac{y-b}{x-a}=\frac{b-0}{a-x_1};$$

dieser Gleichung müssen die Koordinaten 0 und y_2 von E genügen (106₁).

$$\frac{y_2-b}{-a}=\frac{b}{a-x_1}; \text{ folglich } y_2=\frac{bx_1}{x_1-a}; \text{ also } E:0;\ \frac{bx_1}{x_1-a}. —$$

Nun haben wir die Gleichungen von $A(E)$ und $M(D)$ aufzustellen und aus ihnen die Hilfsgröße x_1 zu eliminieren.

$$A(E)^{(102_1)}:\quad \frac{x}{a}+\frac{y(x_1-a)}{bx_1}=1$$

$$M(D)y^{(105_1)}:\ \frac{y-\frac{1}{2}b}{x-a}=\frac{\frac{1}{2}b-0}{a-x_1}$$

$$(bx+ay-ab)x_1=a^2y;$$

$$(y-\tfrac{1}{2}b)x_1=ay-\tfrac{1}{2}bx$$

$$(bx+ay-ab)(ay-\tfrac{1}{2}bx)=a^2y(y-\tfrac{1}{2}b);$$

$$axy-a^2y-bx^2+abx=0;$$

$$(x-a)(ay-bx)=0.$$

Der Ort zerfällt also (104₃) in die beiden Geraden

$$x=a \text{ und } \frac{y}{x}=\frac{b}{a}.$$

4. Anmerkung 1. Die Zerlegung der Gleichung zweiten Grades in ein Produkt von zwei Faktoren ersten Grades, die bisweilen Schwierigkeiten bietet, wird dadurch erleichtert, daß man aus der projektiven Ableitung der Gleichung das Ergebnis bereits kennt.

5. Anmerkung 2. Zur Vermeidung von Rechenfehlern ist die Dimension jeder Gleichung zu prüfen (83₃).

6. Übungsbeispiele siehe Kapitel VI. — Die Aufgaben über die Gerade sind zum Teil schwieriger als die später folgenden Aufgaben über die Kegelschnitte (vgl. auch Nr. 107_4).

108. Inhalt des Dreiecks. 1. Jede Gerade, die die Achsen A und B schneidet, bildet mit den beiden Achsen ein Dreieck, das wir stets durch OAB bezeichnen wollen. Der durch diese Bezeichnung bestimmte Sinn (83₁) ist entweder der Uhrzeigersinn oder der entgegengesetzte. Wir wollen nun den Sinn als den positiven nehmen, der sich ergibt, wenn die beiden Achsenabschnitte positiv sind. — Für die gebräuchliche Zeichnung der Achsen (96₁) würde also der Sinn gegen den Uhrzeiger der positive sein. — Unter dieser Festsetzung ist die Gleichung

$$OAB=ab\cdot\tfrac{1}{2}\sin\omega$$

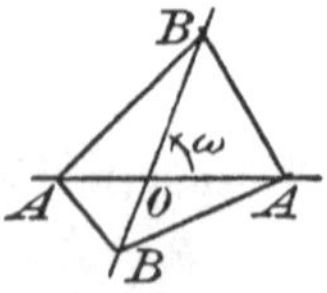

Fig. 150.

auch dem Vorzeichen nach richtig, mögen die Achsenabschnitte positiv oder negativ sein (Fig. 150). Setzen wir noch zur Abkürzung $\frac{1}{2}\sin\omega = \lambda$, so ist

$$\frac{OAB}{\lambda} = ab.$$

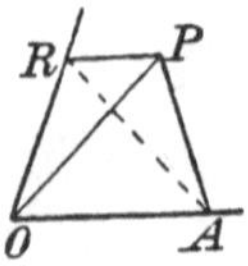

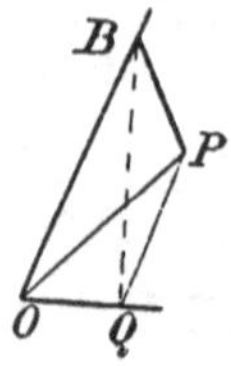

Fig. 151. Fig. 152.

2. Ist P ein beliebiger Punkt, so ist

$$\frac{1}{\lambda}\,OAP = \frac{1}{\lambda}\,OAR = ay^{\,(108_1)}$$

(Fig. 151);

$$\frac{1}{\lambda}\,OPB = \frac{1}{\lambda}\,OQB = bx$$

(Fig. 152).

3. Anmerkung. Es ist (Fig. 153)

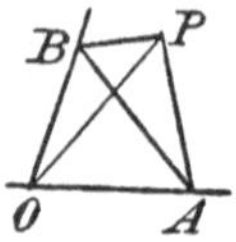

Fig. 153.

$$\frac{1}{\lambda}\,APB = \frac{1}{\lambda}(OAP + OPB + OBA)^{(33_2)}$$
$$= \frac{ay + bx - ab}{\lambda}{}^{(108_2)}.$$

Liegt P in AB, so ist $APB = 0$, folglich $ay + bx - ab = 0$ oder $\frac{x}{a} + \frac{y}{b} = 1$. Es ergibt sich also auch auf diesem Wege die Gleichung der Gerade$^{(102)}$.

4. Schneidet die Verbindungslinie P_1P_2 (Fig. 154) die Abszissenachse in A, so ist, weil P_1P_2A in einer Gerade liegen,

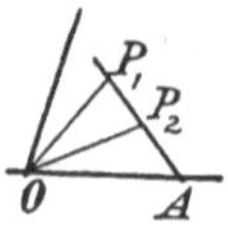

Fig. 154.

$$P_1P_2A = 0 = OP_1P_2 + OP_2A + OAP_1{}^{(33_2)}$$
$$= OP_1P_2 - \lambda\cdot ay_2 + \lambda ay_1{}^{(108_2)};$$
$$\frac{1}{\lambda}\,OP_1P_2 = -a(y_1 - y_2).$$

Setzen wir hierin den Wert des Achsenabschnitts $a^{(105_5)}$ ein, so ist

$$\frac{1}{\lambda}\,OP_1P_2 = x_1y_2 - x_2y_1.$$

5. Sind $P_1P_2P_3$ drei beliebige Punkte und O der Nullpunkt, so ist

$$\frac{1}{\lambda}\,P_1P_2P_3 = \frac{1}{\lambda}(OP_1P_2 + OP_2P_3 + OP_3P_1)^{(33_2)}$$
$$= x_1y_2 - x_2y_1 + x_2y_3 - x_3y_2 + x_3y_1 - x_1y_3{}^{(108_4)}.$$

Zusatz. Dieser Gleichung können wir auch die Form geben:

$$\frac{1}{\lambda} P_1 P_2 P_3 = x_1(y_2 - y_3) + x_2(y_3 - y_1 + x_3(y_1 - y_2); \text{ oder}$$

$$-\frac{1}{\lambda} P_1 P_2 P_3 = y_1(x_2 - x_3) + y_2(x_3 - x_1) + y_3(x_1 - x_2).$$

7. Anmerkung. Liegen $P_1 P_2 P_3$ in einer Gerade, so ergeben sich hieraus die Formeln von Nr. 100_3.

B. Rechtwinklige Koordinaten.

109. Geraden, die aufeinander senkrecht stehen. Bei unsern bisherigen Betrachtungen konnte der Achsenwinkel $\omega^{(96_2)}$ einen beliebigen Wert haben; von jetzt an setzen wir voraus, daß $\omega = \pi : 2$ ist, das Achsenpaar also ein rechtwinkliges ist.

1. Stehen zwei Geraden AB und A_1B_1 aufeinander senkrecht (Fig. 155), so sind in dem Dreieck A_1AB die Strecken OA und OA_1 Seitenabschnitte und OB und OB_1 die Höhe und ihr unterer Abschnitt.

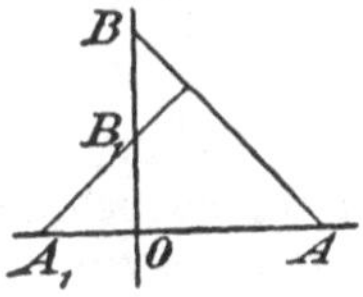

Fig. 155.

Es ist daher$^{(6_2)}$ $OA \cdot OA_1 = -OB \cdot OB_1$; folglich

$$-\frac{OB}{OA} = 1 : \frac{OB_1}{OA_1};$$

$-OB : OA$ und $-OB_1 : OA_1$ sind die Richtungsverhältnisse der beiden Geraden AB und A_1B_1 $^{(99_1)}$:

Lehrsatz. Stehen zwei Geraden aufeinander senkrecht, so gilt für ihre Richtungsverhältnisse die Gleichung

$$\mu = -\frac{1}{\mu_1}. \text{ —}$$

Richtig ist auch die

Umkehrung. Zwei Geraden stehen aufeinander senkrecht, wenn für ihre Richtungsverhältnisse die Gleichung $\mu = -1 : \mu_1$ besteht.

2. Aufgabe. Von einem gegebenen Punkt auf eine gegebene Gerade das Lot zu fällen.

Lösung. Ist $P_1 : x_1; y_1$ der gegebene Punkt und $P : x; y$ ein beweglicher Punkt der gesuchten Gerade, so folgt aus Nr. 99_6, wenn das Richtungsverhältnis der gegebenen Gerade μ ist,

$$\frac{y - y_1}{x - x_1} = -\frac{1}{\mu}.$$

3. Das Mittellot der Strecke P_1P_2 hat die Gleichung

$$\frac{y - \frac{1}{2}(y_1 + y_2)}{x - \frac{1}{2}(x_1 + x_2)} = -\frac{x_1 - x_2}{y_1 - y_2}.$$

110. Entfernung zweier Punkte. 1. Sind P_1 und P_2 zwei beliebige Punkte (Fig. 156) und $Q_1 Q_2$ und $R_1 R_2$ ihre Projektionen, so folgt aus

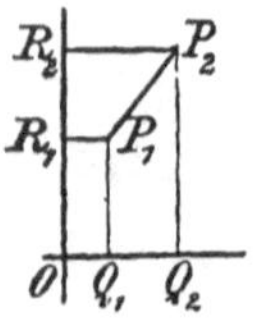

Fig. 156.

$$P_2P_1^2 = Q_2Q_1^2 + R_2R_1^2:$$
$$P_2P_1^2 = (x_1 - x_2)^2 + (y_1 - y_2)^2.$$

2. Anmerkung (für Nr. 130_1). Weiter ergibt sich

$$P_2P_1 = \sqrt{(x_1 - x_2)^2 + (y_1 - y_2)^2}.$$

Da das Vorzeichen einer Quadratwurzel unbestimmt ist, so können wir analytisch durch Parallelkoordinaten P_2P_1 nicht von P_1P_2 unterscheiden. Wir haben deswegen von der Entfernung P_1P_2 und nicht von der Strecke$^{(2_1)}$ P_1P_2 gesprochen, indem wir unter der Entfernung zweier Punkte nur die Größe der Verbindungsstrecke (abgesehen vom Sinn) verstehen wollen. — Aus der Unbestimmtheit des Vorzeichens einer Entfernung folgt eine Schwierigkeit für das Rechnen mit Entfernungen. Wollen wir z. B. eine Entfernung suchen, die soviel cm enthält wie die beiden Entfernungen P_1P_2 und P_3P_4 zusammen, so können wir diese Aufgabe nicht durch

$$\sqrt{(x_1 - x_2)^2 + (y_1 - y_2)^2} + \sqrt{(x_3 - x_4)^2 + (y_3 - y_4)^2}$$

ausdrücken; denn wegen der Unbestimmtheit des Vorzeichens bedeutet dieser Ausdruck sowohl die Summe als auch die Differenz der *cm* und zwar sowohl die positive und negative Summe als auch die positive negative Differenz der *cm*. — Beschränken wir uns auf drei Punkte, die Ecken eines Dreiecks, die wir durch FGP bezeichnen wollen, so läßt sich die Summe $2a$ der beiden Seiten (Entfernungen) PF und PG analytisch nicht eindeutig ausdrücken. Der analytische Ausdruck würde vielmehr vierdeutig sein:

$$\pm PF \pm PG = 2a.$$

Durch Quadrieren dieser Gleichung erhalten wir

$$PF^2 + PG^2 \pm 2PF \cdot PG = 4a^2 \text{ oder}$$
$$PF^2 + PG^2 - 4a^2 = \mp 2PF \cdot PG$$

und durch ein zweites Quadrieren

$$(PF^2 - PG^2)^2 = 8a^2(PF^2 + PG^2 - 2a^2). -$$

Für die drei Punkte FGP, für die die letzte Gleichung gilt, gelten auch die oben stehenden vier Gleichungen. Ein Satz aber, der nämlich, daß die Summe [Differenz] zweier Seiten größer [kleiner] als die dritte ist, scheidet zwei dieser Gleichungen aus. Wir setzen $FG = 2e$ und unterscheiden die beiden Fälle

I. $a > e$. — Es bleiben nur die beiden Möglichkeiten, daß die Summe der beiden Seiten gleich $+2a$ oder $-2a$ ist.

II. $a < e$. — Es bleiben nur die beiden Möglichkeiten, daß die Differenz der beiden Seiten gleich $+2a$ oder $-2a$ ist.

111. Polarkoordinaten. 1. Lassen wir die Abszissenachse um den Nullpunkt im Sinn des Achsenwinkels[96a] eine halbe Umdrehung machen, so fällt sie einmal mit jedem Strahl von O der Richtung nach zusammen. Solange wir also nur die Richtungen der Strahlen von O in Betracht ziehen, genügt es, den Drehungswinkel φ der Abszissenachse von 0 bis π zu zählen, da wir bei dieser Zählweise die Richtung jedes Strahles von O durch φ angeben können. —

2. Lassen wir die Abszissenachse um den Nullpunkt O im Sinne des Achsenwinkels eine ganze Umdrehung machen, so fällt sie zweimal mit jedem Strahl von O zusammen, einmal nach einer Drehung um einen Winkel φ, dann nach einer Drehung um den Winkel $\varphi + \pi$. Die beiden Lagen der Abszissenachse während ihres Zusammenfallens mit dem Strahl unterscheiden sich nicht durch die Richtung, wohl aber durch den Sinn: der in dem Strahl durch die Abszissenachse bestimmte Sinn ist ein verschiedener, je nachdem die Abszissenachse sich um φ oder um $\varphi + \pi$ gedreht hat. —

Bei dieser Zählweise des Winkels φ von 0 bis 2π können wir also nicht bloß die Richtung jedes Strahles von O angeben, sondern in ihm auch noch einen Sinn, indem wir festsetzen, daß der Winkel φ die Richtung und den Sinn angibt, die die Abszissenachse nach der Drehung um φ hat.

3. Bisher haben wir die Lage eines Punktes P vermittels zweier Achsen durch die Koordinaten x und y, die sogenannten Parallelkoordinaten, angegeben. Es läßt sich noch auf eine andre Weise die Lage von P bestimmen: durch den (von 0 bis 2π gezählten[111a]) Winkel φ, um den man die Abszissenachse um den Nullpunkt O zu drehen hat, bis ihre Richtung durch P geht, und durch die Strecke $OP = l$. φ und l heißen die Polarkoordinaten des Punktes P und zwar φ die Anomalie und l der Leitstrahl.

4. Anmerkung. Weil durch φ und $\varphi + \pi$ dieselbe Richtung, aber der entgegengesetzte Sinn bestimmt wird, so liefern $\varphi; l$ und $\varphi + \pi; -l$ denselben Punkt.

5. Die rechtwinkligen Koordinaten $x; y$ und die Polarkoordinaten $\varphi; l$ eines Punktes P sind durch die beiden Gleichungen (Fig. 157)

$$x = l \cos\varphi \qquad y = l \sin\varphi$$

miteinander verbunden.

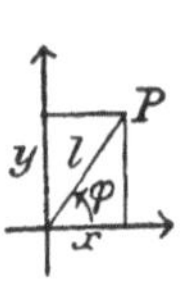

Fig. 157.

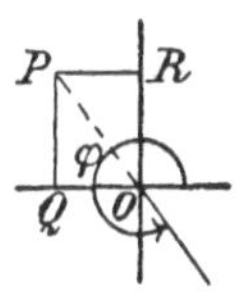

Fig. 158.

6. Anmerkung. Von der allgemeinen Richtigkeit dieser Gleichungen hat man sich durch Zeichnung der verschiedenen Lagen des Punktes P zu überzeugen: In Fig. 158 z. B. ist OQ negativ, OR positiv; φ liegt im vierten Quadranten, l ist negativ.

7. Allgemein: Sind $P_1 P_2$ zwei beliebige Punkte, $Q_1 Q_2$ und $R_1 R_2$ ihre Projektionen und φ der Winkel, um den

man die Abszissenachse um ihren Schnittpunkt mit P_1P_2 im Sinn des Achsenwinkels zu drehen hat, bis sie der Richtung nach mit P_1P_2 zusammenfällt, so ist immer

$$Q_1Q_2 = P_1P_2 \cos\varphi; \qquad R_1R_2 = P_1P_2 \sin\varphi.$$

8. Aus diesen beiden Gleichungen folgt $\operatorname{tg}\varphi = R_1R_2 : Q_1Q_2$. Nun ist

$$\frac{R_1R_2}{Q_1Q_2} = -\frac{OB}{OA}^{(99_6)} = \mu^{(99_1)}.$$

Für rechtwinklige Koordinaten ist also das

Richtungsverhältnis $\mu = \operatorname{tg}\varphi$.

9. Um die Lage einer Gerade zu bestimmen, haben wir in Nr. 98_1 die Achsenabschnittte a und b benutzt; es lassen sich aber für diesen Zweck auch die Polarkoordinaten verwerten. Nennen wir nämlich den durch φ und l bestimmten Punkt (nicht P, sondern) H, so ist durch φ und l auch das in H auf OH errichtete Lot AB der Lage (nicht dem Sinn) nach bestimmt.

Die Achsenabschnitte a und b und die Polarkoordinaten φ und l einer Gerade sind durch die Gleichungen (Fig. 159)

$$l = a\cos\varphi \qquad l = b\sin\varphi$$

miteinander verbunden.

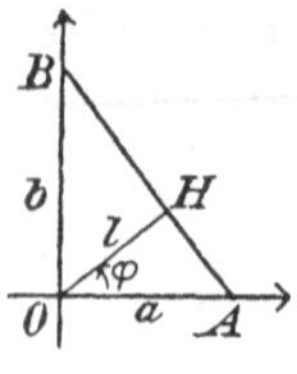

Fig. 159.

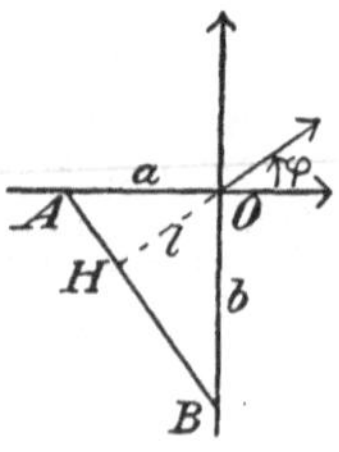

Fig. 160.

10. Anmerkung. Von der allgemeinen Richtigkeit dieser Gleichungen hat man sich durch Zeichnung der verschiedenen Lagen des Punktes H [der Gerade AB] zu überzeugen: In der Figur 160 sind z. B. OA und OB negativ; φ liegt im ersten Quadranten; l ist negativ.

112. Normalform der Gleichung einer Gerade. 1. Setzt man die aus den Gleichungen von Nr. 111_9 für a und b sich ergebenden Werte in die symmetrische Form $^{(102)}$ $\frac{x}{a} + \frac{y}{b} = 1$ ein, so erhält man die Normalform der Gleichung einer Gerade

$$x\cos\varphi + y\sin\varphi - l = 0.$$

2. Anmerkung. Diese Normalform wird mit Vorteil benutzt für Aufgaben und Lehrsätze, in denen es sich um den Abstand eines Punktes von einer Gerade und um die Halbierungslinien der von zwei Geraden gebildeten Winkel handelt.

3. Ist ein Punkt P_1 durch seine rechtwinkligen Koordinaten x_1 und y_1 und eine Gerade durch ihre Polarkoordinaten φ und $l^{(111_9)}$ gegeben, so läßt sich der Abstand des Punktes P_1 von der Gerade auf

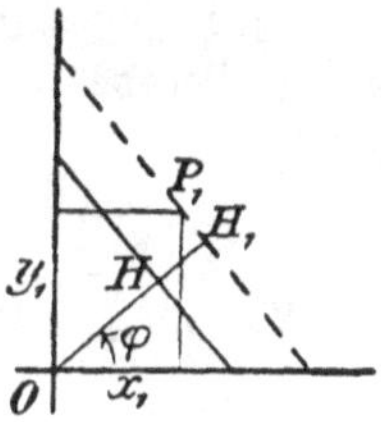

Fig. 161.

folgendem Wege finden. Die durch P_1 zu der gegebenen Gerade gezogene Parallele hat ebenfalls die Anomalie$^{(111_3)}$ φ, während ihr Leitstrahl OH_1 (Fig. 161) unbekannt ist. Bezeichnen wir ihn durch l_1, so ist die Gleichung der Parallele in der Normalform $x\cos\varphi + y\sin\varphi - l_1 = 0$. Da diese Gerade durch P_1 geht, so ist$^{(106_1)}$

$$x_1\cos\varphi + y_1\sin\varphi - l_1 = 0,$$

sodaß $OH_1 = l_1 = x_1\cos\varphi + y_1\sin\varphi$ ist.

Der gesuchte Abstand des Punktes P_1 von der Gerade ist daher

$$H_1H = H_1O + OH^{(2_2)} = -(l_1 - l) = -(x_1\cos\varphi + y_1\sin\varphi - l).$$

4. Hat ein Punkt $P{:}\,x;y$ von den beiden durch $\varphi; l$ und $\varphi_1; l_1$$^{(111_3)}$ bestimmten Geraden gleiche Abstände, so muß sein$^{(112_3)}$

$$-(x\cos\varphi + y\sin\varphi - l) = -(x\cos\varphi_1 + y\sin\varphi_1 - l_1).$$

Es stellt daher

$$x(\cos\varphi - \cos\varphi_1) + y(\sin\varphi - \sin\varphi_1) - (l - l_1) = 0$$

die Gerade dar, deren Punkte von den Geraden $\varphi; l$ und $\varphi_1; l_1$ gleiche Abstände haben. — Die Punkte, für welche die Abstände von beiden Geraden auch gleich sind, aber entgegengesetzte Vorzeichen haben, liegen in der Gerade

$$x(\cos\varphi + \cos\varphi_1) + y(\sin\varphi + \sin\varphi_1) - (l + l_1) = 0. -$$

Weil die Punkte, die von zwei Geraden gleiche Entfernungen haben, in der Halbierungslinie des einen der beiden Winkel liegen, die von den beiden Geraden gebildet werden, so können wir das Ergebnis auch so aussprechen:

Die Halbierungslinien der beiden Winkel, die von den Geraden $\varphi; l$ und $\varphi_1; l_1$ gebildet werden, haben die Gleichungen

$$x(\cos\varphi - \cos\varphi_1) + y(\sin\varphi - \sin\varphi_1) - (l - l_1) = 0;$$

$$x(\cos\varphi + \cos\varphi_1) + y(\sin\varphi + \sin\varphi_1) - (l + l_1) = 0.$$

Anmerkung. Die beiden letzten Gleichungen haben nicht die Normalform.

5. Setzt man abkürzend

$$N \equiv x\cos\varphi + y\sin\varphi - l$$

$$N_1 \equiv x\cos\varphi_1 + y\sin\varphi_1 - l_1,$$

so heißt der vorhergehende

Satz: Die Geraden $N - N_1 = 0$ und $N + N_1 = 0$ sind die Halbierungslinien der von den Geraden $N = 0$ und $N_1 = 0$ gebildeten Winkel. —

Hat der Punkt $P: x; y$ von den Geraden $N = 0$ und $N_1 = 0$ Abstände, die das Verhältnis λ haben, so liegt er in der Gerade

$$N - \lambda N_1 = 0^{(112_3)}. —$$

Lehrsatz. Die vier Geraden

$$N = 0; \quad N_1 = 0; \quad N - \lambda N_1 = 0; \quad N + \lambda N_1 = 0$$

bilden einen harmonischen Wurf.

Beweis. Die vier Punkte MM_1LL_1, in denen die Abszissenachse von den vier Geraden geschnitten wird, haben die Ordinate 0 und die Abszissen:

$$\frac{l}{\cos\varphi}; \quad \frac{l_1}{\cos\varphi_1}; \quad \frac{l - \lambda l_1}{\cos\varphi - \lambda\cos\varphi_1}; \quad \frac{l + \lambda l_1}{\cos\varphi + \lambda\cos\varphi_1}.$$ Es ist daher

$$LM : LM_1 = \frac{l}{\cos\varphi} - \frac{l - \lambda l_1}{\cos\varphi - \lambda\cos\varphi_1} : \frac{l_1}{\cos\varphi_1} - \frac{l - \lambda l_1}{\cos\varphi - \lambda\cos\varphi_1}$$
$$= \frac{\lambda\cos\varphi_1}{\cos\varphi}.$$

Ferner ist $L_1M : L_1M_1 = -\frac{\lambda\cos\varphi_1}{\cos\varphi}$, folglich $(MM_1LL_1) = -1$.

6. In der Normalform der Gleichung einer Gerade haben die Koeffizienten $\cos\varphi$ und $\sin\varphi$ von x und y die Eigenschaft, daß die Summe ihrer Quadrate gleich 1 ist. Wollen wir also die Gleichung ersten Grades $\alpha x + \beta y + c = 0$ auf die Normalform bringen, so haben wir zunächst mit einem Faktor $\varkappa$ zu multiplizieren: $\varkappa\alpha x + \varkappa\beta y + \varkappa c = 0$ und dann $\varkappa$ so zu bestimmen, daß $\varkappa^2 = 1 : \alpha^2 + \beta^2$ ist. Dem hieraus sich ergebenden Wert von $\varkappa$ können wir das positive oder das negative Zeichen geben, wir erhalten beide Male dieselbe Gerade $^{(111_4)}$.

113. Merkwürdige Punkte des Dreiecks. 1. Setzen wir abkürzend

$$U \equiv \alpha x + \beta y + c; \quad U_1 \equiv \alpha_1 x + \beta_1 y + c_1,$$

so stellen die Gleichungen $U = 0$ und $U_1 = 0$ zwei Geraden dar $^{(104_1)}$. — Ist $\varkappa$ ein konstanter, d. h. von x und y unabhängiger Faktor, so ist auch $U + \varkappa U_1 = 0$ eine Gleichung ersten Grades und stellt daher ebenfalls eine Gerade dar $^{(104_1)}$. — Hat der Schnittpunkt der Geraden $U = 0$ und $U_1 = 0$ die Koordinaten ξ und η, so werden die Ausdrücke U und U_1, wenn wir für x und y die Werte ξ und η setzen, gleich 0; es wird also für die Werte ξ und η auch $U + \varkappa U_1 = 0 + \varkappa \cdot 0 = 0$; folglich $^{(106_2)}$ liegt der Schnittpunkt auch in der dritten Gerade:

Lehrsatz. Die drei Geraden $U = 0$; $U_1 = 0$; $U + \varkappa U_1 = 0$ gehen durch einen Punkt. —

2. Lehrsatz. Die drei Höhen eines Dreiecks gehen durch einen Punkt.

Beweis. Die Gleichung der durch P_1 gehenden Höhe des Dreiecks $P_1 P_2 P_3$ ist (109₂) $\frac{y-y_1}{x-x_1} = -\frac{x_2-x_3}{y_2-y_3}$ oder

$$U_1 \equiv x(x_2-x_3)+y(y_2-y_3)-x_1(x_2-x_3)-y_1(y_2-y_3)=0;$$

die zweite und dritte Höhe sind

$$U_2 \equiv x(x_3-x_1)+y(y_3-y_1)-x_2(x_3-x_1)-y_2(y_3-y_1)=0;$$

$$U_3 \equiv x(x_1-x_2)+y(y_1-y_2)-x_3(x_1-x_2)-y_3(y_1-y_2)=0;$$

also $$-U_3 = U_1 + U_2. \text{ —}$$

3. Lehrsatz. Die Mittellinien eines Dreiecks gehen durch einen Punkt.

Beweis. Die Gleichung der durch P_1 gehenden Mittellinie ist (105₁)

$$\frac{y-y_1}{x-x_1} = \frac{y_1-\frac{1}{2}(y_2+y_3)}{x_1-\frac{1}{2}(x_2+x_3)} \text{ oder}$$

$$U_1 \equiv x(y_2+y_3-2y_1)-y(x_2+x_3-2x_1)-x_1y_2+x_2y_1-x_1y_3 + x_3y_1=0;$$

die zweite und dritte Mittellinie haben die Gleichungen

$$U_2 \equiv x(y_3+y_1-2y_2)-y(x_3+x_1-2x_2)-x_2y_3+x_3y_2-x_2y_1 + x_1y_2=0;$$

$$U_3 \equiv x(y_1+y_2-2y_3)-y(x_1+x_2-2x_3)-x_3y_1+x_1y_3-x_3y_2 + x_2y_3=0; \text{ also}$$

$$-U_3 = U_1 + U_2. \text{ —}$$

4. Lehrsatz. Die Mittellote der drei Seiten eines Dreiecks gehen durch einen Punkt.

Beweis. Das Mittellot der Seite $P_2 P_3$ ist (109₃)

$$\frac{y-\frac{1}{2}(y_2+y_3)}{x-\frac{1}{2}(x_2+x_3)} = -\frac{x_2-x_3}{y_2-y_3} \text{ oder}$$

$$U_1 \equiv x(x_2-x_3)+y(y_2-y_3)-\tfrac{1}{2}(x_2^2-x_3^2+y_2^2-y_3^2)=0;$$

die beiden anderen Mittellote sind

$$U_2 \equiv x(x_3-x_1)+y(y_3-y_1)-\tfrac{1}{2}(x_3^2-x_1^2+y_3^2-y_1^2)=0;$$

$$U_3 \equiv x(x_1-x_2)+y(y_1-y_2)-\tfrac{1}{2}(x_1^2-x_2^2+y_1^2-y_2^2)=0;$$

also $$-U_3 = U_1 + U_2.$$

114. Koordinatenänderung. 1. Wir haben anfangs ein schiefwinkliges, dann ein rechtwinkliges Achsenpaar den Parallelkoordinaten $^{(111_2)}$ zugrunde gelegt. Jetzt wollen wir den Zusammenhang zwischen den schiefwinkligen und rechtwinkligen Parallelkoordinaten eines Punktes untersuchen und zwar zunächst für den Fall, daß die beiden Achsenpaare denselben Nullpunkt O haben. — Wir gehen aus von einem rechtwinkligen Achsenpaar und bezeichnen die Koordinaten eines auf dieses bezogenen Punktes P durch x und y. Die Achsen des schiefwinkligen Paares seien uns gegeben durch die Winkel α und β, die sie mit der Abszissenachse des rechtwinkligen Paares bilden. Durch diese Winkel α und β ist dann in den neuen Achsen zugleich der Sinn festgelegt $^{(111_2)}$. Die Koordinaten des Punktes P für das schiefwinklige Achsenpaar nennen wir $OQ' = \xi$ und $OR' = \eta$ (Fig. 162). — Es ist dann

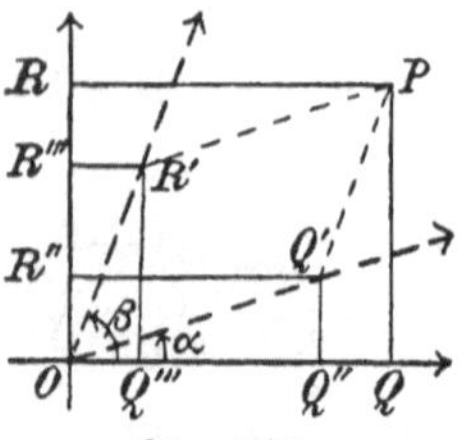

Fig. 162.

$$x = OQ = OQ'' + Q''Q^{(2_2)} = OQ'' + OQ'''^{(5_3)},$$

$$y = OR = OR'' + R''R = OR'' + OR'''; \text{ folglich}$$

$$\boldsymbol{x = \xi \cos\alpha + \eta \cos\beta}^{(111_5)}$$

$$\boldsymbol{y = \xi \sin\alpha + \eta \sin\beta.}$$

2. Zusatz. Ist auch das zweite Achsenpaar rechtwinklig, so kann der neue Achsenwinkel $^{(96_2)}$ mit dem alten entweder gleichen oder entgegengesetzten Sinn haben. Im ersten Fall ist $\beta - \alpha = \pi : 2$; im zweiten $\alpha - \beta = \pi : 2$. Aus unsern Formeln wird

im ersten Fall: $x = \xi \cos\alpha - \eta \sin\alpha$;

$y = \xi \sin\alpha + \eta \cos\alpha$; —

im zweiten Fall: $x = \xi \cos\alpha + \eta \sin\alpha$;

$y = \xi \sin\alpha - \eta \cos\alpha$.

3. Haben wir zwei schiefwinklige Achsenpaare, deren Abszissenachsen und deren Ordinatenachsen untereinander parallel sind, so ist (Fig. 163), wenn wir die Koordinaten des zweiten Nullpunktes O' für das erste Achsenpaar $OQ'' = q$ und $OR'' = r$ nennen,

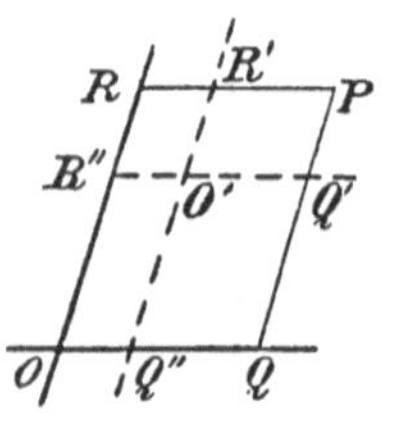

Fig. 163.

$$x = OQ = OQ'' + Q''Q = OQ'' + O'Q' = q + \xi;$$

$$y = OR = OR'' + R''Q = OR'' + O'R' = r + \eta.$$

4. Haben wir ein rechtwinkliges Achsenpaar und ein beliebiges schiefwinkliges Achsenpaar, so ist, wenn der Nullpunkt des schiefwinkligen die rechtwinkligen Koordinaten q und r hat,

$$x = q + \xi \cos\alpha + \eta \cos\beta;$$

$$y = r + \xi \sin\alpha + \eta \sin\beta.$$

5. Wollen wir umgekehrt von einem schiefwinkligen zu einem rechtwinkligen Achsenpaar übergehen, so haben wir aus den vorstehenden Gleichungen ξ und η durch x und y auszudrücken. Weil aber in diesem Falle nicht q und r gegeben sein werden, sondern die Koordinaten des Schnittpunktes der rechtwinkligen Achsen für das schiefwinklige Achsenpaar, so haben wir diese statt q und r einzuführen. Bezeichnen wir sie durch ξ_1 und η_1, so ist $^{(114_4)}$, weil für den Schnittpunkt der rechtwinkligen Achsen $x = 0$; $y = 0$ ist,

$$0 = q + \xi_1 \cos\alpha + \eta_1 \cos\beta; \qquad 0 = r + \xi_1 \sin\alpha + \eta_1 \sin\beta.$$

Durch Einsetzung der hieraus sich ergebenden Werte von q und r erhält man

$$x = (\xi - \xi_1)\cos\alpha + (\eta - \eta_1)\cos\beta; \quad y = (\xi - \xi_1)\sin\alpha + (\eta - \eta_1)\sin\beta$$

und hieraus

$$\xi = \xi_1 - \frac{x\sin\beta - y\cos\beta}{\sin(\alpha - \beta)}; \qquad \eta = \eta_1 + \frac{x\sin\alpha - y\cos\alpha}{\sin(\alpha - \beta)}.$$

§ 2. Kreis.

115. Gleichung des Kreises. Bei der Betrachtung des Kreises benutzen wir ausschließlich rechtwinklige Koordinaten.

1. Definition. Der Ort für den Punkt, der von einem festen Punkt eine gegebene Entfernung hat, heißt Kreis.

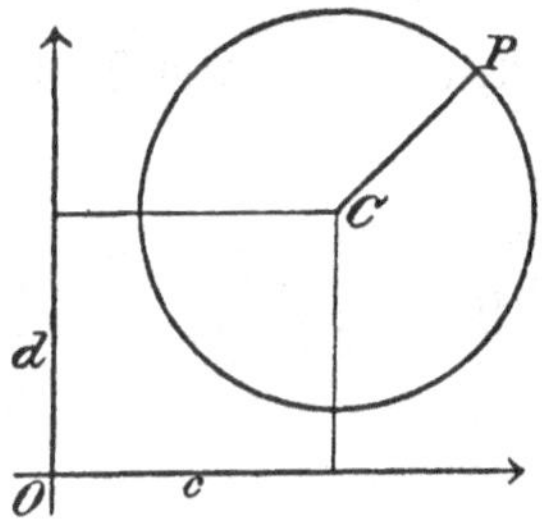

Fig. 164.

Aus der Definition ergibt sich, wenn wir die Entfernung des festen Punktes $C: c; d$ (Fig. 164) von einem Punkt $P: x; y$ nach Nr. 110_1 bilden, die

Allgemeine Kreisgleichung:
$$(x - c)^2 + (y - d)^2 = r^2. \text{ —}$$

Umkehrung. Jede Gleichung $(x - c)^2 + (y - d)^2 = r^2$ stellt einen Kreis mit dem Mittelpunkt $c; d$ und dem Radius r dar.

2. Aus der allgemeinen Kreisgleichung wird, wenn c und d die besondern Werte r und 0 haben $(x - r)^2 + y^2 = r^2$. Aus dieser folgt die

Scheitelgleichung: $y^2 = x(2r - x)$.

3. Aus der allgemeinen Kreisgleichung wird, wenn $c = 0 = d$ ist, die

Mittelpunktsgleichung: $\boldsymbol{x^2 + y^2 = r^2}$.

4. Zusatz. Liegt ein Punkt $P_1: x_1; y_1$ in der Kreislinie, so ist $x_1{}^2 + y_1{}^2 = r^2$. — Auch die Umkehrung ist richtig.

116. Umformung der Gleichung. Eine Gleichung zweiten Grades mit zwei Unbekannten läßt sich immer auf die Form bringen:

$$\alpha x^2 + \beta y^2 + \gamma xy + ax + by + cd = 0.$$

Ist $\alpha = \beta$ und $\gamma = 0$, so erhalten wir die Gleichung:

$$x^2 + y^2 + \frac{a}{\alpha}x + \frac{b}{\alpha}y + \frac{cd}{\alpha} = 0,$$

der wir die Form geben können

$$\left(x + \frac{a}{2\alpha}\right)^2 + \left(y + \frac{b}{2\alpha}\right)^2 = \frac{a^2 + b^2 - 4cd\alpha}{4\alpha^2}.$$

Diese Gleichung hat dieselbe Form wie die von Nr. 115_1, vorausgesetzt, daß die rechte Seite positiv ist. Unter dieser Voraussetzung stellt also unsre Gleichung einen Kreis dar:

sein Mittelpunkt hat die Koordinaten $-\frac{a}{2\alpha}$ und $-\frac{b}{2\alpha}$;

sein Halbmesser die Größe $\frac{\sqrt{a^2 + b^2 - 4cd\alpha}}{2\alpha}$.

Anmerkung. $\alpha\beta\gamma$ haben die Dimension 0 $^{(83_3)}$.

117. Gleichung der Sehne. 1. Sind P_1 und P_2 zwei Kreispunkte, so ist die Gleichung der Sehne P_1P_2 $^{(105_1)}$:

$$\frac{y - y_1}{x - x_1} = \frac{y_1 - y_2}{x_1 - x_2}.$$

Benutzen wir ein Achsenpaar, dessen Nullpunkt mit dem Mittelpunkt des Kreises zusammenfällt $^{(115_3)}$, so ist $^{(115_4)}$:

$$\underline{x_1^2 + y_1^2 = r^2; \qquad x_2^2 + y_2^2 = r^2}$$

$$\underline{x_1^2 - x_2^2 + y_1^2 - y_2^2 = 0}$$

$$\frac{y_1 - y_2}{x_1 - x_2} = -\frac{x_1 + x_2}{y_1 + y_2}. -$$

Es ist daher $^{(105_6)}$ die Gleichung der

Kreissehne: $\frac{y - y_1}{x - x_1} = -\frac{x_1 + x_2}{y_1 + y_2}$.

2. Zusatz. $\frac{1}{2}(x_1 + x_2)$ und $\frac{1}{2}(y_1 + y_2)$ sind die Koordinaten des Mittelpunktes M der Sehne P_1P_2 $^{(97_1)}$. Es ist daher $\frac{1}{2}(y_1 + y_2) : \frac{1}{2}(x_1 + x_2)$ das Richtungsverhältnis von OM $^{(100_2)}$. Unsere Gleichung enthält daher $^{(109_1)}$ den

Lehrsatz. Jede Kreissehne steht senkrecht auf dem Halbmesser, der durch ihre Mitte geht.

118. Gleichung der Tangente. 1. Fällt der Punkt P_2 mit dem Punkt P_1 zusammen, so daß $x_2 = x_1$ und $y_2 = y_1$ ist, so wird aus der Sehne $P_1 P_2$ die Tangente (36₃) in P_1 und aus der Sehnengleichung (117₁) wird die Gleichung der

$$\textbf{Kreistangente:}\quad \frac{y - y_1}{x - x_1} = -\frac{x_1}{y_1}.$$

Zusatz. Diese Gleichung enthält (vgl. Nr. 117_2) den

Lehrsatz. Jede Tangente steht auf dem Halbmesser ihres Berührungspunktes senkrecht.

2. Der Tangentengleichung läßt sich noch eine andre Form geben, indem wir sie nach y entwickeln:

$$y = -\frac{x_1}{y_1} x + \frac{x_1^2 + y_1^2}{y_1} \quad \text{oder}^{(115_4)}$$

$$y = -\frac{x_1}{y_1} x + \frac{r^2}{y_1}.$$

3. Aus der entwickelten Form ergibt sich noch die symmetrische:

$$\frac{x_1 x}{r^2} + \frac{y_1 y}{r^2} = 1.$$

4. Zusatz. Die Achsenabschnitte einer Tangente sind (104₁) $\frac{r^2}{x_1}$ und $\frac{r^2}{y_1}$.

119. Pol und Polare. 1. Ein beliebiger Punkt $x_1; y_1$ der Gerade, welche die Punkte $\xi_1; \eta_1$ und $x; y$ verbindet, hat, weil wir ihn als Teilpunkt auffassen können, die Koordinaten (97₂)

$$x_1 = \frac{\xi_1 - \varepsilon x}{1 - \varepsilon}; \qquad y_1 = \frac{\eta_1 - \varepsilon y}{1 - \varepsilon}.$$

Soll dieser Punkt $x_1; y_1$ im Kreise liegen, so ist (115₄)

$$\left(\frac{\xi_1 - \varepsilon x}{1 - \varepsilon}\right)^2 + \left(\frac{\eta_1 - \varepsilon y}{1 - \varepsilon}\right)^2 = r^2.$$

Aus der nach den Potenzen von ε geordneten Gleichung

$$\varepsilon^2 (x^2 + y^2 - r^2) - 2\varepsilon (\xi_1 x + \eta_1 y - r^2) + \xi_1^2 + \eta_1^2 - r^2 = 0$$

ergeben sich zwei Werte ε_1 und ε_2, die die beiden Schnittpunkte unserer Gerade mit dem Kreise liefern. Ist der Koeffizient von ε gleich 0, so wird, wie aus der Lehre von den quadratischen Gleichungen bekannt ist, $\varepsilon_2 = -\varepsilon_1$. In diesem Fall teilen aber die beiden Schnittpunkte die Verbindungsstrecke der Punkte $\xi_1; \eta_1$ und $x; y$ harmonisch (97₃). Damit ergibt sich, wenn wir den Punkt $\xi_1; \eta_1$ als fest, den Punkt $x; y$ als beweglich ansehen, der

Lehrsatz. Der Punkt $\xi_1; \eta_1$ wird von der Gerade

$$\xi_1 x + \eta_1 y = r^2$$

durch den Kreis harmonisch getrennt. —

Die Gerade heißt die Polare des Punktes, der Punkt der Pol der Gerade.

2. Zusatz 1. Die entwickelte Form

$$y = -\frac{\xi_1}{\eta_1} x + \frac{r^2}{\eta_1}$$

zeigt, daß das Richtungsverhältnis der Gerade $-\xi_1 : \eta_1$ ist; das Richtungsverhältnis des Durchmessers OP_1 ist[(100₂)] $\eta_1 : \xi_1$. Daher[(109₁)]:

Der Durchmesser und die Polare eines Punktes stehen aufeinander senkrecht[(20)].

3. Zusatz 2. Eine Polare gibt es zu jedem Punkt, eine Tangente aber nur zu einem Kreispunkt. Da die Gleichungen beider Geraden dieselbe Form haben, so ist die Tangente ein besonderer Fall des Begriffs Polare:

Die Polare eines Kreispunktes ist seine Tangente.

4. Lehrsatz. Die Gerade $ax + \beta y + c = 0$ ist die Polare des Punktes $-\frac{r^2 a}{c}; -\frac{r^2 \beta}{c}$. —

Bezeichnen wir nämlich den noch unbekannten Pol der Gerade durch $\xi_1; \eta_1$, so muß die Gleichung[(119₁)] $\xi_1 x + \eta_1 y = r^2$ dieselbe Gerade darstellen wie die gegebene Gleichung. Es ist daher[(104₂)]

$$\frac{c}{a} = -\frac{r^2}{\xi_1} \text{ und } \frac{c}{\beta} = -\frac{r^2}{\eta_1}.$$

5. Lehrsatz. Die Polaren der Punkte einer Gerade gehen durch einen Punkt, den Pol der Gerade.

Beweis. Die Voraussetzung, daß der Punkt $P_1 : x_1; y_1$ in der Gerade $ax + \beta y + c = 0$ liegt, lautet in arithmetischer Sprache[(106₁)]: $ax_1 + \beta y_1 + c = 0$. — Die Behauptung, daß die Polare des Punktes P_1[(119₁)]: $x_1 x + y_1 y = r^2$ durch den Pol: $\xi_1 = -r^2 a : c$; $\eta_1 = -r^2 \beta : c$[(119₄)] geht, lautet[(106₂)] $x_1 \xi_1 + y_1 \eta_1 = r^2$. Diese Gleichung aber ist richtig, weil

$$x_1 \xi_1 + y_1 \eta_1 = -x_1 \frac{r^2 a}{c} - y_1 \frac{r^2 \beta}{c} = -\frac{r^2}{c}(ax_1 + \beta y_1) = -\frac{r^2}{c}(-c) \text{ ist.}$$

120. Konjugierte Durchmesser.

1. Lehrsatz. Die Polare eines uneigentlichen Punktes ist ein Durchmesser.

Beweis. Die Polare des uneigentlichen Punktes$^{(103_5)}$ $P_\infty : \frac{y_\infty}{x_\infty} = \mu$ ist$^{(119_1)}$ $x_\infty x + y_\infty y = r^2$ oder $x + \frac{y_\infty}{x_\infty} \cdot y = \frac{r^2}{x_\infty}$; folglich

$$y = -\frac{1}{\mu} x.$$

Diese Gerade geht durch $O^{(103_2)}$, den Mittelpunkt des Kreises, ist also ein Durchmesser.

2. Der Durchmesser OP_∞ hat die Gleichung$^{(105_2)}$ $y : x = \mu$. Die Polare seines uneigentlichen Punktes P_∞ hat, wie wir eben sahen, die Gleichung $y = -\frac{1}{\mu} x$. Der Durchmesser OP_∞ steht also auf der Polare seines uneigentlichen Punktes P_∞, die ebenfalls ein Durchmesser ist$^{(120_1)}$, senkrecht$^{(109_1)}$. Daher:

Definition. Zwei Durchmesser heißen konjugiert, wenn der eine durch den Pol des andern geht.

Lehrsatz. Zwei Durchmesser $y = \mu x$ und $y = \mu_1 x$ sind konjugiert, wenn $\mu \mu_1 = -1$ ist, oder
Je zwei aufeinander senkrecht stehende Durchmesser sind konjugiert.

121. Ortsaufgabe über den Kreis. (Vgl. Nr. 107).

Aufgabe. Auf dem der Kreissehne CC_1 (Fig. 165) parallelen Durchmesser liegen zwei Punkte S und S_1 so, daß SS_1 durch den Kreismittelpunkt O halbiert wird. Die Endpunkte C und C_1 der Sehnen sind mit einem beweglichen Kreispunkt P_1 verbunden, und auf $C(P_1)$ ist aus S und auf $C_1(P_1)$ aus S_1 das Lot gefällt. Gesucht wird der Ort für den Schnittpunkt Δ dieser Lote.

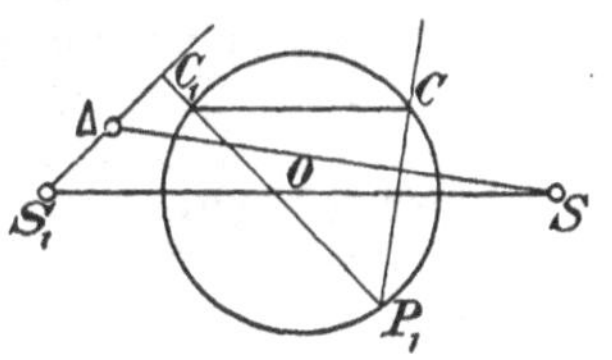

Fig. 165.

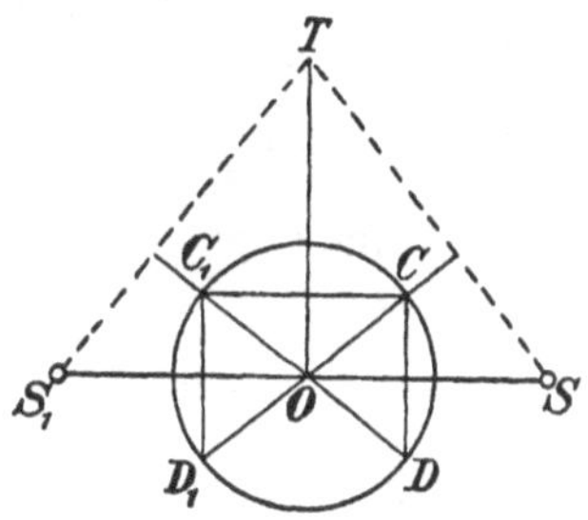

Fig. 166.

1. **Rein-geometrische Lösung.** Wir wählen die festen Punkte$^{(107_1\alpha)}$ S und S_1 als Mittelpunkte zweier Strahlenbüschel, die wir durch die folgende Kette$^{(107_1\beta)}$ miteinander verbinden (Fig. 165):

$$S(\Delta) \barwedge^{(84_1)} C(P_1) \barwedge^{(65_1)} C_1(P_1) \barwedge^{(84_1)} S_1(\Delta)$$

und bestimmen die Strahlen (Fig. 166), welche der Verbindungslinie der Strahlenmittelpunkte homolog sind$^{(107_1\gamma)}$:

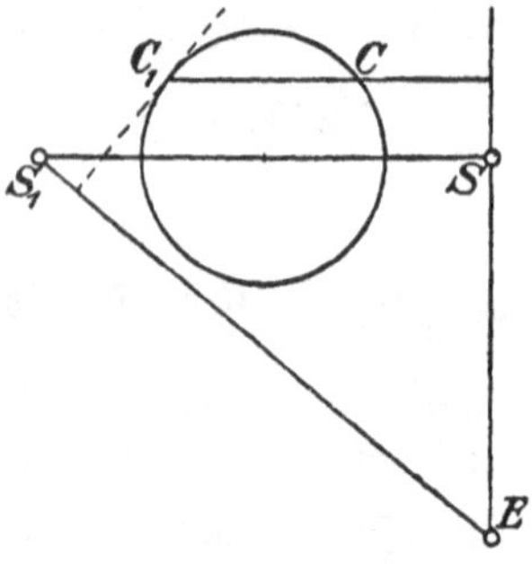

Fig. 167.

$$\overrightarrow{S(S_1) \barwedge C(D) \barwedge C_1(D) \barwedge S_1(T);}$$
$$\overleftarrow{S(T) \barwedge C(D_1) \barwedge C_1(D_1) \barwedge S_1(S)}$$

(die zweite Kette wird am bequemsten gebildet, indem man von rechts nach links fortschreitet). Der Ort ist also eine Kurve mit den beiden Punkten S und S_1 und den Tangenten ST und $S_1T^{(63_1)}$. Zu ihrer Bestimmung fehlt noch das fünfte Stück. Dies erhalten wir, indem wir eine geeignete Lage für P_1 wählen$^{(107_1\delta)}$: Lassen wir P_1 in C_1 fallen (Fig. 167), so fällt $C(P_1)$ in CC_1 und $C_1(P_1)$ in die Tangente von C_1. Das fünfte Kurvenstück ist also der Schnittpunkt E des von S auf CC_1 und des von S_1 auf die Tangente von C_1 gefällten Lotes. —

Nach der Fundamentalkonstruktion$^{(64)}$ lassen sich nun beliebig viele Punkte der Kurve zeichnen.

2. **Projektiv-geometrische Lösung.** Die Polare des uneigentlichen Punktes U von SS_1 (Fig. 168) ist ein Durchmesser$^{(85_2)}$ und geht durch $O^{(72_1)}$ und $T^{(72_2)}$ (und folglich auch durch die Mitte O' von S_1E).

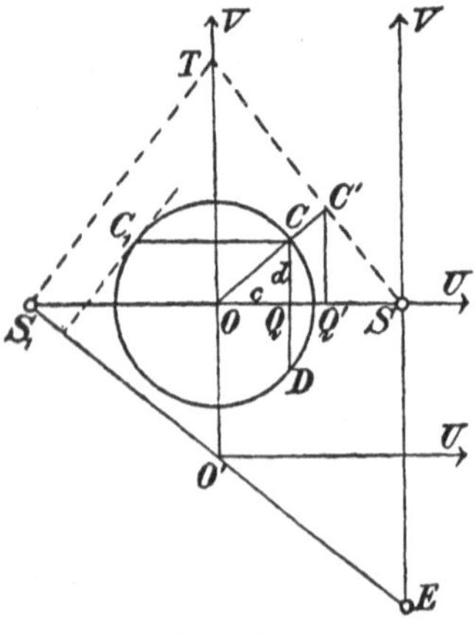

Fig. 168.

Ist aber OT die Polare von U, so geht die Polare des uneigentlichen Punktes V von OT durch $U^{(73_2)}$; sie geht ferner, weil der uneigentliche Punkt von OT mit dem uneigentlichen Punkt von SE zusammenfällt, durch die Mitte von $SE^{(72_1)}$ (und folglich auch durch O'). Es ist daher O' der Mittelpunkt der Kurve$^{(85_1)}$ und $O'U$ und $O'V$ sind zwei aufeinander senkrechte konjugierte Durchmesser. — Da der Durchmesser S_1E auf der Kreistangente C_1C_1 und daher auch auf der Kurventangente S_1T senkrecht steht, S_1E und S_1T aber konjugierte Richtungen haben$^{(86_4)}$, so steht auch der Durchmesser S_1E auf dem ihm konjugierten senkrecht. — Weil also zwei Durchmesser auf den ihnen konjugierten senkrecht stehen, so ist die Kurve ein Kreis$^{(86_8)}$, der, wie wir bereits wissen, den Mittelpunkt O' und den Halbmesser $O'S_1$ hat. —

Um die Ordinate OO' von O' zu finden, bestimmen wir zuerst OT aus den Koordinaten c und d von C und der Abszisse s von S (Fig. 168):

$$\frac{c}{d} = \frac{OQ}{QC} = \frac{OQ'}{Q'C'} = \frac{Q'C'}{Q'S} \overset{(6_1)}{=} \frac{OT}{OS}; \text{ folglich } OT = \frac{cs}{d}.$$

$$OO' = -OS_1^2 : OT^{(6_1)} = -ds:c;$$

$$x^2 + \left(y + \frac{ds}{c}\right)^2 = s^2 + \left(\frac{ds}{c}\right)^2 {}^{(115_1)}.$$

Anmerkung. Daß der Ort ein Kreis ist, läßt sich planimetrisch einfacher durch den Nachweis zeigen, daß die Strahlenbüschel S und S_1 kongruent sind[(23₂)]: die von S und S_1 auf $C(P_1)$ und $C_1(P_1)$ gefällten Lote schließen einen Winkel ein, der gleich dem von $C(P_1)$ und $C_1(P_1)$ gebildeten Peripheriewinkel ist[(3₇)].

3. **Analytisch-geometrische Lösung.** Wählen wir SS_1 (Fig. 165) und das Lot in O als Achsen, so haben wir die Koordinaten

$$C:c;d \qquad C_1:-c;d \qquad S:s;0 \qquad S_1:-s;0 \qquad P_1:x_1;y_1;$$

folglich sind die Richtungsverhältnisse[(100₁)] von

$$C(P_1): \frac{d-y_1}{c-x_1} \qquad C_1(P_1): -\frac{d-y_1}{c+x_1};$$

folglich sind die Gleichungen[(109₂)] für das

$$\text{Lot aus } S: \frac{y}{x-s} = -\frac{c-x_1}{d-y_1}; \qquad \text{Lot aus } S_1: \frac{y}{x+s} = \frac{c+x_1}{d-y_1}.$$

Aus diesen beiden Gleichungen und der Kreisgleichung sind die Koordinaten x_1 und y_1 zu eliminieren. Man verfährt, wenn nicht etwa eine einfache Multiplikation zum Ziel führt, am besten so, daß man aus beiden Gleichungen x_1 und y_1 bestimmt und die gefundenen Werte in die Kreisgleichungen einsetzt:

$$(x-s)x_1 + yy_1 = c(x-s) + dy$$

$$(x+s)x_1 + yy_1 = -c(x+s) + dy$$

$$x_1 = -\frac{cx}{s}; \qquad y_1 = \frac{c(x^2-s^2)}{sy} + d;$$

$$\frac{c^2x^2}{s^2} + \left[\frac{c(x^2-s^2)}{sy} + d\right]^2 = c^2 + d^2;$$

$$\frac{c^2}{s^2}(x^2-s^2) + \frac{c^2(x^2-s^2)^2}{s^2y^2} + \frac{2cd(x^2-s^2)}{sy} = 0;$$

$$(x^2-s^2)\left[x^2 + \left(y+\frac{ds}{c}\right)^2 - s^2 - \frac{d^2s^2}{c^2}\right] = 0;$$

$$x^2 + \left(y + \frac{ds}{c}\right)^2 = s^2 + \left(\frac{ds}{c}\right)^2$$

4. Anmerkung. Die Gleichung liefert in $x^2 - s^2 = 0$ für den Ort noch die beiden in S und S_1 auf SS_1 errichteten Lote: $x = s$ und $x = -s$. Fällt nämlich P_1 z. B. in C, so wird die Verbindungslinie

$C(P_1)$ (analytisch) unbestimmt und damit auch das auf sie aus S gefällte Lot. Als Schnittpunkt der beiden Lote kann also jeder Punkt des von S_1 auf CC_1 gefällten Lotes gelten.

122. Potenz. 1. Ist α der Winkel, um den sich die Abszissenachse in dem durch den Achsenwinkel ω festgelegten Sinn [96_2] drehen muß, bis sie mit der Verbindungslinie P_1P der Punkte $P_1 : x_1; y_1$ und $P : x; y$ zusammenfällt [111_2], so ist [111_7] (Fig. 169)

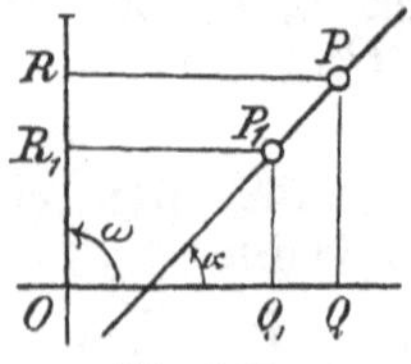

Fig. 169.

$$Q_1Q = x - x_1 = P_1P\cos\alpha;$$
$$R_1R = y - y_1 = P_1P\sin\alpha.$$

Soll der Punkt P mit den Koordinaten

$$x = x_1 + P_1P\cos\alpha \quad \text{und} \quad y = y_1 + P_1P\sin\alpha$$

ein Kreispunkt sein, so ist [115_4]

$$(x_1 + P_1P\cos\alpha)^2 + (y_1 + P_1P\sin\alpha)^2 = r^2.$$

Wir ordnen diese Gleichung nach den Potenzen von P_1P:

$$P_1P^2 + 2P_1P(x_1\cos\alpha + y_1\sin\alpha) + x_1^2 + y_1^2 - r^2 = 0.$$

Bezeichnen wir die beiden Wurzeln dieser Gleichung durch P_1P' und P_1P'', so ist nach einem bekannten Satz über quadratische Gleichungen das Produkt der Wurzeln

$$P_1P' \cdot P_1P'' = x_1^2 + y_1^2 - r^2.$$

Da dies Produkt von dem Winkel α unabhängig ist, so haben wir den

Lehrsatz [6_3]. Ein Kreis schneidet auf den Strahlen eines Büschels Längen ab, deren Produkt konstant ist. —

Den Wert dieses Produktes wollen wir durch P_1^2 bezeichnen und

$$P_1^2 = x_1^2 + y_1^2 - r^2$$

die Potenz des Punktes P_1 in bezug auf den Kreis $x^2 + y^2 = r^2$ nennen.

2. Es ist $OP_1^2 = x_1^2 + y_1^2$ [110_1] und folglich

$$P_1^2 = OP_1^2 - r^2. \text{ —}$$

Der Punkt $P : x; y$ hat daher in bezug auf einen Kreis mit dem Mittelpunkt $C_1 : c_1; d_1$ und dem Halbmesser r_1 die Potenz

$$P^2 = C_1P^2 - r_1^2 = (x - c_1)^2 + (y - d_1)^2 - r_1^2 \text{ [}110_1\text{]}.$$

Zur Abkürzung setzen wir

$$K_1 \equiv (x - c_1)^2 + (y - d_1)^2 - r_1^2. \text{ —}$$

Die Potenz desselben Punktes P für einen zweiten Kreis mit dem Mittelpunkt $C_2 : c_2; d_2$ und dem Halbmesser r_2 bezeichnen wir entsprechend durch

$$K_2 \equiv (x - c_2)^2 + (y - d_2)^2 - r_2^2.$$

Soll nun der Punkt P in bezug auf beide Kreise dieselbe Potenz haben, also $K_1 = K_2$ oder $K_1 - K_2 = 0$ sein, so ergibt sich als Gleichung des Ortes für P

$$-2x(c_1 - c_2) - 2y(d_1 - d_2) + c_1^2 - c_2^2 + d_1^2 - d_2^2 - r_1^2 + r_2^2 = 0,$$

also [(104₁)] eine Gerade. —

Definition. Die Gerade, deren Punkte in bezug auf zwei Kreise gleiche Potenzen haben, heißt die Chordale (Potenzlinie) der beiden Kreise.

Das Richtungsverhältnis unsrer Chordale ist $-\dfrac{c_1 - c_2}{d_1 - d_2}$ [(108₁)];

das Richtungsverhältnis der Zentrale $C_1 C_2$ ist [(100₁)] $\dfrac{d_1 - d_2}{c_1 - c_2}$.

Lehrsatz. Die Chordale zweier Kreise steht auf der Zentrale senkrecht [(109₁)].

3. Die Chordale für den ersten und zweiten Kreis hatte die Gleichung $K_1 - K_2 = 0$. Unter entsprechender Bezeichnung hat die Chordale für den zweiten und einen dritten Kreis die Gleichung $K_2 - K_3 = 0$ und schließlich für den dritten und ersten Kreis $K_3 - K_1 = 0$. Da die dritte Gleichung aus den beiden ersten folgt, so ergibt sich [(113₁)] der

Lehrsatz. Die Chordalen dreier Kreise gehen durch einen Punkt.

§ 3. Parabel.

123. Scheitelgleichung. 1. Als Koordinatenachsen wählen wir die Parabelachse und das in dem Scheitel K [(34)] auf der Achse errichtete Lot. — Für dies rechtwinklige Achsenpaar hat der Brennpunkt F (Fig. 170) die Koordinaten $p:2; 0$ und der Fußpunkt H der Richtlinie die Koordinaten $-p:2; 0$. — Ist $P: x; y$ ein beliebiger Punkt der Parabel und PG seine Entfernung von der Richtlinie, so folgt [(110₁)], weil G die Koordinaten $-p:2; y$ hat, aus der Definitionsgleichung [(34)]

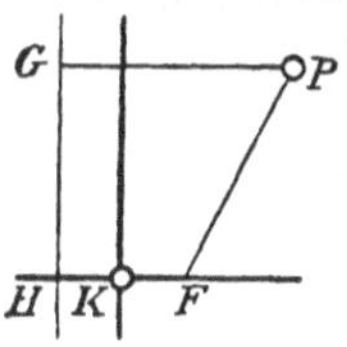

Fig. 170.

$$PF^2 = PG^2$$

$$\left(x - \frac{p}{2}\right)^2 + y^2 = \left(x - \frac{p}{2}\right)^2$$

und daraus die

Scheitelgleichung: $y^2 = 2px$.

2. Umkehrung. Die Punkte, deren Koordinaten der Gleichung $y^2 = 2px$ genügen, haben von dem Punkt $F: p:2; 0$ und der Gerade

$l: x = -p:2$ [102_3] Entfernungen, deren Quadrate gleich sind, d. h. sie liegen in einer Parabel; denn

$$PF^2 = \left(x - \frac{p}{2}\right)^2 + (y-0)^2 \overset{(110_1)}{=} x^2 - px + \left(\frac{p}{2}\right)^2 + 2px$$

$$= \left(x + \frac{p}{2}\right)^2 = PG^2 \,.\,.$$

3. Zusatz. Ist p positiv [negativ], so fällt die Parabelachse mit der positiven [negativen] Abszissenachse zusammen. — Die Gleichung $x^2 = 2py$ stellt eine Parabel dar, deren Achse, je nach dem Vorzeichen von p, mit der positiven oder negativen Ordinatenachse zusammenfällt.

4. Die Endpunkte E_1 und E_2 [36_7] der Brennpunktssehne, welche auf der Achse senkrecht steht, haben die Abszisse $p:2$; folglich gilt für ihre Ordinaten: $y^2 = p^2$; daher

$$E_1: \frac{p}{2};\ p \qquad E_2: \frac{p}{2};\ -p\,.$$

124. Umformung der allgemeinen Parabelgleichung.

1. Die Gleichung $(y-d)^2 = 2p(x-c)$

geht durch die Koordinatenverschiebung [114_3]

$$x = c + \xi;\ y = d + \eta \quad \text{in} \quad \eta^2 = 2p\xi$$

über; sie stellt also eine Parabel dar [123_2], deren Scheitel der Punkt $c; d$ ist und deren Achse die durch diesen Punkt zur Abszissenachse gezogene Parallele ist.

2. Ist in der allgemeinen Gleichung zweiten Grades [116] $\alpha = \gamma = 0$, so erhält man die Gleichung

$$\beta y^2 + ax + by + cd = 0,$$

der man die Form geben kann

$$\left(y + \frac{b}{2\beta}\right)^2 = -\frac{a}{\beta}\left(x + \frac{4\beta cd - b^2}{4\beta a}\right).$$

Unsre Gleichung stellt also [124_1] eine Parabel dar, deren Scheitel der Punkt

$$-\frac{4\beta cd - b^2}{4\beta a};\ -\frac{b}{2\beta}$$

und deren Achse die durch diesen Punkt zur Abszissenachse gezogene Parallele ist; ihr Parameter ist $-a:\beta$.

125. Tangente. 1. Liegt ein Punkt $P_1: x_1; y_1$ in der Parabel $y^2 = 2px$, so ist, weil seine Koordinaten der Parabelgleichung genügen müssen, $x_1 = y_1^2 : 2p$. Wir bezeichnen daher die Koordinaten eines Parabelpunktes stets durch

$$P_1 : \frac{y_1^2}{2p} ; y_1 .$$

2. Sind P_1 und P_2 zwei Parabelpunkte, so ergibt sich aus

$$y_1 - y_2 : \frac{y_1^2}{2p} - \frac{y_2^2}{2p}$$ (100₁) das

$$\text{Richtungsverhältnis der Sehne } P_1P_2 : \frac{2p}{y_1 + y_2} .$$

3. Fällt P_2 in P_1, so wird aus der Sehne die Tangente in P_1 (118₁). Es ist mithin das

$$\text{Richtungsverhältnis der Tangente in } P_1 : \frac{p}{y_1} .$$

4. **Die Gleichung der Tangente** ist (105₃)

$$\frac{y - y_1}{x - x_1} = \frac{p}{y_1} ; \text{ folglich } y_1 y = px + y_1^2 - px_1 .$$

Da sich aus $y_1^2 - px_1$ durch die Parabelgleichung $y_1^2 = 2px_1$ entweder y_1 oder x_1 eliminieren läßt, so ergeben sich zwei Formen der Tangentengleichung.

$$\text{Symmetrische Form: } y_1 y = p(x + x_1) ,$$

$$\text{Entwickelte Form: } \boldsymbol{y = \frac{p}{y_1} x + \frac{y_1}{2}} .$$

5. Die symmetrische Form zeigt, daß die Tangente des Scheitels $K: 0; 0$ die Gleichung $x = 0$ hat (102₃); sie steht also auf der Parabelachse senkrecht. — Für die Tangenten in den Endpunkten E_1 und E_2 der auf der Parabelachse senkrechten Brennpunktssehne (123₄) ergibt die entwickelte Form

$$y = x + \frac{p}{2} \text{ und } y = -x - \frac{p}{2} .$$

Beide Tangenten schneiden daher die Parabelachse in dem Fußpunkt $H: -p : 2; 0$ der Richtlinie (36₇).

126. Koordinatenänderung. 1. Wir nehmen einen beliebigen Punkt $P_1 : x_1 ; y_1$ der Parabel als Schnittpunkt der neuen Koordinatenachsen; die neue Abszissenachse sei die durch P_1 zur Parabelachse gezogene Parallele P_1W, der neue Achsenwinkel (96₂) β; die neuen Koordinaten, die wir durch ξ und η bezeichnen wollen, sind dann mit den auf die Parabelachse und die Scheiteltangente bezogenen x und y verbunden durch die Gleichungen (114₄)

$$x = x_1 + \xi + \eta \cos \beta \text{ und } y = y_1 + \eta \sin \beta ,$$

sodaß sich durch Einsetzen in die Parabelgleichung $y^2 = 2px$ ergibt

$$(y_1 + \eta \sin\beta)^2 = 2p(x_1 + \xi + \eta \cos\beta) \text{ und daraus}$$

$$\eta^2 \sin\beta^2 + 2\eta(y_1 \sin\beta - p\cos\beta) = 2p\xi.$$

Setzen wir hierin (111₈) $\operatorname{tg}\beta = p : y_1$, lassen wir also die neue Ordinatenachse mit der Tangente in P_1 zusammenfallen (125₃), so haben wir

$$\eta^2 = \frac{2p}{\sin\beta^2}\xi. -$$

Es ist $\frac{p}{\sin\beta^2} = p(1 + \cot\beta^2) = \frac{p^2 + y_1^2}{p} = p + 2x_1 = 2\left(x_1 + \frac{p}{2}\right)$.

Dies ist der doppelte Abstand des Punktes P_1 von der Richtlinie. Bezeichnen wir diesen doppelten Abstand durch p', so ist

$$\eta^2 = 2p'\xi. -$$

Die Gleichung der Parabel ändert also ihre Form nicht, wenn wir nicht vom Scheitel ausgehen, sondern einen beliebigen Parabelpunkt zum Koordinatenanfang machen und seinen Durchmesser und seine Tangente als Achsen nehmen.

2. **Umkehrung.** Die auf ein schiefwinkliges Achsenpaar bezogene Gleichung $\eta^2 = 2p'\xi$ stellt eine Parabel dar.

Beweis. Wir gehen von dem schiefwinkligen Achsenpaar mit dem Winkel β zu einem rechtwinkligen über, dessen Abszissenachse der gegebenen Abszissenachse parallel ist und dessen Nullpunkt die Koordinaten

$$\xi_1 = \frac{p'}{2}\cos\beta^2; \qquad \eta_1 = -p'\cos\beta$$

hat. Die Formeln von Nr. 114₅ liefern, weil in unserm Fall $\alpha = 0$ ist, die Gleichung

$$\xi = \xi_1 + x - y\cot\beta = \frac{p'}{2}\cos\beta^2 + x - y\cot\beta;$$

$$\eta = \eta_1 + \frac{y}{\sin\beta} = -p'\cos\beta + \frac{y}{\sin\beta}.$$

Durch Einsetzung dieser Werte in $\eta^2 = 2p'\xi$ ergibt sich die auf ein rechtwinkliges Achsenpaar bezogene Gleichung

$$y^2 = 2p'\sin\beta^2 x$$

und diese stellt eine Parabel dar (123₂).

3. Zusatz. Der Brennpunkt dieser Parabel hat die Koordinaten $x = p'\sin\beta^2 : 2$; $y = 0$ (123₁); die schiefwinkligen Koordinaten des Brennpunktes sind daher (126₂)

$$\xi = \frac{p'}{2}\cos\beta^2 + \frac{p'}{2}\sin\beta^2 = \frac{p'}{2}; \qquad \eta = -p'\cos\beta.$$

4. Weil wir bei der Ableitung der Tangentengleichung (125) die Voraussetzung, daß unser Achsenpaar rechtwinklig war, nicht benutzt haben, so behält auch die Tangentengleichung für die schiefwinkligen Koordinaten ihre alte Form (125₄) bei. Für die auf ein schiefwinkliges Achsenpaar bezogene Parabel $y^2 = 2p'x$ ist daher die Tangentengleichung ebenfalls

$$y_1 y = p'(x + x_1) \text{ oder } y = \frac{p'}{y_1} x + \frac{y_1}{2}.$$

5. Durch eine Verschiebung der Achsen (114₃) erkennt man, daß auch die auf schiefwinklige Achsen bezogene Gleichung

$$(y - d)^2 = 2p'(x - c)$$

eine Parabel darstellt (126₂). Die Achse dieser Parabel ist der Abszissenachse parallel; die Tangente im Punkte $c; d$ ist der Ordinatenachse parallel (126₁). — Die Richtlinie hat von dem Punkt $c; d$ den Abstand $\frac{p'}{2}$ (126₁); der Brennpunkt hat die Koordinaten (126₃) $c + \frac{p'}{2}; d - p' \cos\beta$.

127. Pol und Polare (vgl. Nr. 119). Den folgenden Betrachtungen legen wir ein Achsenpaar zugrunde, welches einen beliebigen Parabelpunkt O als Anfangspunkt und den Durchmesser und die Tangente von O als Achsen hat (126). —

1. Ein beliebiger Punkt der Gerade, welche die beiden Punkte $\xi_1; \eta_1$ und $x; y$ verbindet, hat die Koordinaten (97₃)

$$x_1 = \frac{\xi_1 - \varepsilon x}{1 - \varepsilon}; \quad y_1 = \frac{\eta_1 - \varepsilon y}{1 - \varepsilon}.$$

Soll dieser Punkt $x_1; y_1$ auf der Parabel liegen, so folgt aus $y_1{}^2 = 2px_1$

$$(\eta_1 - \varepsilon y)^2 = 2p(\xi_1 - \varepsilon x)(1 - \varepsilon) \text{ und daraus}$$

$$\varepsilon^2(y^2 - 2px) - 2\varepsilon[\eta_1 y - p(x + \xi_1)] + \eta_1{}^2 - 2p\xi_1 = 0.$$

Aus dieser für ε quadratischen Gleichung ergeben sich zwei Werte ε_1 und ε_2, so daß unsere Gerade die Parabel in zwei Punkten schneidet. Ist der Koeffizient von ε gleich 0, so wird die Gleichung eine rein quadratische und es ist $\varepsilon_2 = -\varepsilon_1$, d. h. die Punkte $\xi_1; \eta_1$ und $x; y$ werden durch die Parabel harmonisch getrennt (97₃). Halten wir also die Koordinaten des einen der beiden Punkte, etwa ξ_1 und η_1, fest und unterwerfen die Koordinaten des anderen der Bedingung, daß für sie $\eta_1 y - p(x + \xi_1) = 0$ ist, so haben wir den

Lehrsatz. Der Punkt $\xi_1; \eta_1$ wird von der Gerade

$$\boldsymbol{\eta_1 y = p(x + \xi_1)}$$

durch die Parabel harmonisch getrennt. —

Die Gerade heißt die Polare des Punktes; der Punkt der Pol der Gerade. —

2. (Vgl. Nr. 119_4). Wie man aus den Koordinaten $\xi_1; \eta_1$ die Gleichung der Polare bilden kann, so kann man auch aus der Gleichung jeder Gerade $ax + \beta y + c = 0$ die Koordinaten des Punktes $\xi_1; \eta_1$ finden, dessen Polare sie ist. Aus der Vergleichung [(104₂)] der beiden Gleichungen

$$-\frac{x}{\xi_1} + \frac{\eta_1 y}{p\xi_1} = 1 \text{ und } -\frac{ax}{c} - \frac{\beta y}{c} = 1$$

$$\text{ergibt sich } \xi_1 = \frac{c}{a};\ \eta_1 = -\frac{\beta p}{a}:$$

Die Gerade $ax + \beta y + c = 0$ hat den Pol $\frac{c}{a}; -\frac{\beta p}{a}$.

3. Liegt der Punkt $\xi_1; \eta_1$ in der Parabel, so geht die Polarengleichung in die Tangentengleichung [(126₄)] über:

Lehrsatz. Die Polare eines Parabelpunktes ist seine Tangente.

4. (Vgl. Nr. 119_5). Liegt ein Punkt $\xi; \eta$ in der Polare des Punktes $\xi_1; \eta_1$, so ist $\eta_1 \eta = p(\xi + \xi_1)$. Die Polare des Punktes $\xi; \eta$ ist $\eta y = p(x + \xi)$. Dieser Gleichung genügen, wie die vorhergehende zeigt, die Koordinaten des Punktes $\xi_1; \eta_1$:

Lehrsatz. Die Polaren der Punkte einer Gerade gehen durch einen Punkt, den Pol der Gerade.

5. Zusatz 1. Die Polare des Brennpunktes ist die Richtlinie; denn für $\xi_1 = p:2$ und $\eta_1 = 0$ wird die Polarengleichung [(127₁)] $x = -p:2$.

6. Zusatz 2. Ist $G: -p:2; \eta_1$ ein beliebiger Punkt der Richtlinie, so ist das Richtungsverhältnis des Brennstrahles $FG: -\eta_1 : p$ [(100₁)] das Richtungsverhältnis der Polare von F ergibt sich aus der Polarengleichung [(127₁)]: $p : \eta_1$. FG steht also senkrecht [(109₁)] auf der Polare von F:

Lehrsatz. Konjugierte [(78₄)] Brennstrahlen stehen aufeinander senkrecht.

128. Ortsaufgabe über die Parabel.

Aufgabe. Auf den Seiten OA und OB (Fig. 171) des Dreiecks OAB bewegen sich zwei Punkte D und E, für welche

$$AD + BE = OA + OB = a + b$$

ist. Gesucht wird der Ort für den Schnittpunkt des Strahles $B(D)$ und der zu OA durch E gezogenen Parallele.

1. **Geometrische Lösung** (vgl. Nr. 121_1). Aus der Gleichung $AD + BE = a + b$ ergibt sich (Fig. 171):

I. Fällt D in einen Punkt A_1, für welchen $OA_1 = 2a + b$ ist, so fällt E in B;

II. Fällt D in den uneigentlichen Punkt W von OA, so fällt E in den uneigentlichen Punkt V von OB;

III. Fällt D in O, so fällt E in einen Punkt B, für welchen $O\mathsf{B} = 2(a + b)$ ist.

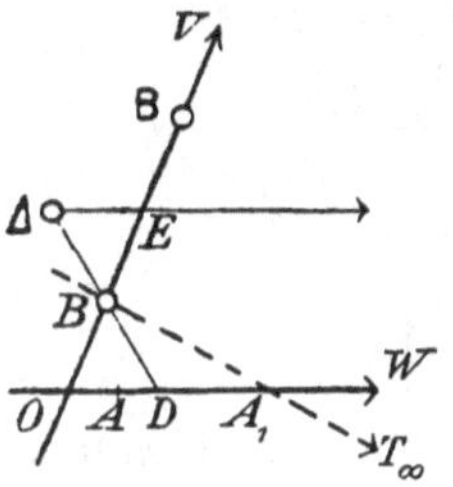

Fig. 171.

Wir wählen die festen [107_1] Punkte B und W als Mittelpunkte zweier Strahlenbüschel, die wir durch die Kette miteinander verbinden:

$$B(D)\,\overline{\barwedge}\,D\barwedge E^{(83_2)}\,\overline{\barwedge}\,W(E)$$

und bestimmen die Strahlen, welche der Verbindungslinie der Strahlenmittelpunkte B und W homolog sind:

$$\longrightarrow$$

$$B(W)\,\overline{\barwedge}\,W\barwedge V\,\overline{\barwedge}\,W(V);$$

$$\longleftarrow$$

$$B(A_1)\,\overline{\barwedge}\,A_1\barwedge B\,\overline{\barwedge}\,W(B).$$

Der Ort ist also eine Kurve mit den beiden Punkten B und W und den Tangenten WV und BA_1 [63_1]. Da WV die uneigentliche Gerade ist, so ist die Kurve eine Parabel [88_1]. —

Ein fünftes Stück der Parabel erhalten wir, wenn wir D in O fallen lassen; es fällt dann E in B und die homologen Strahlen $B(O)$ und $W(\mathsf{B})$ schneiden sich in einem neuen Kurvenpunkt B. — Bezeichnen wir den uneigentlichen Punkt von BA_1 durch T_∞, so können wir aus $BW\mathsf{B}$ und T_∞ die Parabel nach der Fundamentalkonstruktion [64] zeichnen.

2. **Projektiv-geometrische Lösung** (vgl. Nr. 121_2). Die Polare des uneigentlichen Punktes V von $B\mathsf{B}$ geht durch die Mitte C (Fig. 172) von $B\mathsf{B}$ [72_1] und den Punkt W [73_2].

Die Polare des Punktes T, in dem dieser Durchmesser CW die Tangente BA_1 schneidet, geht durch B und V [78_2]. $T\mathsf{B}$ ist daher die Tangente in B [78_4]. Von der konjugierten Involution des Durchmessers CW kennen wir das Punktpaar TC [78_4] und den Ordnungspunkt W [78_3].

Es ist daher der von W durch C und T harmonisch getrennte Punkt K, das ist die Mitte von TC, ein weiterer Kurvenpunkt [72_1]; die Tangente von K ist KV [78_4]. Wir kennen also Durchmesser und Tangente des Punktes K und dürfen zwei Geraden, die dem Durchmesser KW und der Tangente KV parallel sind, als Koordinatenachsen wählen [126_5], z. B. OA und OB.

Aus den Koordinaten von $B:0;b$ und $\mathsf{B}:0;2(a+b)$ folgt für die Mitte $C:0;a+\frac{3}{2}b$ [97_1], folglich $BC=BO+OC=a+\frac{1}{2}b$. Ferner ist $CT:OA_1=BC:BO$ [5_6] $=a+\frac{1}{2}b:-b$; folglich

$$CT=-2(a+\tfrac{1}{2}b)^2:b;\quad \text{folglich}\quad CK=-(a+\tfrac{1}{2}b)^2:b.$$

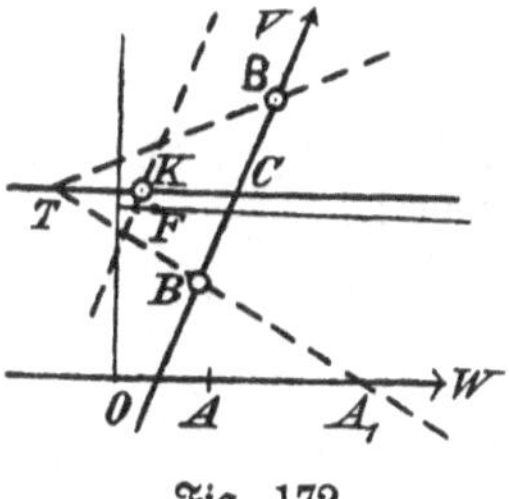

Fig. 172.

Es sind daher die Koordinaten des Parabelpunktes

$$K:-\frac{(a+\frac{1}{2}b)^2}{b};\; a+\tfrac{3}{2}b$$

und die Gleichung der Parabel, bezogen auf das Achsenpaar OA und OB,

$$[y-(a+\tfrac{3}{2}b)]^2=2p'\left[x+\frac{(a+\frac{1}{2}b)^2}{b}\right]^{(126_5)}.$$

Diese Parabel geht durch B : 0; $2(a+b)$; folglich

$$[2(a+b)-(a+\tfrac{3}{2}b)]^2=2p'\left[0+\frac{(a+\frac{1}{2}b)^2}{b}\right];$$

folglich $2p'=b$. Die Gleichung des Ortes ist also

$$[y-(a+\tfrac{3}{2}b)]^2=b\left[x+\frac{(a+\frac{1}{2}b)^2}{b}\right].$$

Zusatz. Ein zweiter Weg ergibt sich aus Nr. 92_2: Die Gleichung der Parabel für ein aus CW und $C\mathrm{B}$ gebildetes Achsenpaar ist

$$\frac{y^2}{x-\frac{1}{2}CT}=-\frac{C\mathrm{B}^2}{\frac{1}{2}CT};$$

für ein aus OW und OC gebildetes Achsenpaar also

$$\frac{(y-OC)^2}{x-\frac{1}{2}CT}=-\frac{C\mathrm{B}^2}{\frac{1}{2}CT}.$$

Durch Einsetzen der für OC; CT; $C\mathrm{B}$ gefundenen Werte erhalten wir die obenstehende Gleichung.

3. **Analytisch-geometrische Lösung** (vgl. Nr. 121_3). Wir wählen OA und OB (Fig. 171) als Koordinatenachsen. Bezeichnen wir die Abszisse von D durch x_1 und die Ordinate von E durch y_2, so folgt $^{(95_2)}$

$AD+BE=x_1-a+y_2-b=a+b$; folglich $y_2=2(a+b)-x_1$.

Wir haben daher

$$D:x_1;0;\ \text{folglich}\ B(D):\frac{y-b}{x}=-\frac{b}{x_1}{}^{(105_1)};$$

$$E:0;2(a+b)-x_1;\ \text{folglich}\ W(E):y=2(a+b)-x_1{}^{(102_3)}.$$

Aus diesen beiden Gleichungen ist die Hülfsgröße x_1 zu eliminieren:

$$x_1=-\frac{bx}{y-b}=2(a+b)-y.$$

Diese Gleichung formen wir um in

$$[y-(a+\tfrac{3}{2}b)]^2=b\left[x+\frac{(a+\frac{1}{2}b)^2}{b}\right].$$

Ergebnis $^{(126_5)}$: Der Ort ist eine Parabel, die durch den Punkt

$$-\frac{(a+\frac{1}{2}b)^2}{b};\ a+\tfrac{3}{2}b$$

geht und die durch diesen Punkt zur Ordinatenachse gezogene Parallele berührt; die Parabelachse ist parallel der Abszissenachse.

Zusatz $^{(126_5)}$. Die Richtlinie hat von dem Punkte K (Fig. 172) den Abstand $b:4$; der Brennpunkt F hat die Koordinaten

$$-\frac{(a+\frac{1}{2}b)^2}{b}+\tfrac{1}{4}b;\ a+\tfrac{3}{2}b-\tfrac{1}{2}b\cos\beta.$$

129. Parabeldreieck und Parabeldreiseit. 1. Für ein Achsenpaar, das aus dem Durchmesser und der Tangente eines beliebigen Parabelpunktes besteht, sind die Tangenten in P_1 und P_2 (126₄)

$$y = \frac{p}{y_1} x + \frac{y_1}{2}, \qquad y = \frac{p}{y_2} x + \frac{y_2}{2}.$$

Daraus ergeben sich die Koordinaten ξ und η (106₄) des Tangentenschnittpunktes

$$\xi = \frac{y_1 y_2}{2p}; \qquad \eta = \tfrac{1}{2}(y_1 + y_2).$$

Das Ergebnis können wir, da $\frac{y_1 y_2}{2p} = \sqrt{x_1 x_2}$ ist, so in Worte kleiden:

Die Abszisse [Ordinate] des Schnittpunktes zweier Parabeltangenten ist gleich dem geometrischen [arithmetischen] Mittel aus den Abszissen [Ordinaten] der Berührungspunkte.

2. Aus den Koordinaten der drei Parabelpunkte (125₁) $P_1 P_2 P_3$ ergibt sich für den Dreiecksinhalt (108₆)

$$\frac{P_1 P_2 P_3}{\lambda} = \frac{1}{2p}\left[y_1^2(y_2 - y_3) + y_2^2(y_3 - y_1) + y_3^2(y_1 - y_2)\right]$$
$$= \frac{1}{2p}\left[y_1 y_2 (y_1 - y_2) + y_2 y_3 (y_2 - y_3) + y_3 y_1 (y_3 - y_1)\right].$$

3. Schneiden sich die Tangenten der drei Parabelpunkte $P_1 P_2 P_3$ in den Punkten $S_3 S_1 S_2$, so ergibt sich aus den Koordinaten (129₁)

$$S_1: \frac{y_2 y_3}{2p};\ \tfrac{1}{2}(y_2 + y_3) \qquad S_2: \frac{y_3 y_1}{2p};\ \tfrac{1}{2}(y_3 + y_1) \qquad S_3: \frac{y_1 y_2}{2p};\ \tfrac{1}{2}(y_1 + y_2)$$

für den Inhalt des Dreiecks (108₆)

$$\frac{S_1 S_2 S_3}{\lambda} = \frac{1}{4p}\left[y_2 y_3 (y_3 - y_2) + y_3 y_1 (y_1 - y_3) + y_1 y_2 (y_2 - y_1)\right];$$

folglich $P_1 P_2 P_3 = 2\, S_1 S_3 S_2$:

Lehrsatz. Jedes Parabeldreieck ist doppelt so groß wie das zugeordnete Parabeldreiseit (89₁; 89₆).

4. Das Dreieck aus zwei Parabeltangenten und ihrer Berührungssehne mit den Ecken

$$P_1\,{}^{(125_1)}: \frac{y_1^2}{2p};\ y_1 \qquad P_2: \frac{y_2^2}{2p};\ y_2 \qquad S_3\,{}^{(129_1)}: \frac{y_1 y_2}{2p};\ \tfrac{1}{2}(y_1 + y_2)$$

hat den Inhalt (108₆)

$$\frac{P_1 P_2 P_3}{\lambda} = \frac{1}{4p}\left[y_1^2(y_2 - y_1) + y_2^2(y_2 - y_1) + 2 y_1 y_2 (y_1 - y_2)\right]$$
$$= \frac{1}{4p}(y_2 - y_1)^3.$$

Für das Parabelsegment $\widehat{P_1P_2}$, das gleich $\frac{2}{3}$ $P_1P_2S_3$ ist (39₂), gilt daher

$$\frac{\widehat{P_1P_2}}{\lambda}=\frac{1}{6p}(y_2-y_1)^3.$$

5. Zusatz. Für ein rechtwinkliges Achsenpaar ist

$$\lambda=\frac{1}{2}\sin\omega^{(108_1)}=\frac{1}{2}\text{ und daher}$$

$$\widehat{P_1P_2}=\frac{1}{12p}(y_2-y_1)^3.$$

§ 4. Ellipse und Hyperbel.

130. Gleichung. 1. Definition. Der Ort für den Punkt P, dessen Entfernungen von zwei festen Punkten F und G eine gegebene Summe [Differenz] $2a$ haben, heißt Ellipse [Hyperbel] (40; 45). — Die Verbindungslinie FG heißt die Hauptachse, ihr Mittellot die Nebenachse (41; 46) der Kurve.

Indem wir die Haupt- und Nebenachse als (rechtwinklige) Koordinatenachsen wählen, führen wir die folgenden Koordinaten ein

$$F:e;0 \qquad G:-e;0 \qquad P:x;y.$$

Nach Nr. 110_2 haben wir zu übersetzen die Gleichung

$$(PF^2-PG^2)^2=8a^2(PF^2+PG^2-2a^2).\quad \text{Es ist}^{(110_1)}$$

$$\begin{array}{ll} PF^2=(x-e)^2+y^2 & PG^2=(x+e)^2+y^2 \\ \hline PF^2-PG^2=-4ex & PF^2+PG^2=2(x^2+e^2+y^2) \\ \hline \end{array}$$

$$(-4ex)^2=16a^2(x^2+e^2+y^2-a^2);$$

$$\frac{x^2}{a^2}+\frac{y^2}{a^2-e^2}=1.$$

2. Anmerkung. Diese Gleichung stellt eine Ellipse dar, wenn $a>e$; eine Hyperbel, wenn $a<e$ ist (110₂). Im ersten Fall können wir setzen $a^2-e^2=b^2$, im zweiten $a^2-e^2=-b^2$, sodaß wir haben als Gleichung der

$$\text{Ellipse: } \frac{x^2}{a^2}+\frac{y^2}{b^2}=1$$

$$\text{Hyperbel: } \frac{x^2}{a^2}-\frac{y^2}{b^2}=1. —$$

Wählen wir die Verbindungslinie der Brennpunkte (nicht als Abszissenachse, sondern) als Ordinatenachse, so nehmen die Gleichungen die Form an:

$$\text{Ellipse: } \frac{x^2}{b^2}+\frac{y^2}{a^2}=1$$

$$\text{Hyperbel: } -\frac{x^2}{b^2}+\frac{y^2}{a^2}=1.$$

131. Tangente. 1. Sind P_1 und P_2 zwei Kurvenpunkte, so ist (vgl. Nr. 117_1)

$$\frac{x_1^2}{a^2}+\frac{y_1^2}{a^2-e^2}=1 \qquad \frac{x_2^2}{a^2}+\frac{y_2^2}{a^2-e^2}=1$$

$$\frac{x_1^2-x_2^2}{a^2}+\frac{y_1^2-y_2^2}{a^2-e^2}=0$$

$$\frac{y_1-y_2}{x_1-x_2}=-\frac{a^2-e^2}{a^2}\cdot\frac{x_1+x_2}{y_1+y_2}$$

Richtungsverhältnis der Sehne $^{(100_1)}$: $-\dfrac{a^2-e^2}{a^2}\cdot\dfrac{x_1+x_2}{y_1+y_2}$;

Gleichung der Sehne $^{(105_6)}$: $\dfrac{y-y_1}{x-x_1}=-\dfrac{a^2-e^2}{a^2}\cdot\dfrac{x_1+x_2}{y_1+y_2}$.

2. Fällt der Punkt P_2 in P_1, so wird aus der Sehne die Tangente; es ist also:

Richtungsverhältnis der Tangente: $-\dfrac{a^2-e^2}{a^2}\cdot\dfrac{x_1}{y_1}$;

Gleichung der Tangente: $\dfrac{y-y_1}{x-x_1}=-\dfrac{a^2-e^2}{a^2}\cdot\dfrac{x_1}{y_1}$.

3. Aus der letzten Gleichung ergibt sich $(a^2-e^2)x_1x+a^2y_1y$ $=(a^2-e^2)x_1^2+a^2y_1^2=a^2(a^2-e^2)^{(130_1)}$ und daraus für die Tangentengleichung die

Symmetrische Form: $\boldsymbol{\dfrac{x_1x}{a^2}+\dfrac{y_1y}{a^2-e^2}=1}$.

132. Pol und Polare. 1. (Vgl. Nr. 119). Ein beliebiger Punkt der Gerade, welche die Punkte $\xi_1;\eta_1$ und $x;y$ verbindet, hat die Koordinaten

$$\frac{\xi_1-\varepsilon x}{1-\varepsilon};\ \frac{\eta_1-\varepsilon y}{1-\varepsilon}.$$

Soll dieser Punkt in der Kurve liegen, so ist

$$\left(\frac{\xi_1-\varepsilon x}{1-\varepsilon}\right)^2:a^2+\left(\frac{\eta_1-\varepsilon y}{1-\varepsilon}\right)^2:(a^2-e^2)=1.$$

Aus der nach Potenzen von ε geordneten Gleichung

$$\varepsilon^2\left(\frac{x^2}{a^2}+\frac{y^2}{a^2-e^2}-1\right)-2\varepsilon\left(\frac{\xi_1x}{a^2}+\frac{\eta_1y}{a^2-e^2}-1\right)$$
$$+\frac{\xi_1^2}{a^2}+\frac{\eta_1^2}{a^2-e^2}-1=0$$

ergeben sich zwei Werte ε_1 und ε_2, die die beiden Schnittpunkte unsrer Gerade mit der Kurve liefern. —

Ist der Koeffizient von ε gleich 0, so wird $\varepsilon_2 = -\varepsilon_1$, und die beiden Schnittpunkte teilen die Verbindungsstrecke der Punkte $\xi_1; \eta_1$ und $x; y$ harmonisch. Damit ergibt sich, wenn wir den Punkt $\xi_1; \eta_1$ als festen und den Punkt $x; y$ als beweglichen ansehen, der

Lehrsatz. Der Punkt $\xi_1; \eta_1$ wird von der Gerade

$$\frac{\xi_1 x}{a^2} + \frac{\eta_1 y}{a^2 - e^2} = 1$$

durch die Kurve harmonisch getrennt.

Die Gerade heißt die Polare des Punktes; der Punkt der Pol der Gerade.

Zusatz. Die Polare eines Kurvenpunktes ist seine Tangente (119₃).

2. Lehrsatz. Der Pol der Gerade $\alpha x + \beta y + c = 0$ ist der Punkt

$$-\frac{a^2 \alpha}{c};\ -\frac{(a^2 - e^2)\beta}{c} \ (119_4).$$

3. Lehrsatz. Die Polaren der Punkte einer Gerade gehen durch einen Punkt, den Pol der Gerade (119₅).

133. Richtlinien. 1. Definition. Die Polare eines Brennpunktes heißt Richtlinie. —

Von dem Brennpunkt $F: e; 0$ (130₁) ist die Polare (132₁)

$$\frac{ex}{a^2} = 1 \text{ oder } x = \frac{a^2}{e}; \text{ daher } (102_3)$$

Lehrsatz. Die beiden Richtlinien stehen auf der Hauptachse senkrecht und haben die Gleichungen

$$x = \frac{a^2}{e}; \qquad x = -\frac{a^2}{e}.$$

2. Für einen beliebigen Punkt P_1 der ersten Richtlinie ist die Abszisse $a^2 : e$; die Ordinate sei η_1. Es ist dann das Richtungsverhältnis (100₁) des Brennstrahls $F(P_1) : e\eta_1 : a^2 - e^2$. —

Die Polare des Punktes P_1 ist $\frac{x}{e} + \frac{\eta_1 y}{a^2 - e^2} = 1$, ihr Richtungsverhältnis (105₃) $-(a^2 - e^2) : e\eta_1$; daher (109₁)

Lehrsatz. Zwei konjugierte (78₄) Brennstrahlen stehen aufeinander senkrecht (vgl. Nr. 127₆).

3. Zusatz. Man kann diesen Satz benutzen, um zu einem beliebigen Punkte P die Polare p zu zeichnen. Man errichtet auf den durch P gehenden Brennstrahlen PF und PG in F und G die Lote und verbindet die Punkte, in denen diese Lote die Richtlinien von F und G schneiden.

4. Ein Kurvenpunkt $P: x; y$ hat von der ersten Richtlinie den Abstand $PL = \frac{a^2}{e} - x = \frac{a}{e}\left(a - \frac{e}{a}x\right)$; für den Brennstrahl PF gilt (110₁)

$$PF^2 = (x-e)^2 + y^2 = (x-e)^2 + \frac{a^2 - e^2}{a^2}(a^2 - x^2)^{(130_1)}$$
$$= \left(a - \frac{e}{a}x\right)^2; \text{ folglich}$$
$$PF^2 : PL^2 = e^2 : a^2. \text{ —}$$

Dieselbe Gleichung läßt sich für den zweiten Brennpunkt und seine Polare beweisen:

Lehrsatz. Jeder Kurvenpunkt hat von einem Brennpunkt und seiner Richtlinie Entfernungen, deren Quadrate ein gegebenes Verhältnis haben $^{(43_3;\ 48_3)}$.

134. Konjugierte Durchmesser (vgl. Nr. 120).

1. Lehrsatz. Die Polare eines uneigentlichen Punktes ist ein Durchmesser.

Beweis. Die Polare des uneigentlichen Punktes $^{(103_5)}$

$$P_\infty : \frac{y_\infty}{x_\infty} = \mu \text{ ist }^{(132_1)}$$

$$\frac{x_\infty x}{a^2} + \frac{y_\infty y}{a^2 - e^2} = 1 \text{ oder } \frac{x}{a^2} + \frac{y_\infty}{x_\infty} \cdot \frac{y}{a^2 - e^2} = \frac{1}{x_\infty}; \text{ folglich}$$

$$y = -\frac{1}{\mu} \cdot \frac{a^2 - e^2}{a^2} x.$$

Diese Gerade geht durch $O^{(103_2)}$, den Mittelpunkt der Kurve, ist also ein Durchmesser.

2. Der Durchmesser OP_∞ hat die Gleichung $^{(105_2)}$ $y : x = \mu$. Wir haben daher (vgl. Nr. 120_2) den

Lehrsatz. Zwei Durchmesser $y = \mu x$ und $y = \mu_1 x$ sind konjugiert, wenn

$$\mu\mu_1 = -\frac{a^2 - e^2}{a^2} \quad \text{ist.}$$

135. Konjugierte Durchmesser als Achsen. 1. Für ein rechtwinkliges Achsenpaar, das aus der Verbindungslinie der beiden Brennpunkte und ihrem Mittellot besteht, ist die Kurvengleichung

$$\frac{x^2}{a^2} + \frac{y^2}{a^2 - e^2} = 1^{(130_1)}.$$

Wir wollen die Kurve jetzt beziehen auf ein neues schiefwinkliges Achsenpaar, dessen Achsen mit der Abszissenachse des ursprünglichen Paares die Winkel α und β bilden. Es ist dann $^{(114_1)}$

$$x = \xi \cos\alpha + \eta \cos\beta \qquad y = \xi \sin\alpha + \eta \sin\beta.$$

Durch Einsetzung dieser Werte geht unsre Kurvengleichung über in

$$\xi^2\left(\frac{\cos\alpha^2}{a^2} + \frac{\sin\alpha^2}{a^2 - e^2}\right) + \eta^2\left(\frac{\cos\beta^2}{a^2} + \frac{\sin\beta^2}{a^2 - e^2}\right)$$
$$+ 2\xi\eta\left(\frac{\cos\alpha\cos\beta}{a^2} + \frac{\sin\alpha\sin\beta}{a^2 - e^2}\right) = 1.$$

Sind die neuen Achsen konjugierte Durchmesser, so ist (134₉)

$$\mu \mu_1 = \operatorname{tg} \alpha \operatorname{tg} \beta \ ^{(111_8)} = -\frac{a^2 - e^2}{a^2},$$

also der Koeffizient von $2\xi\eta$ gleich 0. —

Für die Koeffizienten von ξ^2 und η^2 schreiben wir

$$\frac{\cos\alpha^2}{a^2} + \frac{\sin\alpha^2}{a^2 - e^2} = \frac{\cos\alpha^2}{a^2}\left(1 + \frac{a^2}{a^2 - e^2}\operatorname{tg}\alpha^2\right);$$

$$\frac{\cos\beta^2}{a^2} + \frac{\sin\beta^2}{a^2 - e^2} = \frac{\cos\beta^2}{a^2}\left(1 + \frac{a^2}{a^2 - e^2}\operatorname{tg}\beta^2\right)$$

$$= \frac{\cos\beta^2}{a^2}\left(1 + \frac{a^2 - e^2}{a^2} \cdot \frac{1}{\operatorname{tg}\alpha^2}\right).$$

Aus dieser Form erkennen wir, daß immer mindestens einer der Koeffizienten positiv ist (vgl. Nr. 90_7); denn ist z. B.

$$\frac{a^2}{a^2 - e^2}\operatorname{tg}\alpha^2$$

negativ und größer als 1, der erste Koeffizient also negativ, so ist

$$\frac{a^2 - e^2}{a^2} \cdot \frac{1}{\operatorname{tg}\alpha^2},$$

der reziproke Wert, kleiner als 1, der zweite Koeffizient also positiv. Setzen wir daher für die Koeffizienten, je nachdem sie positiv oder negativ sind, $1 : \pm a_1^2$ und $1 : \pm b_1^2$, so erhalten wir für die Kurvengleichung dieselben Formen wie in Nr. 130_2:

Lehrsatz. Wählen wir als Achsen zwei konjugierte Durchmesser, so ändert die Kurvengleichung ihre Form nicht.

2. Es ändert daher auch (vgl. 126_4) die Tangentengleichung (131₃) ihre Form nicht.

136. Umformung der Gleichung. Ist in der allgemeinen Gleichung zweiten Grades mit zwei Unbekannten (116) $\gamma = 0$, so lautet sie

$$\alpha x^2 + \beta y^2 + ax + by + cd = 0.$$

Hierin mögen x und y auf schiefwinklige Achsen bezogene Koordinaten sein. Um zu erkennen, welche Kurve durch diese Gleichung dargestellt wird, formen wir sie um:

$$\alpha\left(x + \frac{a}{2\alpha}\right)^2 + \beta\left(y + \frac{b}{2\beta}\right)^2 = \frac{a^2}{4\alpha} + \frac{b^2}{4\beta} - cd.$$

Wir nehmen an, daß die rechte Seite dieser Gleichung positiv ist und bezeichnen sie zur Abkürzung durch q^2. (Wäre die rechte Seite negativ, so würden wir die ganze Gleichung zunächst mit -1 multiplizieren und dann für die rechte Seite q^2 setzen. Die weiteren Betrachtungen würden sich von den folgenden nicht wesentlich unterscheiden). Gleichzeitig verlegen wir den Koordinatenanfang in den Punkt $-a:2\alpha$;

$-b:2\beta$, sodaß die neuen Koordinaten mit den alten zusammenhängen durch die Gleichungen $^{(114_3)}$

$$x=\xi-\frac{a}{2\alpha}; \qquad y=\eta-\frac{b}{2\beta}.$$

Dadurch erhalten wir die Gleichung

$$\frac{\xi^2}{q^2:\alpha}+\frac{\eta^2}{q^2:\beta}=1.$$

Wir unterscheiden nun die folgenden Fälle:

I. α —; β —. Es gibt keine Werte von ξ und η, die der Gleichung genügen; die Gleichung hat also keine geometrische Bedeutung.

II. $\alpha+$; $\beta+$. Ein Vergleich mit Nr. 130_2 zeigt, daß die Gleichung eine Ellipse darstellt.

III. $\alpha\pm$; $\beta\mp$. Die Gleichung stellt eine Hyperbel dar $^{(130_2)}$.

Das Ergebnis ist also: Die Gleichung

$$\alpha x^2+\beta y^2+ax+\beta y+cd=0$$

stellt, wenn sie überhaupt eine geometrische Bedeutung hat, eine Ellipse oder Hyperbel dar.

137. Allgemeine Gleichung zweiten Grades. Bei unsern bisherigen Betrachtungen der allgemeinen Gleichung zweiten Grades in den Nrn. 116 (Kreis); 124 (Parabel); 136 (Ellipse und Hyperbel) mußten wir annehmen, daß die Koeffizienten $\alpha\beta\gamma$ besondere Werte hatten. Jetzt können wir diese Voraussetzung fallen lassen und untersuchen, welche Kurve durch die allgemeine Gleichung zweiten Grades dargestellt wird, die wir, mit einer Abänderung in der Bezeichnung, so schreiben:

$$\alpha' x^2+\beta' y+\gamma' xy+ax+by+cd=0.$$

Dieser Gleichung geben wir eine andre Form, indem wir eine Drehung der Koordinatenachsen vornehmen. Dabei beschränken wir uns auf den Fall, daß sowohl x und y als auch die neuen Koordinaten ξ und η rechtwinklig sind. Die Transformationsgleichungen sind dann $^{(114_2)}$

$$x=\xi\cos\alpha-\eta\sin\alpha \qquad y=\xi\sin\alpha+\eta\cos\alpha.$$

Setzen wir diese Werte ein, so wird der Koeffizient von $\xi\eta$:

$$-\alpha'\cdot 2\sin\alpha\cos\alpha+\beta'\cdot 2\sin\alpha\cos\alpha+\gamma'\cdot(\cos\alpha^2-\sin\alpha^2)$$

oder

$$-(\alpha'-\beta')\sin 2\alpha+\gamma'\cos 2\alpha.$$

Hieraus geht hervor, daß der Koeffizient von $\xi\eta$ verschwindet, wenn

$$\operatorname{tg} 2\alpha=\frac{\gamma'}{\alpha'-\beta'}$$

ist. Da es immer einen Wert für α gibt, der dieser Gleichung genügt, so gibt es auch stets ein rechtwinkliges Achsenpaar, für das der Koeffizient von $\xi\eta$ gleich 0 ist, für das daher unsre Gleichung eine der Formen von Nr. 136 hat, und also, wenn sie überhaupt eine geometrische Bedeutung hat, eine Ellipse oder Hyperbel darstellt.

§ 5. Ellipse.

138. Haupt- und Nebenscheitel. In § 4 haben wir die Eigenschaften, die Ellipse und Hyperbel gemeinsam haben, abgeleitet; jetzt betrachten wir Ellipse und Hyperbel gesondert. Wir haben also (130₂) in den aufgestellten allgemeinen Gleichungen, je nachdem wir eine Ellipse oder eine Hyperbel vor uns haben, $+b^2$ oder $-b^2$ für a^2-e^2 zu setzen.

1. Aus der Ellipsengleichung (135₁) $x^2:a^2+y^2:b^2=1$ folgt

für $y=0$ $\quad x=\pm a$ und für $x=0$ $\quad y=\pm b$.

Wir haben demnach die vier Ellipsenpunkte:

$A:+a;\,0 \qquad A_1:-a;\,0 \qquad B:+b;\,0 \qquad B_1:-b;\,0.$ —

Ist B_1B senkrecht zu A_1A, so heißen AA_1BB_1 die Scheitel und A_1A und B_1B die Achsen der Ellipse. Die Achse, welche die Brennpunkte enthält (in unsren Betrachtungen meist A_1A), heißt die Hauptachse, die andre B_1B die Nebenachse. — A und A_1 heißen Hauptscheitel (41₂); B und B_1 Nebenscheitel (41₇). A_1A ist die Länge der Hauptachse; B_1B die Länge der Nebenachse. —

2. Nach Nr. 131_2 und 131_3 ist

Richtungsverhältnis der Ellipsentangente: $-\dfrac{b^2x_1}{a^2y_1}$;

Gleichung der Ellipsentangente: $\dfrac{x_1x}{a^2}+\dfrac{y_1y}{b^2}=1.$

3. Durch Einsetzen der Koordinaten von AA_1BB_1 (138₁) in diese Gleichung folgt für die Tangente in

$A:x=+a \qquad A_1:x=-a \qquad B:y=+b \qquad B_1:y=-b.$

Die Tangenten in A und A_1 sind daher (102₃) dem Durchmesser B_1B und die Tangenten in B und B_1 dem Durchmesser A_1A parallel.

139. Ortsaufgabe über die Ellipse.

Aufgabe. Die Tangenten in den Endpunkten E und E_1 (Fig. 173) des auf der Achse einer Parabel senkrecht stehenden Brennstrahls werden von der Tangente eines beweglichen Parabelpunktes P_1 in D und D_1 geschnitten. Welches ist der Ort für den Schnittpunkt der Strahlen $E(D_1)$ und $E_1(D)$?

1. **Rein-geometrische Lösung** (vgl. Nr. 121_1). Wir wählen die festen (107₁) Punkte E und E_1 als Mittelpunkte zweier Strahlenbüschel,

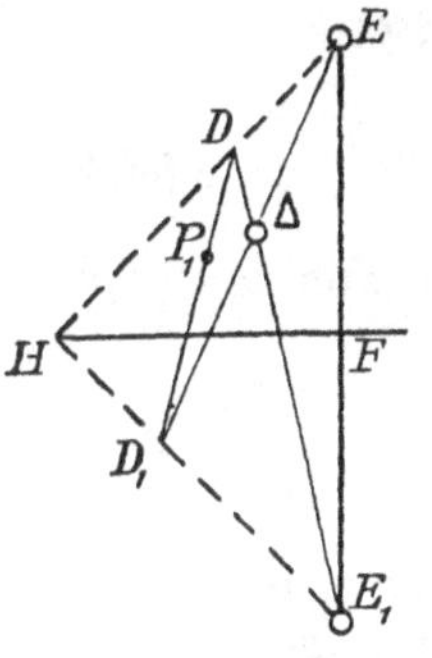

Fig. 173.

die wir durch die folgende Kette miteinander verbinden (Fig. 173):

$$E(D_1)\overline{\overline{\wedge}}\, D_1 \overline{\wedge}\, D^{(68_1)} \overline{\overline{\wedge}}\, E_1(D)$$

und bestimmen die Strahlen, welche der Verbindungslinie der Strahlenmittelpunkte homolog sind:

$$\overrightarrow{E(E_1)}\overline{\overline{\wedge}}\, E_1 \wedge H \overline{\overline{\wedge}}\, E_1(H);$$

$$\overleftarrow{E(H)\overline{\overline{\wedge}}\, H \overline{\wedge}\, E \overline{\wedge}\, E_1(E).}$$

Der Ort ist also eine Kurve mit den beiden Punkten E und E_1 und den Tangenten EH und E_1H[68_1]. Zu ihrer Bestimmung fehlt noch das fünfte Stück. Dies erhalten wir, indem wir eine geeignete Lage für P_1 wählen[107_1]: Lassen wir P_1 in den Parabelscheitel K fallen (Fig. 174), so fällt D in C und D_1 in C_1. Das fünfte Stück ist also der Schnittpunkt A_1 von $E(C_1)$ und $E_1(C)$. — Wir können mithin die Kurve aus EE_1A_1 und H zeichnen[64].

2. **Projektiv-geometrische Lösung** (vgl. Nr. 121_2). Die Polare des uneigentlichen Punktes von EE_1 geht durch H[73_2] und durch F[72_1]. Die Gerade HF ist also ein Durchmesser[85_2] und, weil sie senkrecht auf EE_1 steht, eine Achse des Orts[86_2]. Es haben daher die Achse und die Scheiteltangente der Parabel für den Ort konjugierte Richtungen; wir dürfen sie also als Achsenpaar wählen und müssen noch die Koordinaten des Mittelpunktes O und die konjugierten Potenzen pq und rs der beiden dieser Achse parallelen Durchmesser berechnen[90_5]. Weil H und A_1 zwei Diagonalpunkte des Vierecks EE_1C_1C (Fig. 174) sind, ist

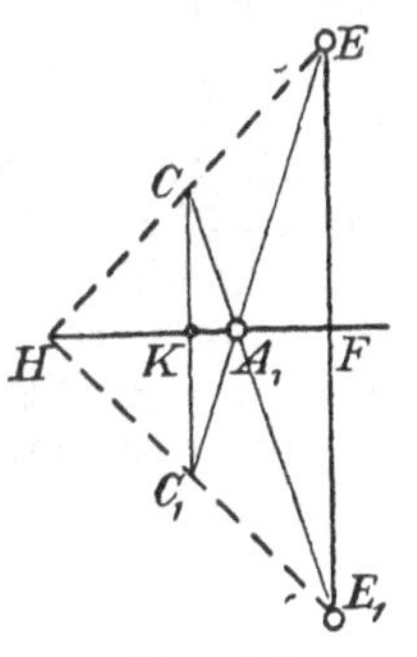

Fig. 174.

$$\frac{A_1K}{A_1F} = -\frac{HK}{HF}^{(53_6)} = -\frac{1}{2};$$

folglich
$$\frac{A_1K}{A_1K+KF}^{(2_2)} = -\frac{1}{2};$$

folglich
$$\frac{A_1K}{KF} = -\frac{1}{3};$$

folglich
$$A_1K = -\frac{1}{3}\cdot\frac{p}{2} = -\frac{1}{6}p. —$$

Von der konjugierten Involution der Achse HF kennen wir den Ordnungspunkt A_1 und das Punktpaar HF[73_4]. Bezeichnen wir also den noch unbekannten Mittelpunkt des Ortes, der in dem Durchmesser HF liegt und der Fluchtpunkt der konjugierten Involution ist[79_3], durch O, so ist[82_1]

$$OA_1^2 = OH\cdot OF;\ \text{folglich}^{(2_2)}\ (OK+KA_1)^2 = (OK+KH)(OK+KF);$$

$$(\tfrac{1}{6}p - KO)^2 = (-\tfrac{1}{2}p - KO)(\tfrac{1}{2}p - KO);\ \text{folglich}\ KO = \tfrac{5}{6}p. —$$

$$OA_1 = OK + KA_1 = -\tfrac{5}{6}p + \tfrac{1}{6}p = -\tfrac{2}{3}p;$$

folglich $pq = OA_1{}^2 = (\tfrac{2}{3}p)^2$. —

Die konjugierte Potenz der Sehne EE_1 ist $FE^2 = p^2$, folglich [(91)]

$$\frac{rs}{p^2} = \frac{HO}{HF} = \frac{HK + KO}{p} = \frac{\tfrac{1}{2}p + \tfrac{5}{6}p}{p} = \frac{4}{3}; \text{ folglich } rs = \tfrac{4}{3}p^2.$$

Die Gleichung ist also [(90₆)]

$$\frac{(x - \tfrac{5}{6}p)^2}{(\tfrac{2}{3}p)^2} + \frac{y^2}{\tfrac{4}{3}p^2} = 1.$$

Zusatz 1. Ein zweiter (einfacherer) Weg (der ohne Benutzung der Involutionen zum Ziele führt) ergibt sich, wenn man noch ein sechstes Stück des Ortes zeichnet, indem man P_1 in den uneigentlichen Punkt W der Parabel fallen läßt: D und D_1 fallen dann in die uneigentlichen Punkte von EH und E_1H und der Schnittpunkt A (Fig. 175) der Geraden, welche diese uneigentlichen Punkte mit E_1 und E verbinden, ist ein weiterer Kurvenpunkt. (Man kann den Punkt A auch erhalten, indem man den von A_1 durch H und F harmonisch getrennten Punkt zeichnet [(72₁)]). Die Mitte O von A_1A ist der Mittelpunkt des Ortes und, weil $FA = HF = p$ ist, wird $A_1A = A_1F + FA = \tfrac{1}{3}p + p = \tfrac{4}{3}p$; und $KO = KA_1 + A_1O = \tfrac{1}{6}p + \tfrac{2}{3}p = \tfrac{5}{6}p$. —

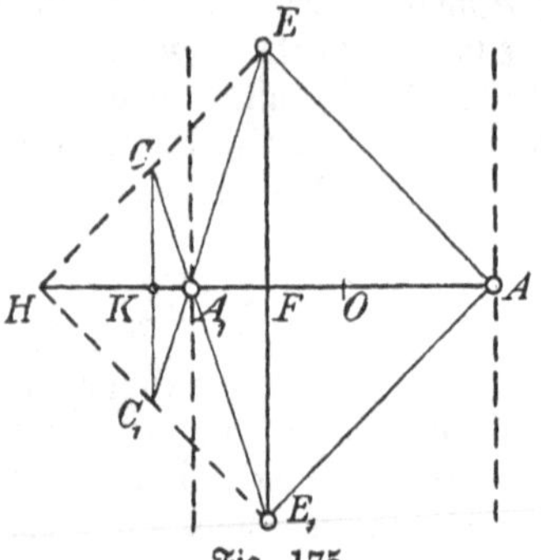

Fig. 175.

Die Tangente in E schneidet auf den Tangenten in A_1 und A, welche senkrecht auf der Parabelachse stehen, Strecken ab, die gleich $HA_1 = HK + KA_1 = \tfrac{1}{2}p + \tfrac{1}{6}p = \tfrac{2}{3}p$, und gleich $HA = 2p$ sind. Mittels dieser Werte ergibt sich die Kurvengleichung aus Nr. 90_8.

Zusatz 2. Der kürzeste Weg, die Gleichung der durch EE_1A_1 und H bestimmten Kurven zu finden (Fig. 174), ergibt sich aus Nr. 92: Aus $KH = -\tfrac{1}{2}p$; $KE = +\tfrac{1}{2}p$; $KA_1 = \tfrac{1}{6}p$ findet man für den Fluchtpunkt O der Involution $HF \cdot A_1A_1$ nach Nr. 82_3 $KO = \tfrac{5}{6}p$; die Gleichung ist dann [(92₁)]

$$\frac{(x - KO)^2}{OH \cdot OF} + \frac{y^2}{FE^2 \cdot HO : HF} = 1.$$

3. Analytisch-geometrische Lösung (vgl. Nr. 121_3). Wählen wir die Achse und die Scheiteltangente der Parabel als Koordinatenachsen, so haben wir (Fig. 173)

$$E: \frac{p}{2};\ p \ ^{(123_4)} \qquad P_1: \frac{y_1{}^2}{2p};\ y_1 \ ^{(125^1)} \qquad E_1: \frac{p}{2};\ -p.$$

Daraus ergibt sich für den Schnittpunkt $D[D_1]$ der Tangenten in $E[E_1]$ und P_1 [(129₁)]

$D: \frac{1}{2}y_1; \frac{1}{2}(y_1+p)$ und für $D_1: -\frac{1}{2}y_1; \frac{1}{2}(y_1-p)$. Folglich

$$E(D_1)^{(105_1)}: \frac{y-p}{x-\frac{1}{2}p}=\frac{p-\frac{1}{2}(y_1-p)}{\frac{1}{2}p+\frac{1}{2}y_1}=\frac{3p-y_1}{p+y_1};$$

$$E_1(D)^{(105_1)}: \frac{y+p}{x-\frac{1}{2}p}=\frac{-p-\frac{1}{2}(y_1+p)}{\frac{1}{2}p-\frac{1}{2}y_1}=-\frac{3p+y_1}{p-y_1}.$$

Aus beiden Gleichungen ist die Hilfsgröße y_1 zu eliminieren:

$$y_1=\frac{p[(6x-p)+2y]}{2y-(2x-3p)}=\frac{p[(6x-p)-2y]}{2y+(2x-3p)};$$

$$4y^2+(6x-p)(2x-3p)=0;$$

$$\frac{(x-\frac{5}{6}p)^2}{(\frac{2}{3}p)^2}+\frac{y^2}{(\frac{2}{\sqrt{3}}p)^2}=1.$$

Der Ort ist eine Ellipse, ihr Mittelpunkt hat die Koordinaten $\frac{5}{6}p; 0$ (136); ihre Halbachsen (138₁) sind $\frac{2}{3}p$ und $\frac{2}{\sqrt{3}}p$. —

140. Ortsaufgabe über die Hyperbel.

Aufgabe. Auf den beiden Geraden A_1B und AB (Fig. 176), die die Hauptscheitel A_1 und A einer Ellipse mit dem einen Nebenscheitel B verbinden, bewegen sich zwei Punkte D und D_1 so, daß die Abszisse von D vermindert um die Abszisse von D_1 gleich der halben Hauptachse ist. Welches ist der Ort für den Schnittpunkt Δ der Polaren von D und D_1?

1. **Rein-geometrische Lösung** (vgl. Nr. 121_1). Ist die Differenz der Abszissen $OQ-OQ_1$ konstant (Fig. 176), so bilden die Punkte Q und Q_1 zwei projektive Punktreihen (83₂) und folglich auch, wie man durch Projektion aus dem uneigentlichen Punkte von OB erkennt, die Punkte D und D_1 (56₁). — Die Pole der Geraden AB und A_1B sind die Ecken C und C_1 des umgeschriebenen Rechtecks (72₆). Diese Pole C und C_1 nehmen wir als Mittelpunkte zweier Strahlenbüschel; die projektive Verwandtschaft dieser beiden Strahlenbüschel folgt aus der Kette:

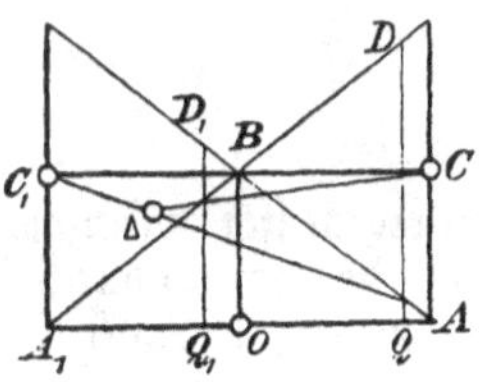

Fig. 176.

$$C(\Delta)\,\overline{\wedge}\,D_1{}^{(73_3)}\,\overline{\wedge}\,D^{(83_2)}\,\overline{\wedge}\,C_1(\Delta)^{(73_3)}. \text{ —}$$

Fällt D_1 in $B[E_1]$ (Fig. 177), so fällt D in $E[B]$. Die Polaren von B; E_1; E sind die Geraden CC_1 (72₆); CA_1 (73₂); C_1A. Zur Bestimmung der Strahlen, welche der Verbindungslinie der Strahlenmittelpunkte C und C_1 homolog sind, haben wir daher:

$$\overrightarrow{C(C_1)\,\overline{\wedge}\,B\,\overline{\wedge}\,E\,\overline{\wedge}\,C_1(A)}$$

$$\overleftarrow{C(A_1)\,\overline{\wedge}\,E_1\,\overline{\wedge}\,B\,\overline{\wedge}\,C_1(C)}.$$

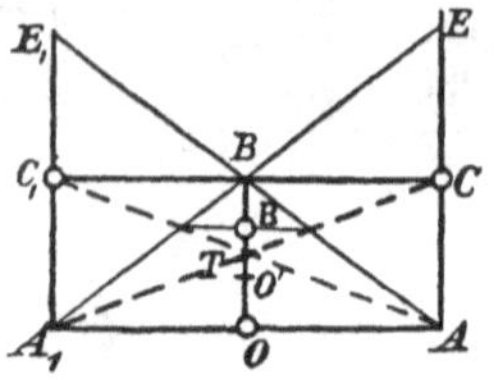

Fig. 177.

Der Ort ist also eine Kurve mit den beiden Punkten C und C_1 und den sich in T schneidenden Tangenten CA_1 und $C_1A^{(63_1)}$. Ein fünftes Stück erhalten wir, indem wir D_1 in den uneigentlichen Punkt von AB fallen lassen; es fällt dann D in den uneigentlichen Punkt von A_1B. Die Polaren dieser beiden uneigentlichen Punkte sind CO und $C_1O^{(85_1)}$. Das fünfte Stück ist also der Mittelpunkt O der gegebenen Ellipse. — Wir können daher die Kurve aus CC_1O und T zeichnen $^{(64)}$.

2. **Projektiv-geometrische Lösung** (vgl. Nr. 121_2). Die Polare des uneigentlichen Punktes von CC_1 (Fig. 177) für unsern Ort geht durch $B^{(72_1)}$ und durch $T^{(72_2)}$. Die Gerade TB ist also ein Durchmesser $^{(85_2)}$ und weil sie senkrecht auf CC_1 steht, eine Achse $^{(86_2)}$; es haben daher A_1A und OB auch für die neue Kurve konjugierte Richtungen und dürfen als Koordinatenachsen auch für die neue Kurve benutzt werden. Von der konjugierten Involution der Achse OB kennen wir den Ordnungspunkt O und das Punktpaar TB (vgl. Nr. 139_2). Bezeichnen wir also den noch unbekannten Mittelpunkt des Ortes durch O', so ist

$$O'O^2 = O'T \cdot O'B^{(82_1)} = (O'O + OT)(O'O + OB)^{(2_2)}$$
$$= (O'O + \tfrac{1}{2}b)(O'O + b);$$

folglich $OO' = \frac{1}{3}b$; folglich $rs = OO'^2 = (\frac{1}{3}b)^2$. — Die konjugierte Potenz der Sehne CC_1 ist a^2; folglich

$$\frac{pq}{a^2} = \frac{TO'}{TB}^{(91)} = \frac{TO + OO'}{\frac{1}{2}b}^{(2_2)} = \frac{-\frac{1}{2}b + \frac{1}{3}b}{\frac{1}{2}b} = -\frac{1}{3};$$

die Gleichung ist also $^{(90_6)}$

$$-\frac{x^2}{\frac{1}{3}a^2} + \frac{(y - \frac{1}{3}b)^2}{\frac{1}{3}b^2} = 1.$$

Zusatz 1 (vgl. Nr. $139_2 Z_1$). Ein zweiter Weg ergibt sich, wenn man noch ein sechstes Stück des Ortes zeichnet (Fig. 177): der von O durch T und B harmonisch getrennte Punkt B ist ein weiterer Kurvenpunkt $^{(72_1)}$.

Es ist $\mathsf{B}T : \mathsf{B}B = -OT : OB = -1 : 2$; folglich

$\mathsf{B}T : \mathsf{B}T + TB = -1 : 2$; folglich $\mathsf{B}T = -b : 6$; folglich

$$O\mathsf{B} = OT + T\mathsf{B} = \tfrac{1}{2}b + \tfrac{1}{6}b = \tfrac{2}{3}b;\ OO' = \tfrac{1}{3}b. \text{ —}$$

Weil die Tangente in O durch den Pol von OB, das ist durch den uneigentlichen Punkt von C_1C, geht, so ist A_1A die Tangente in O; ihr ist die Tangente in B parallel. Weil

$$T\mathsf{B} : TO = \tfrac{1}{6}b : -\tfrac{1}{2}b = -\tfrac{1}{3}$$

ist und durch die Tangente CA_1 auf der Tangente in O die Strecke $OA_1 = -a$ abgeschnitten wird, so wird auf der Tangente in B die

Strecke $+\frac{1}{3}a$ abgeschnitten; es ist daher das Produkt der von einer beliebigen Tangente auf zwei parallelen Tangenten abgeschnittenen Längen gleich $-\frac{1}{3}a^2$. — Mit Hilfe dieser Werte ergibt sich die Kurvengleichung aus Nr. 90_3.

Zusatz 2 (vgl. Nr. 139_2 Z_2). Ein anderer Weg ergibt sich aus Nr. 92_1: Die Gleichung für ein aus OA und OB gebildetes Achsenpaar ist, wenn wir den Mittelpunkt der gesuchten Kurve durch O' bezeichnen,

$$\frac{x^2}{BC^2 \cdot TO' : TB} + \frac{(y - OO')^2}{O'O^2} = 1.$$

3. **Analytisch-geometrische Lösung.** Wählen wir die Achsen der gegebenen Ellipse als Koordinatenachsen, so haben wir die Gleichungen der Geraden (Fig. 176)

$$BA_1 : y = \frac{b}{a}x + b; \qquad BA : y = -\frac{b}{a}x + b.$$

Nehmen wir die Abszisse x_1 von D als Hilfsgröße und bezeichnen die Abszisse von D_1 durch x_2, so folgt, weil $x_1 - x_2 = a$ sein soll,

$$D : x_1; \frac{b}{a}x_1 + b; \qquad D_1 : x_1 - a; -\frac{b}{a}x_1 + 2b.$$

Die Gleichungen der Polaren dieser Punkte sind $^{(132_1)}$

$$\frac{x_1 x}{a^2} + \frac{(x_1 + a)y}{ab} = 1; \qquad \frac{(x_1 - a)x}{a^2} + \frac{(-x_1 + 2a)y}{ab} = 1.$$

Aus diesen beiden Gleichungen ist x_1 zu eliminieren:

$$x_1 = \frac{a^2(b - y)}{bx + ay} = \frac{a(ab + bx - 2ay)}{bx - ay}.$$

Durch Umformung ergibt sich

$$-\frac{x^2}{(\frac{1}{\sqrt{8}}a)^2} + \frac{(y - \frac{1}{3}b)^2}{(\frac{1}{3}b)^2} = 0.$$

Ergebnis. Der Ort ist eine Hyperbel; ihr Mittelpunkt hat die Koordinaten $0; \frac{1}{3}b^{(136)}$, ihre halbe Hauptachse$^{(138_1)}$ ist $\frac{1}{3}b$; ihre halbe Nebenachse $\frac{1}{\sqrt{8}}a$. —

Anmerkung. Setzt man die Differenz der Abszissen

$$x_1 - x_2 = -a,$$

so ergibt sich als Ort der Ellipse

$$\frac{x^2}{a^2} + \frac{(y - b)^2}{b^2} = 1.$$

141. Hauptkreis. 1. Wir bringen die Ellipsengleichung $^{(130_2)}$ auf die Form

$$\frac{y^2}{a^2 - x^2} = \frac{b^2}{a^2}$$

und nehmen an, daß A_1A und B_1B die Achsen$^{(138_1)}$ sind (Fig. 178).

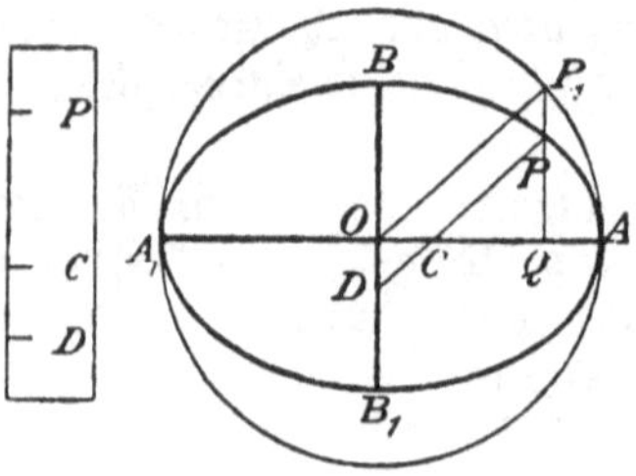

Fig. 178.

Der Kreis, der die Hauptachse $A_1 A$ zum Durchmesser hat, heißt der **Hauptkreis** (Scheitelkreis) der Ellipse. Für diesen Hauptkreis mit dem Durchmesser $2a$ gehört zur Abszisse x eine Ordinate QP_1, deren Quadrat $QP_1{}^2 = a^2 - x^2$ ist. Bezeichnen wir die zu x gehörige Ordinate der Ellipse durch QP, so ist

$$QP^2 = y^2 = \frac{b^2}{a^2}(a^2 - x^2);$$

folglich $QP^2 : QP_1{}^2 = b^2 : a^2$.

Lehrsatz. Haben zwei Ordinaten der Ellipse und ihres Hauptkreises dieselbe Abszisse, so ist das Verhältnis ihrer Quadrate konstant, und zwar gleich dem Quadrat des Verhältnisses aus Neben- und Hauptachse.

2. Zusatz 1. Ziehen wir durch den Ellipsenpunkt P (Fig. 178) zum Kreisradius $P_1 O$ die Parallele, welche die Hauptachse in C, die Nebenachse in D schneidet, so ist $PC : P_1 O = QP : QP_1{}^{(5_8)} = b : a^{(141_1)}$; folglich ist, da $P_1 O = a$ ist, $PC = b$; PD ist gleich $P_1 O = a$. Daraus ergibt sich eine in der darstellenden Geometrie viel benutzte Konstruktion einer Ellipse, von der die beiden Achsen gegeben sind: Man trägt auf einem Papierstreifen (Fig. 178) $PD = a$ und $PC = b$ ab und bewegt ihn so, daß C auf der Hauptachse und D auf der Nebenachse gleitet; die mit der Bleifeder bezeichneten Lagen des Punktes P sind dann Ellipsenpunkte. —

3. Zusatz 2. Die Ellipsentangente in P und die Kreistangente in P_1 schneiden sich in einem Punkt der Hauptachse. — Denn für den Schnittpunkt T mit der Hauptachse ergibt sich, weil seine Ordinate 0 ist, sowohl aus der Tangentengleichung des Kreises $^{(118_4)}$, als auch aus der der Ellipse $^{(131_3)}$ die Abszisse $a^2 : x$. Man kann also vermittels der Kreistangente $P_1 T$ die Ellipsentangente TP finden.

142. Endpunkte konjugierter Durchmesser. 1. Sind x_1 und y_1 die rechtwinkligen Koordinaten eines beliebigen Ellipsenpunktes P_1, so ist das Richtungsverhältnis $^{(100_2)}$ des Durchmessers OP_1

$$\mu_1 = \frac{y_1}{x_1};$$

ist $P_2 : x_2; y_2$ ein Punkt des zu OP_1 konjugierten Durchmessers, dessen Richtungsverhältnis mithin $\mu_2 = y_2 : x_2$ ist, so muß sein

$$\mu_1 \mu_2 = \frac{y_1}{x_1} \cdot \frac{y_2}{x_2} = -\frac{b^2}{a^2}{}^{(134_2)}.$$

Um zu untersuchen, ob dieser zweite Durchmesser die Ellipse schneidet, setzen wir den aus der vorstehenden Gleichung sich ergebenden Wert

$$y_2 = -\frac{b^2}{a^2}\frac{x_1}{y_1}\cdot x_2 \text{ in die Ellipsengleichung } \frac{x_2^2}{a^2}+\frac{y_2^2}{b^2}=1 \text{ ein:}$$

$$\frac{x_2^2}{a^2}+\frac{b^4}{a^4}\frac{x_1^2}{y_1^2}\frac{x_2^2}{b^2}=1; \text{ folglich } \frac{x_2^2}{a^4y_1^2}(a^2y_1^2+b^2x_1^2)=1; \text{ folglich}$$

$$x_2=\pm\frac{a}{b}y_1; \qquad y_2=\mp\frac{b}{a}x_1.$$

Lehrsatz. Die Punkte

$$P_1: x_1; y_1 \qquad P_2: -\frac{a}{b}y_1; +\frac{b}{a}x_1$$

sind Endpunkte zweier konjugierten Ellipsendurchmesser.

2. Diese beiden Endpunkte P_1 und P_2 und der Mittelpunkt O der Ellipse bilden ein Dreieck, dessen Ecken die Koordinaten haben

$$O:0;0 \qquad P_1:x_1;y_1 \qquad P_2:-\frac{a}{b}y_1;+\frac{b}{a}x_1.$$

Für den Inhalt des Dreiecks ergibt sich (108₆)

$$2\cdot OP_1P_2=x_1\left(\frac{b}{a}x_1-0\right)-\frac{a}{b}y_1(0-y_1)=\frac{b^2x_1^2+a^2y_1^2}{ab}=ab.$$

3. Ferner ist (110₁)

$$OP_1^2+OP_2^2=x_1^2+y_1^2+\frac{a^2y_1^2}{b^2}+\frac{b^2x_1^2}{a^2}=$$

$$\frac{x_1^2}{a^2}(a^2+b^2)+\frac{y_1^2}{b^2}(a^2+b^2)=(a^2+b^2)\left(\frac{x_1^2}{a^2}+\frac{y_1^2}{b^2}\right)=a^2+b^2.$$

4. Die zu einer Ellipsenordinate gehörige Hauptkreisordinate erhält man durch Multiplikation mit $a:b$ (141₁). Aus den Koordinaten der Endpunkte P_1 und P_2 zweier konjugierten Durchmesser (142₁) erhält man daher die Koordinaten der Kreispunkte (Fig. 179)

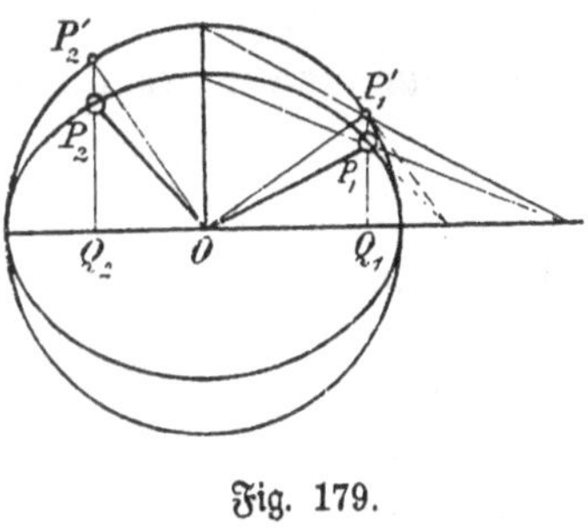

Fig. 179.

$$P_1': x_1; \frac{a}{b}y_1 \qquad P_2': -\frac{a}{b}y_1; x_1.$$

Es sind daher die Richtungsverhältnisse (100₂) der Kreishalbmesser

$$OP_1': \frac{ay_1}{bx_1} \text{ und } OP_2': -\frac{bx_1}{ay_1}.$$

Folglich (109₁) OP_1' senkrecht auf OP_2'; OP_1' und OP_2' sind also (120₂) zwei konjugierte Kreisdurchmesser.

5. Anmerkung. Da wir hiernach aus P_1 der Reihe nach $P_1'P_2'P_2$ zeichnen können, so haben wir eine Konstruktion, um zu einem gegebenen Ellipsendurchmesser den konjugierten zu finden.

§ 6. Hyperbel.

143. Asymptoten (50). 1. Soll der uneigentliche Punkt

$$M : \frac{y_\infty}{x_\infty} = \mu \;^{(103_5)}$$

ein Hyperbelpunkt sein, so muß

$$\frac{x_\infty{}^2}{a^2} - \frac{y_\infty{}^2}{b^2} = 1 \text{ sein, folglich } \mu^2 = \frac{y_\infty{}^2}{x_\infty{}^2} = \frac{b^2}{a^2} - \frac{b^2}{x_\infty{}^2} = \frac{b^2}{a^2}.$$

Wir erhalten also für μ die beiden Werte

$$\mu_1 = +b : a \text{ und } \mu_2 = -b : a.$$

Es gibt daher zwei uneigentliche Punkte der Hyperbel. Die Durchmesser dieser uneigentlichen Punkte heißen Asymptoten (46₇). Es sind (103₂) die

Gleichungen der Asymptoten: $y = +\frac{b}{a}x; \qquad y = -\frac{b}{a}x.$

2. Zusatz. Bezeichnen wir die Winkel, welche die Asymptoten mit der Abszissenachse bilden, durch φ und φ_1, so ist (111₈)

$$\operatorname{tg}\varphi = \frac{b}{a} = -\operatorname{tg}\varphi_1; \text{ folglich } \varphi = -\varphi_1.$$

Lehrsatz. Die beiden von den Asymptoten gebildeten Winkel werden durch die Achsen halbiert.

3. Bezeichnen wir das Richtungsverhältnis des der ersten Asymptote konjugierten Durchmessers durch μ',

so folgt aus $\mu' \cdot \frac{b}{a} = \frac{b^2}{a^2}$ (134₂), daß $\mu' = \frac{b}{a}$ ist. —

Das Richtungsverhältnis des der zweiten Asymptote konjugierten Durchmessers ist $-b : a$:

Lehrsatz. Jede Asymptote fällt mit ihrem konjugierten Durchmesser zusammen.

4. Nach Nr. 131_2 und 131_3 ist

Richtungsverhältnis der Hyperbeltangente: $\frac{b^2 x_1}{a^2 y_1}$;

Gleichung der Hyperbeltangente: $\frac{x_1 x}{a^2} - \frac{y_1 y}{b^2} = 1.$

5. Hieraus ergibt sich für die Tangente der uneigentlichen Hyperbelpunkte $\frac{y_\infty}{x_\infty} = \pm\frac{b}{a}$ (143₁)

$$\frac{x_\infty x}{a^2} - \frac{y_\infty y}{b^2} = 1; \qquad \frac{x}{a^2} - \frac{y_\infty}{x_\infty}\cdot\frac{y}{b^2} = \frac{1}{x_\infty} \qquad y = \pm\frac{bx}{a}.$$

Die Tangenten der beiden uneigentlichen Hyperbelpunkte fallen also mit den Asymptoten zusammen — oder —

Lehrsatz. Die Asymptoten berühren die Hyperbel in ihren uneigentlichen Punkten.

144. Asymptoten und Tangente. 1. Die Tangente des beliebigen Hyperbelpunktes $P_1 : x_1 ; y_1$ möge die Asymptoten in den Punkten $S' : \xi' ; \eta'$ und $S'' : \xi'' ; \eta''$ schneiden. Zur Berechnung der Koordinaten dieser Schnittpunkte [106_1] haben wir die Gleichungen

$$\frac{x_1 \xi'}{a^2} - \frac{y_1 \eta'}{b^2} = 1 \quad (143_4) \qquad \frac{x_1 \xi''}{a^2} - \frac{y_1 \eta''}{b^2} = 1$$

$$\eta' = + \frac{b}{a} \xi' \quad (143_1) \qquad \eta'' = - \frac{b}{a} \xi''$$

$$\xi' = a\left(\frac{x_1}{a} + \frac{y_1}{b}\right) \qquad \xi'' = a\left(\frac{x_1}{a} - \frac{y_1}{b}\right)$$

$$\eta' = b\left(\frac{x_1}{a} + \frac{y_1}{b}\right) \qquad \eta'' = - b\left(\frac{x_1}{a} - \frac{y_1}{b}\right)$$

folglich $\quad \xi' + \xi'' = 2x_1 \quad$ und $\quad \eta' + \eta'' = 2y_1$. $\quad$ Daher [97_1]

Lehrsatz [89_4]. Die Strecke, welche auf einer beliebigen Hyperbeltangente durch die beiden Asymptoten begrenzt wird, wird durch den Berührungspunkt halbiert.

2. Diese beiden Schnittpunkte S'' und S' und der Mittelpunkt O der Hyperbel bilden ein Dreieck, dessen Ecken die Koordinaten haben [144_1]

$$O : 0 ; 0 \qquad S'' : a\left(\frac{x_1}{a} - \frac{y_1}{b}\right) ; - b\left(\frac{x_1}{a} - \frac{y_1}{b}\right)$$

$$S' : a\left(\frac{x_1}{a} + \frac{y_1}{b}\right) ; \; b\left(\frac{x_1}{a} + \frac{y_1}{b}\right).$$

Für den Inhalt des Dreiecks ergibt sich [108_6]

$$2 \cdot OS''S' = a\left(\frac{x_1}{a} - \frac{y_1}{b}\right) b\left(\frac{x_1}{a} + \frac{y_1}{b}\right)$$

$$+ a\left(\frac{x_1}{a} + \frac{y_1}{a}\right) b\left(\frac{x_1}{a} - \frac{y_1}{b}\right) = 2ab.$$

Lehrsatz [89_2]. Jede Tangente begrenzt mit den beiden Asymptoten ein Dreieck von dem unveränderlichen Inhalt ab.

145. Asymptoten und Sehne. 1. Der Mittelpunkt $\xi_1 ; \eta_1$ der Hyperbelsehne $P_1 P_2$ hat die Koordinaten [97_1] $\xi_1 = \frac{1}{2}(x_1 + x_2)$; $\eta_1 = \frac{1}{2}(y_1 + y_2)$. — Das Richtungsverhältnis dieser Sehne ist [131_1]

$$\frac{b^2(x_1 + x_2)}{a^2(y_1 + y_2)} = \frac{b^2 \xi_1}{a^2 \eta_1};$$

und daher die Gleichung der Sehne [131₁]

$$\frac{y-\eta_1}{x-\xi_1}=-\frac{b^2\xi_1}{a^2\eta_1} \quad \text{oder} \quad \frac{\xi_1 x}{a^2}-\frac{\eta_1 y}{b^2}=\frac{\xi_1^{\,2}}{a^2}-\frac{\eta_1^{\,2}}{b^2}.$$

2. Die Sehne $P_1 P_2$ möge die Asymptoten in den Punkten $S':\xi';\eta'$ und $S'':\xi'';\eta''$ schneiden. Zur Berechnung der Koordinaten dieser Schnittpunkte [106₁] haben wir die Gleichungen

$$\frac{\xi_1\xi'}{a^2}-\frac{\eta_1\eta'}{b^2}=\frac{\xi_1^{\,2}}{a^2}-\frac{\eta_1^{\,2}}{b^2}\ (145_1); \qquad \frac{\xi_1\xi''}{a^2}-\frac{\eta_1\eta''}{b^2}=\frac{\xi_1^{\,2}}{a^2}-\frac{\eta_1^{\,2}}{b^2}$$

$$\eta'=\frac{b}{a}\xi'\ (143_1) \qquad \eta''=-\frac{b}{a}\xi''$$

$$\xi'=a\left(\frac{\xi_1}{a}+\frac{\eta_1}{b}\right) \qquad \xi''=a\left(\frac{\xi_1}{a}-\frac{\eta_1}{b}\right)$$

$$\eta'=b\left(\frac{\xi_1}{a}+\frac{\eta_1}{b}\right) \qquad \eta''=-b\left(\frac{\xi_1}{a}-\frac{\eta_1}{b}\right)$$

folglich $\quad \xi'+\xi''=2\xi_1 \quad$ und $\quad \eta'+\eta''=2\eta_1$. Daher [97₁]

Lehrsatz [89₃]. Die Mitte einer Hyperbelsehne ist zugleich die Mitte der von den Asymptoten auf der Sehne begrenzten Strecke.

146. Asymptotengleichung [50₈]. Bisher haben wir die Achsen der Hyperbel als Koordinatenachsen genommen; jetzt wollen wir die Hyperbelgleichung auf das durch die beiden Asymptoten gebildete Achsenpaar beziehen. Die Asymptote, welche in dem Achsenwinkel [96₂] liegt, wählen wir als Ordinatenachse, die andre als Abszissenachse. Mit der ursprünglichen Abszissenachse bildet also die neue Ordinatenachse den Winkel φ, die neue Abszissenachse den Winkel $-\varphi$ [143₂]. Die Transformationsgleichungen [114₁] heißen demnach:

$$x=\xi\cos\varphi+\eta\cos\varphi \qquad y=-\xi\sin\varphi+\eta\sin\varphi;$$

$$\frac{x^2}{a^2}-\frac{y^2}{b^2}=(\xi^2+\eta^2)\left(\frac{\cos\varphi^2}{a^2}-\frac{\sin\varphi^2}{b^2}\right)+2\xi\eta\left(\frac{\cos\varphi^2}{a^2}+\frac{\sin\varphi^2}{b^2}\right)=1.$$

Aus $\operatorname{tg}\varphi=\frac{b}{a}$ [143₂] folgt $\frac{\cos\varphi}{a}=\frac{\sin\varphi}{b}$ und weiter $\frac{\cos\varphi^2}{a^2}=\frac{1-\cos\varphi^2}{b^2}$;

$$\text{folglich} \quad \frac{\cos\varphi^2}{a^2}=\frac{\sin\varphi^2}{b^2}=\frac{1}{a^2+b^2}=\frac{1}{e^2}\ (130_2).$$

Die auf die Asymptoten bezogene Gleichung der Hyperbel ist daher

$$\xi\eta=\left(\frac{e}{2}\right)^2.$$

§ 7. Krümmungskreis.

147. Krümmungskreis einer Kurve. 1. Von der Funktion $y = f(x)$ wird der erste Differenzialquotient bezeichnet durch

$$\frac{dy}{dx} \text{ oder } y' \text{ oder } f'(x); \qquad \text{der zweite durch } \frac{d^2y}{dx^2} \text{ oder } y'' \text{ oder } f''(x).$$

Anmerkung. Hat $y = f(x)$ die Dimension $^{(83_3)}$ 1, so hat y' die Dimension 0 und y'' die Dimension -1.

2. Die Gerade, welche einen Kurvenpunkt $P: x; y$ und seinen unendlich nahen $P': x + dx; y + dy$ verbindet, hat das Richtungsverhältnis $^{(100_1)}$

$$\mu = \frac{y + dy - y}{x + dx - x} = \frac{dy}{dx} \, [= y' = f'(x)].$$

Lehrsatz. Das Richtungsverhältnis der Tangente ist $f'(x)$.

3. Allen folgenden Betrachtungen legen wir ein rechtwinkliges Achsenpaar zugrunde. —

Lehrsatz. Das Richtungsverhältnis der Normale $^{(37_6)}$ ist $-1 : f'(x)$ $^{(109_1)}$.

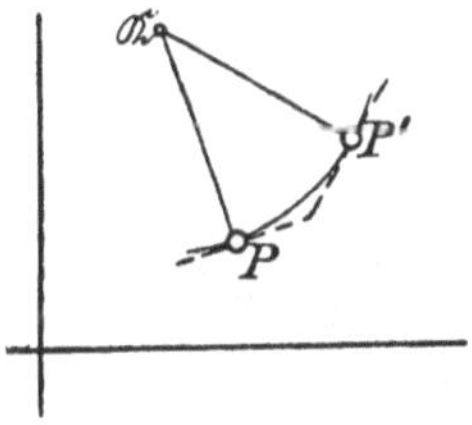

Fig. 180.

4. Der Punkt K, in dem sich die Normalen der beiden unendlich nahen Kurvenpunkte P und P' (Fig. 180) schneiden, heißt Krümmungsmittelpunkt; der um K mit $KP = KP'$ $^{(36_2)}$ geschlagene Kreis Krümmungskreis (vgl. Nr. 37_8). — Der Krümmungskreis berührt die Tangenten zweier unendlich nahen Kurvenpunkte.

5. Bezeichnen wir die Koordinaten des Krümmungsmittelpunktes K durch g und h, so ist $^{(147_3)}$

$$\frac{h - y - dy}{g - x - dx} = -\frac{1}{f'(x + dx)}; \qquad \frac{h - y}{g - x} = -\frac{1}{f'(x)}$$

$$\begin{aligned} hf'(x + dx) + g &= (y + dy)\, f'(x + dx) + x + dx \\ hf'(x) + g &= yf'(x) + x \end{aligned}$$

$$h[f'(x + dx) - f'(x)] = y[f'(x + dx) - f'(x)] + dy f'(x + dx) + dx.$$

Nach Division durch dx wird hieraus

$$hf''(x) = yf''(x) + [f'x]^2 + 1,$$

oder in anderer Schreibweise

$$hy'' = yy'' + y'^2 + 1. -$$

Durch Einsetzen des hier für h gefundenen Wertes bestimmt man g. Es ergeben sich demnach als

Koordinaten des Krümmungsmittelpunktes K:

$$g = x - \frac{1+y'^2}{y''} \cdot y'; \qquad h = y + \frac{1+y'^2}{y''}.$$

6. Der Radius $\varrho = KP$ des Krümmungskreises ergibt sich aus $KP^2 = (g-x)^2 + (h-y)^2$ (110₁):

$$\varrho^2 = \frac{(1+y'^2)^3}{y''^2}.$$

Zusatz. Für die höchsten und tiefsten Punkte der Kurve, für welche $y' = 0$ ist, hat der Krümmungshalbmesser den Wert $\varrho = 1 : y''$.

148. Krümmungskreis der Ellipse und Hyperbel. 1. Aus der Ellipsengleichung ergibt sich durch partielle Differentiation

$$\frac{2x}{a^2} + \frac{2y}{b^2} \cdot y' = 0; \qquad \text{folglich } y' = -\frac{b^2 x}{a^2 y} \cdot -$$

Für die Hyperbel findet man $y' = +\frac{b^2 x}{a^2 y}$.

2. Der zweite Differentialquotient und die Koordinaten des Krümmungsmittelpunktes haben für die Ellipse und Hyperbel dieselben Werte. Diese sind

$$y'' = -\frac{b^4}{a^2 y^3};$$

$$g = \frac{e^2}{a^4} \cdot x^3; \qquad h = -\frac{e^2}{b^4} \cdot y^3.$$

3. Für die Hauptscheitel von Ellipse (138₁) und Hyperbel ist $x = \pm a$; $y = 0$; mithin für die den Hauptscheiteln zugeordneten Krümmungsmittelpunkte

$$g = \pm \frac{e^2}{a}; \qquad h = 0.$$

Aus dem Wert für g folgt (10₁₃) der

Lehrsatz. Der Hauptscheitel wird von seinem Krümmungsmittelpunkt durch die beiden Brennpunkte harmonisch getrennt (vgl. Nr. 44_5).

4. Zusatz. Einen Ellipsenpunkt und seine Normale erhält man durch folgende Konstruktion. Man schlägt um den Ellipsenmittelpunkt O drei Kreise mit den Halbmessern b; a; $a+b$ (Fig. 181), die einen beliebigen Strahl von O in P'; P_1; P'' schneiden. Von dem Punkt P_1 des Hauptkreises fällt man auf die Hauptachse das Lot P_1Q und zieht durch P' zur Hauptachse die Parallele, welche QP_1 in den Ellipsenpunkt P schneidet (141₁). — PP'' ist die Normale von P.

Beweis.

$$P: x_1; y_1; \qquad P_1: x_1; \frac{a}{b} y_1 \; (142_4); \qquad P'': \frac{a+b}{a} \cdot x_1; \frac{a+b}{b} \cdot y_1;$$

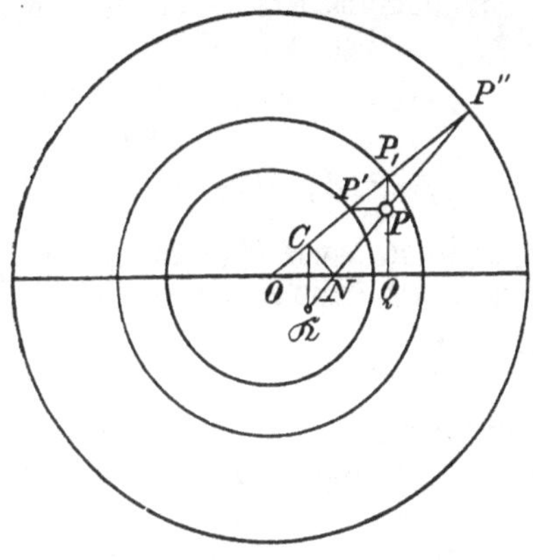

Fig. 181.

folglich ist das Richtungsverhältnis von PP'' [100_1]

$$\frac{a+b}{b}\cdot y_1 - y_1 : \frac{a+b}{a}\cdot x_1 - x_1$$

$$= a^2 y_1 : b^2 x_1;$$

dies ist der negative reziproke Wert des Richtungsverhältnisses der Tangente [131_2] und daher [109_1] das Richtungsverhältnis der Normale. —

Für den Ellipsenpunkt $x_1; y_1$ ist [105_6] die

Gleichung der Normale:

$$\frac{y-y_1}{x-x_1} = \frac{a^2 y_1}{b^2 x_1}.$$

Daraus ergibt sich die Abszisse des Schnittpunktes N von Normale und Hauptachse

$$ON = -\frac{b^2 x_1}{a^2} + x_1 = \frac{e^2}{a^2} x_1. \text{ —}$$

Die Abszisse des Krümmungsmittelpunktes ist [148_2]

$$g = \frac{e^2}{a^2} x_1 \left(\frac{x_1}{a}\right)^2 = ON\left(\frac{x_1}{a}\right)^2.$$

Fällt man also von N auf OP_1 (Fig. 181) das Lot NC und von C auf die Hauptachse ON das Lot, so schneidet dieses die Normale PN in dem Krümmungsmittelpunkt $\mathfrak{K}$.

149. Konstruktion der Ellipse aus ihren beiden Achsen. Die in Nr. 44_5 gelehrte Zeichnung einer Ellipse läßt sich noch verbessern durch die aus den folgenden Betrachtungen sich ergebende Konstruktion. — Aus den allgemeinen Formeln [148_2] folgt:

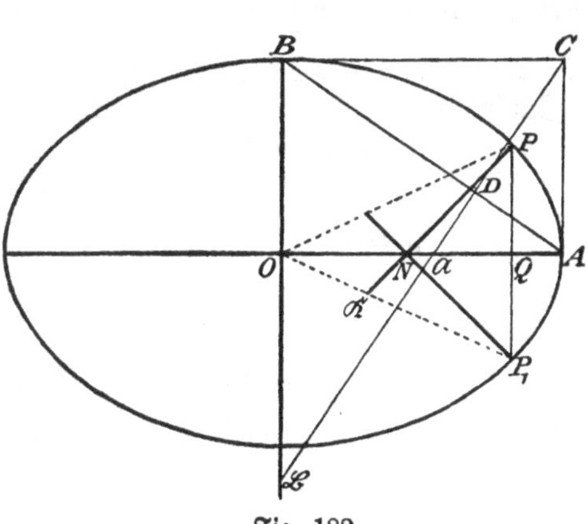

Fig. 182.

Für den Hauptscheitel $A: a; 0$ ist $g = e^2 : a$; $h = 0$; für den Nebenscheitel $B: 0; b$ ist $g = 0$; $h = -e^2 : b$. Fällen wir also aus dem Schnittpunkt C der Tangenten in A und B (Fig. 182) das Lot CD auf AB, so schneidet dieses die Achsen in den Krümmungsmittelpunkten $\mathfrak{A}$ und

B. Aus dem Punkt D gewinnen wir noch weitere Stücke für unsre Zeichnung. Es ist

$$BD = a^2 : \sqrt{a^2+b^2} \quad \text{und} \quad AD = b^2 : \sqrt{a^2+b^2};$$

$$\text{folglich} \quad \frac{BD^2}{a^2} + \frac{AD^2}{b^2} = 1;$$

d. h. BD und AD sind Abszisse und Ordinate eines Ellipsenpunktes P. Das Richtungsverhältnis der Tangente dieses Ellipsenpunktes ist [131₂]

$$-\frac{b^2}{a^2} \cdot \frac{BD}{AD} = -1;$$

die Normale von P bildet also einen Winkel von $\pi : 4$ mit der Abszissenachse. — Der Krümmungsmittelpunkt K dieses Punktes P hat die Koordinaten [148₂]

$$g = \frac{e^2}{a^4} BD^3 = \frac{e^2 a^2}{(\sqrt{a^2+b^2})^3}; \qquad h = -\frac{e^2}{b^4} AD^3 = -\frac{e^2 b^2}{\sqrt{(a^2+b^2)^3}};$$

die Gerade, welche K mit dem Mittelpunkt O der Ellipse verbindet, hat mithin das Richtungsverhältnis [100₂] $h : g = -b^2 : a^2$; die Gerade OP hat das Richtungsverhältnis $AD : BD = b^2 : a^2$; OK und OP bilden also gleiche Winkel mit der Abszissenachse. — Wir haben demnach die folgende

Konstruktion einer Ellipse aus ihren beiden Achsen (Fig. 182). Wir errichten in dem Scheitel A auf der Hauptachse und in dem Scheitel B auf der Nebenachse die Lote und fällen von ihrem Schnittpunkt C auf AB das Lot CD, welches die Achsen in den Krümmungsmittelpunkten A und B schneidet. Wir machen $OQ = BD$ und schlagen um Q mit AD einen Kreis, der die Hauptachse in N und das in Q auf der Hauptachse errichtete Lot in den Kurvenpunkten P und P_1 schneidet; die Verbindungslinie PN schneidet dann OP_1 in dem dem Punkt P zugeordneten Krümmungsmittelpunkt K.

150. Krümmungskreis eines Kegelschnitts. 1. Aus der Parabelgleichung $y^2 = 2px$ ergibt sich für den ersten und zweiten Differentialquotienten $y' = p : y$ und $y'' = -p^2 : y^3$ und daraus für die Koordinaten des Krümmungsmittelpunktes [147₅] eines beliebigen Parabelpunktes

$$g = 3x + p \quad \text{und} \quad h = -\frac{y^3}{p^2}.$$

2. Für die Ellipse und die Hyperbel ist der zweite Differentialquotient [148₃] $y'' = -\frac{b^4}{a^2} : y^3 = -\frac{p^2}{y^3}$ [41₆]. — Da ferner für alle Kegelschnitte [37₇; 44₄; 49₄] die Gleichung gilt $PN = p : \cos\beta$, so ist für alle Kegelschnitte

$$y'' = -\frac{PN^2 \cdot \cos\beta^2}{y^3}.$$

3. Schneidet die Normale des Punktes $P: x; y$ der beliebigen Kurve $y = f(x)$ die Abszissenachse in $N: \xi; 0$, so ist[(147₃)]

$$\frac{y}{x-\xi} = -\frac{1}{y'}; \quad \text{folglich } x - \xi = -yy'; \quad \text{folglich}^{(110_1)}$$

$$PN^2 = (x-\xi)^2 + y^2 = y^2(1+y'^2). \text{ —}$$

Ferner ist

$$\varrho^2 = \frac{(1+y'^2)^3}{y''^2}{}^{(147_6)};$$

aus diesen beiden Gleichungen folgt

$$\varrho y'' = \frac{PN^3}{y^3}.$$

4. Setzen wir in diese Gleichung den in Nr. 150_2 für y'' gefundenen Wert, so ist

$$\varrho = -\frac{PN}{\cos\beta^2}. \text{ —}$$

Aus diesem Wert von ϱ ergibt sich eine für alle Kegelschnitte gleichzeitig gültige

Konstruktion des Krümmungsmittelpunktes. In dem Punkt N errichten wir auf der Normale PN das Lot, welches den Brennstrahl FP in C schneide. Das in C auf dem Brennstrahl FP errichtete Lot schneidet dann die Normale PN in dem zu P gehörigen Krümmungsmittelpunkte $\mathfrak{K}$.

5. Die vorstehende Konstruktion wird besonders einfach für die Parabel.

Konstruktion des Krümmungsmittelpunktes für die Parabel. Ist F der Brennpunkt, W der Mittelpunkt[(34₁)] und t eine be-

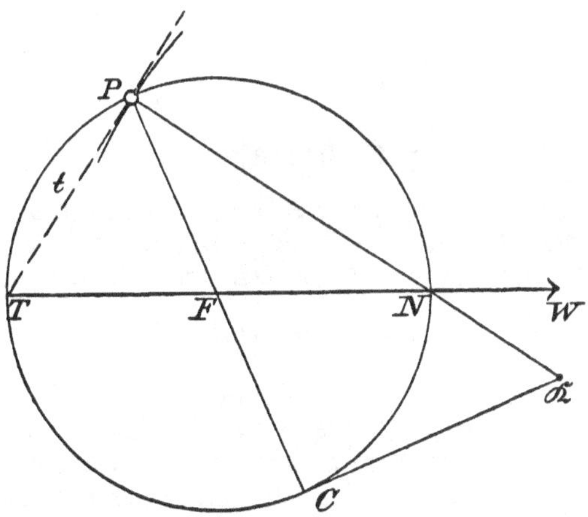

Fig. 183.

liebige Tangente (Fig. 183), welche FW in T schneidet, so schlagen wir um F mit FT einen Kreis, der zum zweitenmal die Tangente in

P (vgl. Fig. 59), FW in N und FP in C schneidet. Das in C auf FP errichtete Lot schneidet dann die Normale PN in dem zum Parabelpunkt P gehörigen Krümmungsmittelpunkt K.

6. Anmerkung. Führt man diese Konstruktion für die Endpunkte E_1 und E_2 der auf der Achse senkrecht stehenden Brennpunktssehne aus,

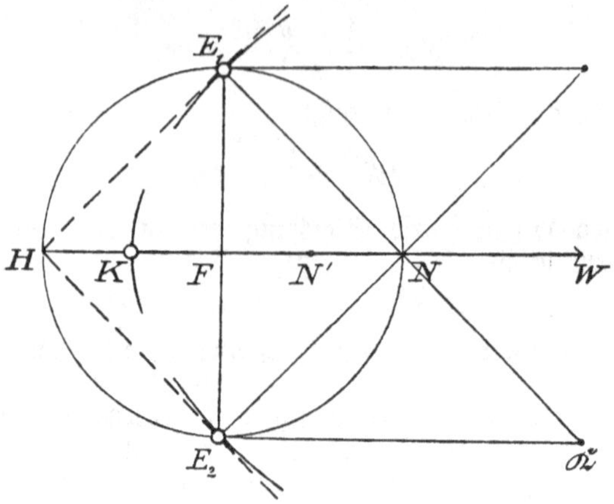

Fig. 184.

so erhält man (Fig. 184) eine weitere Vervollkommnung der in Nr. 37_8 gegebenen Parabelkonstruktion.

Kapitel VI. Ortsaufgaben.

§ 1. Gerade (107).

1. Eine Parallele zur Seite AB des Dreiecks OAB schneidet die Seiten OA und OB in D und E. Gesucht wird der Ort für den Schnittpunkt der durch E und D zu OA und OB gezogenen Parallelen.

[Koordinatenachsen: $OA = a$ und $OB = b$] $$y = \frac{b}{a} x.$$

2. Auf dem einen Schenkel des Winkels O liegt der feste Punkt A, auf dem andern die festen Punkte S und S_1. Der bewegliche Punkt D von OA wird aus S, der von D durch O und A harmonisch getrennte Punkt D_1 aus S_1 projiziert. Ort für den Schnittpunkt der Strahlen $S(D)$ und $S_1(D_1)$.

[$OA = a$; $OS = s$] $$\frac{x}{a} + \frac{y(s + s_1)}{2 s s_1} = 1.$$

3. Auf den Seiten OA und OB des Dreiecks OAB bewegen sich zwei Punkte D und E, für welche $AD + BE = 0$ ist. Durch D ist zu OB und durch E zu OA die Parallele gezogen. Schnittpunkt dieser Parallelen.

$[OA = a;\ OB = b] \qquad x + y = a + b.$

4. Auf dem einen Schenkel des Winkels O liegen die Punkte A und A_1; auf einer festen Parallele zu diesem Schenkel, die auf dem zweiten Schenkel die Strecke b abschneidet, bewegt sich ein Punkt P_1, dessen Verbindungslinien mit A und A_1 den zweiten Schenkel in E und E_1 schneiden. [Schenkel]

1. Schnittpunkt von $A(E_1)$ und $A_1(E)$. $\quad \frac{x(a + a_1)}{a a_1} + \frac{y}{b} = 1.$

2. Die Mitte von OA ist mit $E[E_1]$, die Mitte von OA_1 ist mit $E_1[E]$ verbunden. Schnittpunkt dieser Verbindungslinien.

$$y = b \qquad \left[\frac{2x(a + a_1)}{a a_1} + \frac{y}{b} = 1\right].$$

5. Auf der Höhe OB eines gleichschenkligen Dreiecks A_1AB bewegen sich zwei Punkte D und D_1, von denen auf die Schenkel AB und A_1B die Lote gefällt sind. Schnittpunkt dieser Lote, wenn ist

1. $OD_1 = \varepsilon \cdot OD$ $\qquad$ 2. $OD_1 + OD = c$.

$[OA = a;\ OB = b] \qquad$ 1. $y = \frac{(\varepsilon + 1) a}{(\varepsilon - 1) b} \cdot x \qquad$ 2. $y = \frac{c}{2}$.

6. Auf den Seiten OA und OB des Dreiecks OAB bewegen sich zwei Punkte D und E, für welche ist

1. $DE \parallel AB$, $\quad$ 2. $BE = \varepsilon \cdot AD$, $\quad$ 3. $AD + BE = c$.

Durch D und E sind Geraden mit den Richtungsverhältnissen μ und ν gezogen. Schnittpunkt dieser Geraden.

$[OA;\ OB]$

1. $y = \frac{\mu(\nu a + b)}{\mu a + b} \cdot x \qquad$ 2. $x(\varepsilon + \nu)\mu - y(\varepsilon + \mu) = \mu(b - \varepsilon a)$

3. $x(1 - \nu)\mu - y(1 - \mu) = \mu(a + b + c)$.

7. Auf den Seiten OA und OB des Rechtecks $OASB$ bewegen sich zwei Punkte D und E, für welche $AD + BE = c$ ist. Aus B ist auf $A(E)$ das Lot gefällt und durch S ist zu $B(D)$ die Parallele gezogen. Schnittpunkt des Lotes und der Parallele.

$[OA;\ OB] \qquad x(a - b) - y(a + b + c) = -b(2a + b + c).$

8. Auf der Höhe OB eines gleichschenkligen Dreiecks A_1AB bewegen sich zwei Punkte D und D_1, für welche $BD_1 : BD = \varepsilon$ ist. Auf $A(D)$ ist aus A_1 und auf $A_1(D_1)$ aus A das Lot gefällt. Schnittpunkt dieser Lote.

$[OA = a;\ OB = b] \qquad \frac{(1 + \varepsilon) x}{(1 - \varepsilon) a} + \frac{by}{a^2} = 1.$

9. Auf der Grundlinie $A_1 A$ eines gleichschenkligen Dreiecks $A_1 AB$ ist ein bewegliches Lot errichtet, welches die Seiten AB und $A_1 B$ in D und D_1 schneidet; in A_1 ist auf der Verbindungslinie $A_1(D)$ das Lot errichtet. Schnittpunkt dieses Lotes und der Verbindungslinie $A(D_1)$.

$$[OA = a;\ OB = b] \qquad y\left[x + \frac{a(a^2+b^2)}{a^2-b^2}\right] = 0.$$

10. Auf den Seiten OA und OB eines Dreiecks mit dem Winkel $O = \omega$ bewegen sich zwei Punkte D und E, für welche ist

1. $DE \parallel AB$, 2. $BE = \varepsilon \cdot AD$, 3. $AD + BE = c$.

[Schenkel des Winkels O]

I. Schnittpunkt der Mittellote von AD und BE.

$$1.\ y = -\frac{a\cos\omega - b}{a - b\cos\omega}\cdot x \qquad 2.\ x(\varepsilon - \cos\omega) - y(1 - \varepsilon\cos\omega) = \varepsilon a - b$$

$$3.\ x + y = \frac{2a + 2b + c}{2(1+\cos\omega)}.$$

II. In D und E sind auf den Seiten des Dreiecks die Lote errichtet, die die dritte Seite AB in D_1 und E_1 schneiden. Durch D_1 ist zu OA und durch E_1 zu OB die Parallele gezogen. Schnittpunkt dieser Parallelen.

$$1.\ y = -\frac{a\cos\omega - b}{a - b\cos\omega}\cdot x \qquad 2.\ y = -\frac{b(a\cos\omega - b)}{\varepsilon a(a - b\cos\omega)}\cdot x$$

$$3.\ xb(a\cos\omega - b) - ya(a - b\cos\omega) = abc.$$

11. Auf dem einen Schenkel des Winkels O liegen die festen Punkte A und A_1; auf dem andern bewegen sich zwei Punkte D und D_1, für welche $OD_1 = \varepsilon\, OD$ ist. Schnittpunkt von $A(D)$ und $A_1(D_1)$.

$$[\text{Schenkel}] \qquad y\left[x + \frac{aa_1(1-\varepsilon)}{\varepsilon a - a_1}\right] = 0.$$

12. Auf dem einen Schenkel des Winkels O liegen die festen Punkte A und A_1; auf dem andern bewegt sich der Punkt D.

1. Zu $A(D)$ wird durch A_1 und zu $A_1(D)$ durch A die Parallele gezogen. Schnittpunkt dieser Parallelen.
2. Durch O ist zu $A_1(D)$ die Parallele gezogen. Schnittpunkt dieser Parallele und des Strahles $A(D)$.

$$[\text{Schenkel}] \qquad 1.\ y[x - (a + a_1)] = 0, \qquad 2.\ y\left[x + \frac{aa_1}{a - a_1}\right] = 0.$$

13. Auf einer Gerade sind von einem Punkte O aus die Strecken $OA = a$; $OA_1 = a_1$ und ferner $OS = s$; $OS_1 = s_1$ abgetragen. In A und A_1 sind auf der Gerade die Lote errichtet, auf denen sich zwei Punkte D und D_1 bewegen, für welche ist

1. $A_1 D_1 = \varepsilon \cdot AD$, 2. $AD + A_1 D_1 = c$.

Schnittpunkt des aus S auf $S_1(D_1)$ und des aus S_1 auf $S(D)$ gefällten Lotes. [OA und das Lot in O]

1. $\frac{1}{\varepsilon y}\left[x - \frac{\varepsilon s_1(a-s) - s(a_1 - s_1)}{\varepsilon(a-s) - (a_1 - s_1)}\right] = 0$,

2. $x[(a-s) + (a_1 - s_1)] + yc = s_1(a-s) + s(a_1 - s_1)$.

14. Auf einer Gerade liegen drei feste Punkte OFF_2; ferner bewegen sich auf ihr zwei Punkte D und D_1, für welche $FD \cdot F_2D_1 = FO \cdot F_2O$ ist. Die Punkte D und D_1 werden aus zwei auf einem Strahle von O liegenden Punkten S und S_1 projiziert. Schnittpunkt von $S(D)$ und $S_1(D_1)$.

[$OF = f$; $OS = s$] $x[ss_1x + y(sf_2 + s_1f) - ss_1(f + f_2)] = 0$.

15. Um die Mitte M der Seite AB des Dreiecks OAB dreht sich ein Strahl, der die Seiten OA und OB in D und E schneidet. Schnittpunkt von $A(E)$ und $B(D)$.

[$OA = a$; $OB = b$] $(bx + ay)(bx + ay - ab) = 0$.

16. Um die Ecke A eines rechtwinkligen Dreiecks ABC dreht sich ein rechter Winkel, dessen Schenkel die auf der Hypotenuse BC in ihren Endpunkten errichteten Lote in D und E schneiden.

1. Schnittpunkt von $B(E)$ und $C(D)$.
2. Der Fußpunkt O der Höhe OA des rechtwinkligen Dreiecks ist mit $D[E]$ und die Mitte M der Hypotenuse mit $E[D]$ verbunden. Schnittpunkt dieser beiden Verbindungslinien.

[$OB = p$; $OA = h$] 1. $y(y-h) = 0$.

2. $y\left[\frac{x}{p} - \frac{y(h^2+p^2)}{h(h^2-p^2)} - 1\right] = 0$. $\left[y\left(-\frac{xp}{h^2} + \frac{y(h^2+p^2)}{h(h^2-p^2)} - 1\right) = 0\right]$.

17. Um die Ecke S des Parallelogramms $OASB$ dreht sich ein Strahl, der die Seiten OA und OB in D und E schneidet.

1. Die durch E zu OA gezogene Parallele schneidet die Verbindungslinie $B(D)$ in einem Punkte der durch O zur Diagonale AB gezogenen Parallele.
2. Die Mitte N von BS ist mit der Mitte D_1 von AD verbunden und durch die Mitte E_1 von BE ist zu OA die Parallele gezogen. Schnittpunkt dieser Parallele und der Verbindungslinie $N(D_1)$.

[$OA = a$; $OB = b$]

1. $\frac{1}{b-y}(bx + ay) = 0$, 2. $\frac{1}{2(y-b)}(4bx + 2ay - 3ab) = 0$.

18. Um den Punkt M, der die Seite AB des Dreiecks OAB nach dem Verhältnis ε teilt, dreht sich ein Strahl, der die beiden andern Seiten OA und OB in D und E schneidet. Schnittpunkt von $A(E)$ und $B(D)$.

[$OA = a$; $OB = b$] $(\varepsilon bx - ay)(bx + ay - ab) = 0$.

19. Um die Ecke S des Rechtecks $OASB$ dreht sich ein rechter Winkel, dessen Schenkel die Seiten OA und OB in D und E schneiden.

1. Schnittpunkt der Mittellote von OD und OE;
2. Schnittpunkt von $A(E)$ und $B(D)$;
3. Der Schnittpunkt M der Diagonalen des Rechtecks wird mit $D[E]$ verbunden und durch $E[D]$ wird zu AB die Parallele gezogen. Schnittpunkt der Verbindungslinie und der Parallele.

$$[OA=a;\ OB=b]$$

$$1.\ 2ax+2by=a^2+b^2,\quad 2.\ (bx+ay-ab)(ax+by-a^2-b^2)=0,$$

$$3.\quad (bx+ay-ab)\left(y-\frac{a^2+b^2}{2b}\right)=0$$

$$\left[(bx+ay-ab)\left(x-\frac{a^2+b^2}{2a}\right)=0\right].$$

20. Auf den Seiten OA und OB des Dreiecks OAB bewegen sich zwei Punkte D und E, für welche ist

$$1.\ DE \parallel AB, \qquad 2.\ BE=\varepsilon\cdot AD.$$

Schnittpunkt von $A(E)$ und $B(D)$.

$$[OA=a;\ OB=b] \qquad 1.\ (bx+ay-ab)(bx-ay)=0,$$

$$2.\ (bx+ay-ab)[\varepsilon x-y-(\varepsilon a-b)]=0.$$

21. Auf den Seiten OA und OB des Dreiecks OAB bewegen sich zwei Punkte D und E, für welche $AD+BE=c$ ist. Der Punkt D wird aus B projiziert und der Punkt E aus dem Punkt C von OA, für welchen $OC=a+c$ ist. Schnittpunkt von $B(D)$ und $C(E)$.

$$[OA=a;\ OB=b]$$

$$[bx+(a+c)y-b(a+c)][x+y-(a+b+c)]=0.$$

22. Auf den Seiten OA und OB des Dreiecks OAB bewegen sich zwei Punkte D und E, für welche $OD\cdot OE=OA\cdot OB$ ist. Der Punkt D ist mit der Mitte M von AB durch eine Gerade verbunden, die die zu AB durch E gezogene Parallele in P trifft. Ort für P.

$$[OA=a;\ OB=b] \qquad (bx+ay-ab)(-bx+ay-ab)=0.$$

23. Auf dem einen Schenkel des rechten Winkels O sind die Strecken $OA=a$ und $OC=c$ abgetragen, auf dem andern Schenkel $OB=b$. Auf einer durch den Scheitel O gehenden Gerade, die die Verbindungsstrecke AB nach dem Verhältnis ε teilt [die senkrecht auf AB steht], bewegt sich ein Punkt P_1; auf den Strahl $B(P_1)$ ist aus C das Lot gefällt. Ort für den Punkt, in dem dies Lot den Strahl $A(P_1)$ schneidet.

$$[OA;\ OB] \qquad ay[x(a^2-\varepsilon b^2)-aby(1+\varepsilon)-a(ac-\varepsilon b^2)]=0$$

$$[x\cdot 2a^2b+ya(a^2-b^2)-a^2b(c+a)=0].$$

24. Auf der Mittellinie $OM=m$ des Dreiecks OAB bewegen sich zwei Punkte D und D_1, für welche $OD\cdot OD_1=m^2$ ist. Schnittpunkt von $A(D)$ und $B(D_1)$.

1. $[OA = a;\ OM = m]$ $(mx + ay - am)(mx + ay + am) = 0$.
2. $[OA = a;\ OB = b]$ $(bx + ay - ab)(bx + ay + ab) = 0$.

25. Auf den Seiten OA und OB des Dreiecks OAB, dessen Seite $OB = \frac{1}{2} OA$ ist, bewegen sich zwei Punkte D und E, für welche $OD + OE = OA$ ist. D ist mit dem Schwerpunkt S des Dreiecks verbunden und E mit dem Punkt T der Mittellinie BM, der von S durch B und M harmonisch getrennt ist. Schnittpunkt von $S(D)$ und $T(E)$.

$[OA = a;\ OB]$ $(2x + 2y - a)(x + 6y - 2a) = 0$.

26. Auf der Seite AC des Parallelogramms $OACB$ bewegt sich ein Punkt P_1, durch den zu den Diagonalen OC und AB Parallelen gezogen sind, welche OA und OB in D und E schneiden. Schnittpunkt von $A(E)$ und $B(D)$.

$[OA = a;\ OB = b]$ $(bx + ay - ab)(bx + ay - 2ab) = 0$.

27. Um die Ecke O des Parallelogramms $OACB$ dreht sich ein Strahl, der die Seiten AC und BC in D und E schneidet. D ist mit dem Schnittpunkt M der Diagonalen verbunden und E mit dem Punkte M_1, der die Diagonale OC nach dem Verhältnis $1:3$ teilt. Schnittpunkt von $M(D)$ und $M_1(E)$.

$[OA = a;\ OB = b]$ $(3bx + ay - 4ab)(ay - bx) = 0$.

§ 2. Kreis[121].

1. Auf dem Lot, das im Mittelpunkt O der Strecke $A_1A = 2r$ errichtet ist, bewegen sich zwei Punkte D und D_1, für welche $OD \cdot OD_1 = r^2$ ist. Schnittpunkt von $A(D)$ und $A_1(D_1)$.

$[A_1A$ und Mittellot$]$ $x^2 + y^2 = r^2$.

2. Auf den Loten, die in den Endpunkten der Strecken $A_1A = 2r$ errichtet sind, bewegen sich zwei Punkte D und D_1, für welche $AD \cdot A_1D_1 = 4r^2$ ist. Schnittpunkt von $A(D_1)$ und $A_1(D)$.

$[A_1A$ und Mittellot$]$ $x^2 + y^2 = r^2$.

3. Auf dem einen Schenkel eines rechten Winkels sind vom Scheitel O aus die Strecken $OC = c$ und $OC_1 = c_1$ abgetragen; auf dem andern Schenkel bewegen sich zwei Punkte D und D_1, für welche $OD \cdot OD_1 = -cc_1$ ist. Schnittpunkt von $C(D)$ und $C_1(D_1)$.

[Schenkel] $[x - \frac{1}{2}(c + c_1)]^2 + y^2 = [\frac{1}{2}(c - c_1)]^2$.

4. In den Endpunkten einer Strecke $C_1C = 2c$, die dieselbe Richtung und denselben Mittelpunkt hat wie die Strecke $A_1A = 2r$, sind die Lote errichtet. Auf diesen bewegen sich zwei Punkte D und D_1, für welche $CD \cdot C_1D_1 = (r - c)^2$ ist. Schnittpunkt von $A(D)$ und $A_1(D_1)$.

$[A_1A$ und Mittellot$]$ $x^2 + y^2 = r^2$.

5. In zwei Punkten C und C_1, die vom Mittelpunkt O der Strecke $A_1A = 2r$ die Abstände c und c_1 haben, sind auf A_1A die Lote er-

richtet. Auf diesen bewegen sich zwei Punkte D und D_1, für welche $CD \cdot C_1D_1 = (r-c)(r+c_1)$ ist. Schnittpunkt von $A(D)$ und $A_1(D_1)$.

[A_1A und Mittellot] $\quad x^2+y^2=r^2$.

6. Auf den Katheten OA und $OB=a$ eines gleichschenklig-rechtwinkligen Dreiecks bewegen sich zwei Punkte D und E, für welche $AD+BE=-2a$ ist. Schnittpunkt von $A(E)$ und $B(D)$.

[Katheten] $\quad (x-\frac{1}{2}a)^2+(y-\frac{1}{2}a)^2=\frac{1}{2}a^2$.

7. Auf den beiden Diagonalen eines Quadrates mit der Seite $2a$ bewegen sich zwei Punkte D und D_1, die von dem Diagonalenschnittpunkt O Entfernungen haben, deren Differenz gleich $a\sqrt{2}$ ist. Schnittpunkt der Strahlen, welche D und D_1 aus den Mitten A und A_1 zweier Gegenseiten des Quadrates projizieren.

[A_1A und Mittellot] $\quad x^2+y^2=a^2$.

8. Auf den Diagonalen A_1A und B_1B eines Quadrates ABA_1B_1 bewegen sich zwei Punkte D und E, für welche $A_1D \cdot B_1E$ gleich dem Inhalt des Quadrates ist. Schnittpunkt von $A_1(E)$ und $B_1(D)$. [Schnittpunkt von $A(E)$ und $B(D)$].

[$A_1A=2r$ und Mittellot]

$x^2+y^2=r^2 \quad [(x-r)^2+(y-r)^2=r^2]$.

9. Auf den Gegenseiten OA und BA_1 des Rechtecks OAA_1B bewegen sich zwei Punkte D und D_1, für welche $OD \cdot BD_1$ gleich dem Quadrat über der Diagonale AB ist. Schnittpunkt von $A(D_1)$ und $A_1(D)$.

[$OA=a$; $OB=b$] $\quad (x-\frac{1}{2}a)^2+(y-\frac{1}{2}b)^2=\frac{1}{4}(a^2+b^2)$.

10. Auf der Hypotenuse $A_1A=2r$ eines rechtwinkligen Dreiecks A_1AB mit dem Winkel $A_1=\alpha$ ist ein bewegliches Lot errichtet, das die Katheten AB und A_1B in D und D_1 schneidet. Schnittpunkt von $A(D_1)$ und $A_1(D)$.

1. [A_1A und Mittellot] $\quad x^2+y^2=r^2$.
2. [BA und BA_1] $\quad (x-r\sin\alpha)^2+(y-r\cos\alpha)^2=r^2$.

11. ABA_1B_1 sind die Ecken eines Quadrates. Zwei bewegliche Punkte D und D_1, welche die Diagonale AA_1 harmonisch teilen, werden aus B und B_1 projiziert. Schnittpunkt von $B(D)$ und $B_1(D_1)$.

[$A_1A=2r$; B_1B] $\quad x^2+y^2=r^2$.

12. Über der Hälfte OA der Strecke $A_1A=2r$ ist ein Quadrat $OACB$ errichtet. Eine Parallele zu der Diagonale OC schneidet die Seiten BC und OB in D und D_1. Schnittpunkt von $A(D)$ und $A_1(D_1)$.

[OA; OB] $\quad x^2+y^2=r^2$.

13. M ist die Mitte von OA und A_1 die Mitte von OM. Um M dreht sich ein rechter Winkel, dessen Schenkel das in O auf OA errichtete Lot in D und D_1 schneiden. Schnittpunkt von $A(D)$ und $A_1(D_1)$.

[$OA=a$ und Lot in O] $\quad (x-\frac{5}{8}a)^2+y^2=(\frac{3}{8}a)^2$.

14. Auf der Seite $C_1 C = 2r$ eines Rechtecks $C_1 C A A_1$ bewegen sich zwei Punkte D und D_1, für welche $CD \cdot C_1 D_1 = -r^2$ ist. Aus den Endpunkten A_1 und A der Gegenseite werden die Punkte D_1 und D projiziert. Schnittpunkt von $A_1(D_1)$ und $A(D)$.

[$C_1 C$ und die Verbindungslinie $O O_1 = r$ der Mitten O und O_1 der Gegenseiten $C_1 C$ und $A_1 A$]

$$x^2 + (y - r)^2 = r^2.$$

---

15. Auf einer im Abstand h zum Kreisdurchmesser $A_1 A$ gezogenen Parallele bewegt sich ein Punkt P_1, dessen Polare die Tangente des Punktes A in R_1 schneidet. Schnittpunkt der durch R_1 zu $A_1 A$ und der durch P_1 zur Tangente des Punktes A gezogenen Parallele.

[$A_1 A$ und Mittellot] $$\frac{x}{r} + \frac{hy}{r^2} = 1.$$

16. Auf einer im Abstand h zum Kreisdurchmesser $A_1 A$ gezogenen Parallele bewegt sich ein Punkt P_1, dessen Polare den Durchmesser in Q_1 schneidet. Schnittpunkt des Strahles $A(P_1)$ und des in Q_1 auf $A_1 A$ errichteten Lotes.

[$A_1 A$ und Mittellot] $$\frac{1}{x - r}\left(y + \frac{hx}{r}\right) = 0.$$

17. $A_1 A$ und $B_1 B$ sind zwei aufeinander senkrecht stehende Kreisdurchmesser. Die Tangenten in A und A_1 werden von einer beweglichen Kreistangente in D und D_1 geschnitten. Schnittpunkt der durch D zu $A_1 A$ gezogenen Parallele und des Strahles $B(D_1)$.

[$A_1 A$; $B_1 B$] $$(y - r)(x - y) = 0.$$

18. $A_1 A$ und $B_1 B$ sind zwei aufeinander senkrecht stehende Kreisdurchmesser. Die Strahlen, welche einen beweglichen Kreispunkt P_1 aus A und A_1 projizieren, schneiden die Tangenten der Punkte B und B_1 in D und D_1. Schnittpunkt von $A_1(D)$ und $A(D_1)$.

[$A_1 A$; $B_1 B$] $$(x - y + r)(2x - 3y + r) = 0.$$

19. $A_1 A$ und $B_1 B$ sind zwei aufeinander senkrecht stehende Kreisdurchmesser. Der Strahl, welcher den beweglichen Kreispunkt P_1 aus B projiziert, schneidet den Durchmesser $A_1 A$ in P. Schnittpunkt der Sehne $A(P_1)$ und der Polare des Punktes P.

[$A_1 A$; $B_1 B$] $$(x - r)^2 (x + y - r)(x - y + r) = 0.$$

20. $A_1 A$ und $B_1 B$ sind zwei aufeinander senkrecht stehende Kreisdurchmesser. Die Tangenten in den Endpunkten A_1 und A werden von einer beweglichen Tangente in D_1 und D geschnitten. D und D_1 werden aus zwei Punkten C und C_1, die in der Tangente des Punktes B liegen und von B die Abstände c und c_1 haben, projiziert. Schnittpunkt von $C(D)$ und $C_1(D_1)$. [$A_1 A$; $B_1 B$]

$$\frac{y - r}{(x - c)(x - c_1)}\left[\frac{x(c + c_1)}{r^2 + cc_1} + \frac{y(r - c)(r + c_1)}{r(r^2 + cc_1)} - 1\right] = 0.$$

---

21. Um den Mittelpunkt O eines Kreises dreht sich ein rechter Winkel, dessen Schenkel die Tangenten in den Endpunkten des Kreisdurchmessers AA_1 in D und D_1 schneiden. Schnittpunkt der Polaren von D und D_1.

[$A_1 A$ und Mittellot] $\quad x^2 + y^2 = r^2$.

22. $A_1 A$ und $B_1 B$ sind zwei aufeinander senkrecht stehende Kreisdurchmesser. Um den Kreismittelpunkt O dreht sich ein rechter Winkel, dessen Schenkel die Tangenten der Punkte A und B in D und E schneiden. Schnittpunkt der Polaren von D und E.

[$A_1 A$ und $B_1 B$] $\quad (x - \frac{1}{2} r)^2 + (y - \frac{1}{2} r)^2 = \frac{1}{2} r^2$.

23. Die Tangente des festen Kreispunktes A wird von der Tangente des beweglichen Kreispunktes P_1 in D geschnitten. Schnittpunkt der Sehne $A(P_1)$ und des Halbmessers $O(D)$.

[OA und das Lot in O] $\quad (x - \frac{1}{2} r)^2 + y^2 = (\frac{1}{2} r)^2$.

24. Ein fester Punkt C ist mit dem beweglichen Kreispunkt P_1 verbunden. Ort für den Punkt, der $C(P_1)$ nach dem Verhältnis ε teilt.

[$OC = c$ und das Lot in O] $\quad \left(x - \frac{c}{1-\varepsilon}\right)^2 + y^2 = \left(\frac{\varepsilon r}{1-\varepsilon}\right)^2$.

25. Auf dem Kreisdurchmesser $A_1 A$ liegen zwei Punkte C_1 und C, für welche $C_1 O = OC = 2 OA$ ist. Eine bewegliche Kreistangente schneidet die Tangenten der Punkte A und A_1 in D und D_1. Schnittpunkt von $C(D)$ und $C_1(D_1)$.

[$A_1 A$ und Mittellot] $\quad x^2 + y^2 = (2r)^2$.

26. $A_1 A$ und $B_1 B$ sind zwei aufeinander senkrecht stehende Kreisdurchmesser. Die Geraden, welche den beweglichen Kreispunkt P_1 mit A_1 und B_1 verbinden, schneiden die Durchmesser $B_1 B$ und $A_1 A$ in E und D. Schnittpunkt von $A(E)$ und $B(D)$.

[$A_1 A$; $B_1 B$] $\quad (x - r)^2 + (y - r)^2 = r^2$.

27. C und C_1 sind zwei beliebige feste Kreispunkte und P_1 ein beweglicher Kreispunkt.

1. Zu $C_1(P_1)$ ist durch C und zu $C(P_1)$ durch C_1 die Parallele gezogen. Schnittpunkt dieser Parallelen.
2. In C ist auf $C(P_1)$ und in C_1 auf $C_1(P_1)$ das Lot errichtet. Schnittpunkt dieser Lote.

[Der zu CC_1 parallele Durchmesser und sein Mittellot; die Koordinaten des Punktes C für dies Achsenpaar sind durch c und d bezeichnet]

1. $x^2 + (y - 2d)^2 = r^2$ $\quad$ 2. $(x^2 - c^2)(x^2 + y^2 - r^2) = 0$.

28. C und C_1 sind zwei beliebige feste Kreispunkte und P_1 ein beweglicher Kreispunkt. Auf dem der Sehne $C_1 C$ parallelen Durchmesser liegen die Punkte A_1 und A so, daß der Kreismittelpunkt zugleich

der Mittelpunkt der Strecke $A_1A = 2a$ ist. Durch A ist zu $C(P_1)$ und durch A_1 zu $C_1(P_1)$ die Parallele gezogen. Schnittpunkt dieser Parallelen.

[A_1A und Mittellot] $$x^2 + \left(y + \frac{ad}{c}\right)^2 = \left(\frac{ar}{c}\right)^2.$$

29. A_1A und B_1B sind zwei aufeinander senkrecht stehende Kreisdurchmesser. Auf einer Parallele s zu A_1A bewegt sich ein Punkt P_1, dessen Polare die Gerade s in Q_1 schneidet. Schnittpunkt von $B(P_1)$ und $B_1(Q_1)$.

[A_1A; B_1B] $$x^2 + y^2 = r^2.$$

30. Die konjugierten Punkte einer Gerade, welche vom Kreismittelpunkt den Abstand h hat, werden aus dem Pol der Gerade und dem Kreismittelpunkt projiziert. Schnittpunkt dieser Projektionsstrahlen.

[Der der Gerade parallele Durchmesser und sein Mittellot]

$$x^2 + \left(y - \frac{r^2}{2h}\right)^2 = \left(\frac{r^2}{2h}\right)^2.$$

31. Die Endpunkte D und D_1 eines beweglichen Kreisdurchmessers werden aus zwei beliebigen festen Kreispunkten C und C_1 projiziert. Schnittpunkt dieser Projektionsstrahlen.

[Der der Sehne C_1C parallele Kreisdurchmesser und sein Mittellot. — $C: c; d$]

$$(x^2 - c^2)\left[x^2 + \left(y - \frac{r^2}{d}\right)^2 - \left(\frac{rc}{d}\right)^2\right] = 0.$$

---

32. Eine bewegliche Kreistangente schneidet die Tangenten in den Endpunkten des festen Durchmessers A_1A in D_1 und D. Schnittpunkt der durch D_1 zu A_1A gezogenen Parallele und des Strahls, der D aus dem Kreismittelpunkt projiziert.

[A_1A und Mittellot] $$y^2 = rx.$$

33. A_1A und B_1B sind zwei feste aufeinander senkrecht stehende Kreisdurchmesser. Ein beweglicher Kreisdurchmesser schneidet die Tangenten der Punkte A und B in D und E. Schnittpunkt der Polare von E und der durch D zu A_1A gezogenen Parallele.

[A_1A; B_1B] $$(y - \tfrac{1}{2}r)^2 = -r(x - \tfrac{1}{4}r).$$

34. Um den Endpunkt A_1 des Kreisdurchmessers A_1A dreht sich eine Gerade, die den Kreis zum zweiten Mal in P_1 und die Tangente des Endpunktes A in D schneidet. Schnittpunkt des Strahls $A(P_1)$ und der durch D zu A_1A gezogenen Parallele.

[A_1A und Mittellot] $$y^2 = -2r(x - r).$$

35. A_1A und B_1B sind zwei aufeinander senkrecht stehende Kreisdurchmesser. Auf A_1A bewegt sich ein Punkt D, dessen Polare

1. den Durchmesser A_1A, 2. die Halbierungslinie des Winkels AOB

in E schneidet. Schnittpunkt des Projektionsstrahls $B(E)$ und des in D auf A_1A errichteten Lotes.

$[A_1A;\ B_1B]$

1. $x^2 = -r(y-r)$ 2. $(x-\frac{1}{2}r)^2 = -r(y-\frac{5}{4}r)$.

36. A_1A und B_1B sind zwei aufeinander senkrecht stehende Kreisdurchmesser. Die Tangenten der Punkte A und B_1 schneiden sich in C, die Tangenten der Punkte A_1 und B in C_1. — Auf der Tangente AC bewegen sich zwei Punkte D und D_1, für welche $CD \cdot CD_1 = 2r^2$ ist. $C_1(D_1)$ schneidet A_1A in E_1. Schnittpunkt der Polare von D und des in E_1 auf A_1A errichteten Lotes.

$[A_1A;\ B_1B]$ $(x-\frac{1}{2}r)^2 = -r(y-\frac{1}{4}r)$.

37. Einem Kreise ist das Rechteck CC_1E_1E eingeschrieben. Auf dem Durchmesser B_1B, der der Seite C_1C parallel ist, bewegt sich ein Punkt D, dessen Verbindungslinien mit C und C_1 den Kreis zum zweiten Male in P und P_1 schneiden. Schnittpunkt von $E(P_1)$ und $E_1(P)$.

[Der der Seite EC parallele Durchmesser und B_1B. — $C: c; d$]

$$y^2 = c\left(x + \frac{r^2}{c}\right).$$

---

38. Die Strahlen, welche den beweglichen Kreispunkt P_1 aus den Endpunkten des Durchmessers AA_1 projizieren, schneiden die Tangenten von A_1 und A in D_1 und D. Schnittpunkt der Polaren von D_1 und D.

[A_1A und Mittellot] $\dfrac{x^2}{r^2} + \dfrac{y^2}{(r:2)^2} = 1.$

39. Um den Endpunkt A_1 des Durchmessers A_1A dreht sich ein Strahl, der die Tangente von A in D schneidet. Schnittpunkt dieses Strahls $A_1(D)$ und der Polare von D.

[A_1A und Mittellot] $\dfrac{x^2}{r^2} + \dfrac{y^2}{r^2:2} = 1.$

40. Eine bewegliche Kreistangente schneidet die Tangenten der Endpunkte A und A_1 eines Kreisdurchmessers in D und D_1. Auf $A(D_1)$ ist aus A_1 das Lot gefällt. Schnittpunkt dieses Lotes und der Polare von D.

[A_1A und Mittellot] $\dfrac{x^2}{r^2} + \dfrac{y^2}{2r^2} = 1.$

41. Eine bewegliche Tangente des Hauptkreises einer Ellipse schneidet die Tangenten der Hauptscheitel A und A_1 in D und D_1. Schnittpunkt der Brennstrahlen $F(D)$ und $G(D_1)$. [Schnittpunkt der Ellipsenpolaren von D und D_1.]

[A_1A und Mittellot]

$\dfrac{x^2}{e^2} + \dfrac{(a-e)^2y^2}{a^2e^2} = 1.$ $\left[\dfrac{x^2}{a^2} + \dfrac{y^2}{(b^2:a)^2} = 1.\right]$

42. Auf dem Kreisdurchmesser A_1A liegt ein Punkt C, der von O den Abstand c hat. Die Gerade, welche A mit dem beweglichen Kreispunkt P_1 verbindet, schneidet das in C auf A_1A errichtete Lot in D. Schnittpunkt der Sehne $A_1(P_1)$ und des Strahls, welcher D aus der Mitte M von AC projiziert.

[A_1A und Mittellot] $[x+\frac{1}{4}(r-c)]^2+\frac{1}{2}y^2=[\frac{1}{4}(3r+c)]^2$.

---

43. Die Endpunkte D und D_1 einer beweglichen Sehne, die senkrecht auf dem festen Durchmesser A_1A steht, werden

1. aus A und A_1; 2. aus den Endpunkten C und C_1 einer dem Durchmesser AA_1 parallelen Sehne projiziert. Schnittpunkt dieser Projektionsstrahlen.

[A_1A und Mittellot. — $C: c; d$]

1. $x^2-y^2=r^2$ 2. $x^2-(y-d)^2=c^2$.

---

44. A_1A und B_1B sind zwei aufeinander senkrecht stehende Kreisdurchmesser. Auf einer im Abstand h zu A_1A gezogenen Parallele bewegt sich ein Punkt P_1, dessen Polare den Durchmesser A_1A in Q_1 schneidet. Schnittpunkt von $B(P_1)$ und $B_1(Q_1)$.

[A_1A; B_1B] $\frac{(r-h)x^2}{r^3}+\frac{y^2}{r^2}=1$.

§ 3. Parabel (128).

1. Um den Endpunkt O der Strecke $OA=a$ dreht sich ein rechter Winkel, dessen einer Schenkel das in A auf OA errichtete Lot in D schneidet. Schnittpunkt des anderen Schenkels und der durch D zu OA gezogenen Parallele.

[OA und das Lot in O] $y^2=-ax$.

2. Um den beliebigen Punkt O der Strecke A_1A dreht sich ein rechter Winkel, dessen Schenkel die in A_1 und A auf A_1A errichteten Lote in D_1 und D schneiden. Schnittpunkt der durch D zu OA gezogenen Parallele und des Strahls $A(D_1)$.

[OA und das Lot in O. — $OA=a$; $OA_1=a_1$]

$$y^2=\frac{aa_1}{a-a_1}(x-a).$$

3. In den Endpunkten der Strecke $OA=a$ sind die Lote errichtet, auf denen sich die Punkte E und D bewegen, für welche $AD:OE=\varepsilon$ ist. Schnittpunkt des von O auf $A(E)$ gefällten Lotes und der durch D zu OA gezogenen Parallele.

[OA und das Lot in O] $y^2=\varepsilon ax$.

4. Auf der Seite OA des Dreiecks OAB bewegen sich zwei Punkte D und D_1, für welche $OD_1 : OD = \varepsilon$ ist. Die zu OB durch D_1 gezogene Parallele schneidet die dritte Seite AB in E_1. Schnittpunkt der durch E_1 zu OA gezogenen Parallele und des Projektionsstrahls $B(D)$.

$[OA = a;\ OB = b]$ $\qquad (y - b)^2 = \varepsilon \frac{b^2}{a} x.$

5. Eine Gerade, welche sich parallel zur Seite AB des Dreiecks OAB bewegt, schneidet die Seiten OA und OB in D und E. Schnittpunkt der durch E zu OA gezogenen Parallele und des Projektionsstrahls $B(D)$.

$[OA = a;\ OB = b]$ $\qquad \left(y - \frac{b}{2}\right)^2 = -\frac{b^2}{a}\left(x - \frac{a}{4}\right).$

6. Auf der Seite AB des Dreiecks OAB bewegen sich zwei Punkte D und D_1, für welche $AD + AD_1 = AB$ ist. Aus dem Punkt A_1, der die Seite OA nach dem Verhältnis $1:2$ teilt, wird der Punkt D auf die Mittellinie OM des Dreiecks OAB projiziert. Durch diese Projektion E des Punktes D ist zu OA die Parallele gezogen. Schnittpunkt dieser Parallele und des Projektionsstrahls $O(D_1)$.

$[OA = a;\ OB = b]$ $\qquad y^2 = \frac{b^2}{2a} x.$

7. Um den Punkt C dreht sich ein rechter Winkel, dessen Schenkel eine gegebene Gerade s in D und D_1 schneiden. D wird mit einem festen Punkt A des von C auf s gefällten Lotes CO verbunden und in D_1 wird auf s das Lot errichtet. Schnittpunkt dieses Lotes und des Projektionsstrahls $A(D)$.

$[OC$ und $s. — OC = c;\ OA = a]$ $\qquad y^2 = \frac{c^2}{a}(x - a).$

8. Auf dem einen Schenkel des Winkels O liegt der feste Punkt A; auf dem andern bewegen sich zwei Punkte E und E_1, für welche $OE \cdot OE_1 = c^2$ ist. Schnittpunkt der durch E_1 zu OA gezogenen Parallele und des Projektionsstrahls $A(E)$.

[Schenkel. — $OA = a$] $\qquad y^2 = -\frac{c^2}{a}(x - a).$

9. Auf einer Gerade, die die Strecke A_1A in O halbiert, liegt ein fester Punkt B; auf OB bewegen sich zwei Punkte E und E_1 so, daß B immer die Mitte von EE_1 ist. Schnittpunkt von $A(E)$ und $A_1(E_1)$.

$[OA = a;\ OB = b]$ $\qquad x^2 = -\frac{a^2}{b}(y - b).$

10. Auf einer Gerade s, die durch die Mitte O der Strecke A_1A geht, bewegen sich zwei Punkte E und E_1, für welche $OE + OE_1 = c$ ist. Schnittpunkt von $A(E)$ und $A_1(E_1)$.

$[OA = a; s]$ $\qquad x^2 = -\frac{2a^2}{c}\left(y - \frac{c}{2}\right).$

11. Um den Endpunkt A der Strecke $A_1A = 2a$ dreht sich ein Strahl, der das Mittellot von A_1A in E schneidet. Schnittpunkt des von A_1 auf $A(E)$ gefällten Lotes und der durch E zu A_1A gezogenen Parallele. [A_1A und Mittellot] $y^2 = a(x + a)$.

12. Um die Mitte M der Hypotenuse AB des gleichschenklig-rechtwinkligen Dreiecks OAB dreht sich ein rechter Winkel, dessen Schenkel die Katheten OA und OB in D und E schneiden. Schnittpunkt der durch E zu OA gezogenen Parallele und des Projektionsstrahls $B(D)$.

[$OA = a = OB$] $(y - a)^2 = ax$.

13. Auf den Schenkeln des Winkels O bewegen sich zwei Punkte D und E, für welche $OD + OE = b$ ist. Der Punkt D des ersten Schenkels wird aus dem festen Punkt B des zweiten Schenkels, für welchen $OB = b$ ist, projiziert und durch E wird zum ersten Schenkel die Parallele gezogen. Schnittpunkt dieser Parallele und des Projektionsstrahls $B(D)$.

[Schenkel] $(y - b)^2 = bx$.

14. Um den Schnittpunkt der Diagonalen eines Quadrats A_1ABB_1 dreht sich ein rechter Winkel, dessen Schenkel die Seite AB in D und E schneiden. Schnittpunkt von $A_1(D)$ und $B_1(E)$.

[$A_1A = 2a$ und Mittellot] $(y - a)^2 = -ax$.

15. Auf der Seite OA des Parallelogramms $OACB$ bewegt sich ein Punkt D, der mit den Ecken C und B verbunden ist. Schnittpunkt der durch O zu $B(D)$ gezogenen Parallele und des Projektionsstrahls $C(D)$. [$OA = a$; $OB = b$] $y^2 = \frac{b^2}{a}x$.

16. Auf den Gegenseiten OA und BC des Parallelogramms $OACB$ bewegen sich zwei Punkte D und D_1 so, daß $OD \cdot BD_1 = OA^2$ ist. Schnittpunkt der durch D zu OB gezogenen Parallele und des Projektionsstrahls $O(D_1)$.

[$OA = a$; $OB = b$] $x^2 = \frac{a^2}{b}y$.

17. Durch die Ecken A und A_1 des Dreiecks A_1AB sind zu der Mittellinie OB die Parallelen gezogen. Um die Ecke B dreht sich ein Strahl, der diese Parallelen in D und D_1 schneidet. Schnittpunkt von $A(D_1)$ und $A_1(D)$.

[$OA = a$; $OB = b$] $x^2 = -\frac{2a^2}{b}\left(y - \frac{b}{2}\right)$.

18. Eine Parallele zur Seite OB des Dreiecks OAB schneidet die Seiten OA und AB in D und F. Schnittpunkt der durch F zu OA gezogenen Parallele und des Projektionsstrahls $B(D)$.

[$OA = a$; $OB = b$] $(y - b)^2 = \frac{b^2}{a}x$.

19. Durch die Ecke B des Dreiecks OAB ist zur Seite OA die Parallele gezogen. Auf dieser bewegt sich ein Punkt D, der mit O und A verbunden ist. Schnittpunkt der durch B zu OD gezogenen Parallele und des Projektionsstrahls $A(D)$.

$$[OA = a;\ OB = b] \qquad (y - b)^2 = \frac{b^2}{a} x.$$

20. Auf einer im Abstand h zu $A_1A = 2a$ gezogenen Parallele bewegt sich ein Punkt D, auf dessen Verbindungslinien mit A und A_1 in A und A_1 die Lote errichtet sind. Schnittpunkt dieser Lote.

$$[A_1A \text{ und Mittellot}] \qquad x^2 = h\left(y + \frac{a^2}{h}\right).$$

21. Zu der Diagonale AB des Parallelogramms $OACB$ ist eine bewegliche Parallele gezogen, welche die Seiten OA und OB in D und E schneidet. Schnittpunkt der durch E zu OA gezogenen Parallele und des Projektionsstrahls $C(D)$.

$$[OA = a;\ OB = b] \qquad (y - b)^2 = -\frac{b^2}{a}(x - a).$$

22. Auf der Mittellinie OM des Dreiecks OAB bewegt sich ein Punkt P, durch den Parallelen zu den Seiten OA und OB gezogen sind, welche OB und OA in R und Q schneiden. Schnittpunkt der Parallele PR und des Projektionsstrahls $B(Q)$.

$$[OA = a;\ OB = b] \qquad \left(y - \frac{b}{2}\right)^2 = -\frac{b^2}{a}\left(x - \frac{a}{4}\right).$$

23. Auf den Schenkeln OA und OB des gleichschenkligen Dreiecks OAB bewegen sich zwei Punkte D und E, für welche $AD : BE = 2$ ist. Schnittpunkt der durch E zu OA gezogenen Parallele und des Projektionsstrahls $B(D)$.

$$[OA = a = OB] \qquad (y - \tfrac{3}{4}a)^2 = -\tfrac{1}{2}a(x - \tfrac{1}{8}a).$$

24. Auf den Seiten OA und OB des Dreiecks OAB bewegen sich zwei Punkte D und E, für welche $BE : AD = \varepsilon$ ist. Schnittpunkt der durch E zu OA gezogenen Parallele und des Projektionsstrahls $B(D)$.

$$[OA = a;\ OB = b] \qquad \left[y - \left(b - \frac{\varepsilon a}{2}\right)\right]^2 = -\varepsilon b\left(x - \frac{\varepsilon a^2}{4b}\right).$$

25. Auf den Seiten $OA = a$ und $OB = b$ eines Dreiecks OAB bewegen sich zwei Punkte D und E, für welche $OD \cdot BE = ab$ ist. Schnittpunkt von $A(E)$ und $B(D)$.

$$[OA;\ OB] \qquad x^2 = -\frac{a^2}{b}(y - b).$$

26. Auf den Seiten $OA = a$ und $OB = b$ eines Dreiecks OAB bewegen sich zwei Punkte D und E, für welche $OD + BE = a + b$

ist. Schnittpunkt der durch D zu OB gezogenen Parallele und des Projektionsstrahls $A(E)$.

$$[OA;\ OB] \qquad [x-(a+b)]^2 = a\left(y+\frac{b^2}{a}\right).$$

27. Die Diagonalen $A_1A = 2a$ und $B_1B = 2b$ eines Parallelogramms schneiden sich in O. Zu der Diagonale A_1A ist eine Parallele gezogen, welche auf OB die Strecke $OC = 2b$ abschneidet. Auf dieser Parallele bewegt sich ein Punkt D, der mit A und A_1 verbunden ist. Schnittpunkt der durch B und B_1 zu $A(D)$ und $A_1(D)$ gezogenen Parallelen.

$$[OA;\ OB] \qquad y^2 = -\frac{2b^2}{a}\left(x-\frac{a}{2}\right).$$

28. Um die Mitte O der Hypotenuse $A_1A = 2a$ eines gleichschenklig-rechtwinkligen Dreiecks A_1AB dreht sich ein rechter Winkel, dessen Schenkel die Katheten AB und A_1B in D und D_1 schneiden. Die Punkte D und D_1 werden aus den Mitten C und C_1 von OA und OA_1 projiziert. Schnittpunkt dieser Projektionsstrahlen $C(D)$ und $C_1(D_1)$.

$$[OA;\ OB] \qquad x^2 = -\tfrac{1}{2}a\left(y-\tfrac{1}{2}a\right).$$

29. Um die Ecke C des Rechtecks $OACB$ dreht sich ein rechter Winkel, dessen Schenkel die Seiten $OA = a$ und $OB = b$ in D und E schneiden. Schnittpunkt der durch E zu OA gezogenen Parallele und des Projektionsstrahls $B(D)$.

$$[OA;\ OB] \qquad \left(y-\frac{a^2+2b^2}{2b}\right)^2 = a\left(x+\frac{a^3}{4b^2}\right).$$

30. A_1ACC_1 ist ein Rechteck mit den Seiten $A_1A = 2a$ und $AC = 3a$. Auf der Seite A_1A bewegt sich ein Punkt P, dessen Verbindungslinien mit C und C_1 die Diagonalen AC_1 und A_1C in D und D_1 schneiden. Schnittpunkt von $A(D_1)$ und $A_1(D)$.

$$[A_1A \text{ und Mittellot}] \qquad x^2 = -\tfrac{4}{3}a\left(y-\tfrac{3}{4}a\right).$$

31. Auf der Grundlinie $C_1C = a$ eines Trapezes C_1CAA_1 bewegen sich zwei Punkte D und D_1, für welche $CD \cdot C_1D_1 = -a^2:4$ ist. Aus den Endpunkten A und A_1 der zweiten Grundlinie $A_1A = 2a$ werden die Punkte D und D_1 projiziert. Schnittpunkt von $A(D)$ und $A_1(D_1)$.

[C_1C und die Verbindungslinie $MM_1 = b$ der Mitten M und M_1 von C_1C und A_1A]

$$x^2 = \frac{a^2}{b}y.$$

32. Um den Schnittpunkt M der Diagonalen des Rechtecks $OACB$ dreht sich ein rechter Winkel, dessen Schenkel die anstoßenden Seiten AC und CB in D und E schneiden. Schnittpunkt der durch D zu OA gezogenen Parallele und des Projektionsstrahls $O(E)$.

$[OA = a;\ OB = b]$ $\left(y - \frac{a^2 + b^2}{4b}\right)^2 = -a\left[x - \frac{(a^2 + b^2)^2}{16ab^2}\right].$

33. Um die Ecke B des Dreiecks A_1AB dreht sich ein Strahl, welcher die Geraden, die die Ecken A und A_1 mit der Mitte M der Mittellinie OB verbinden, in D und D_1 schneidet. Schnittpunkt von $A(D_1)$ und $A_1(D)$.

$[OA = a;\ OB = b]$ $x^2 = -\frac{2a^2}{b}\left(y - \frac{b}{2}\right).$

34. Auf der Seite AB des Dreiecks OAB bewegen sich zwei Punkte D und E, für welche $AD \cdot BE = -AB^2$ ist. Schnittpunkt der durch E zu OA gezogenen Parallele und des Projektionsstrahls $O(D)$.

$[OA = a;\ OB = b]$ $y^2 = -\frac{b^2}{a}x.$

---

35. Zur Tangente des beweglichen Parabelpunktes P_1 ist durch den Brennpunkt F die Parallele gezogen, welche die Scheitelsehne $K(P_1)$ in P schneidet. Ort für P.

[Achse und Scheiteltangente] $x = -\frac{1}{2}p.$

36. Durch den beweglichen Parabelpunkt P_1 ist die Tangente und der Durchmesser gezogen. Schnittpunkt des Durchmessers und des vom Brennpunkt auf die Tangente gefällten Lotes.

[Achse und Scheiteltangente] $y(x + \frac{1}{2}p) = 0.$

37. Auf der Parabelsehne $K(P_1)$, die sich um den Scheitel K dreht, ist in K das Lot errichtet. Schnittpunkt dieses Lotes und des Durchmessers von P_1.

[Achse und Scheiteltangente] $y(x + 2p) = 0.$

38. Auf dem Durchmesser und der Tangente des festen Parabelpunktes O bewegen sich zwei Punkte D und E, für welche $OE : OD = \varepsilon$ ist. Schnittpunkt der Polaren von D und E.

[Durchmesser und Tangente von O] $x\left(y + \frac{p}{\varepsilon}\right) = 0.$

39. Auf dem Durchmesser des Parabelpunktes O liegen zwei feste Punkte S und S_1, für welche $S_1O = OS = a$ ist. Auf den durch S und S_1 zur Tangente von O gezogenen Parallelen bewegen sich zwei Punkte D und D_1, für welche $S(D) \cdot S_1(D_1) = a^2$ ist. Schnittpunkt der Polare von D_1 und des Projektionsstrahls $S_1(D)$.

[Durchmesser und Tangente von O] $y\left(x - a\frac{(2p + a)}{2p - a}\right) = 0.$

40. Der Durchmesser des beweglichen Parabelpunktes P_1 schneidet die auf der Achse senkrechte Brennpunktssehne E_2E_1 in R_1. Schnittpunkt der Scheitelsehne $K(P_1)$ und der durch R_1 zu KE_1 gezogenen Parallele.

[Achse und Scheiteltangente] $(y - 2x)(y + p) = 0.$

41. Um den Scheitel K einer Parabel dreht sich ein rechter Winkel; der eine Schenkel schneidet die Parabel zum zweiten Male in P_1, der andere schneidet eine im Abstand h zur Achse gezogene Parallele in D. Schnittpunkt des Durchmessers von P_1 und des Brennstrahles $F(D)$.

[Achse und Scheiteltangente] $y(2hx + py + 3ph) = 0$.

42. Ein beweglicher Parabelpunkt P_1 ist mit dem Scheitel K und dem einen Endpunkt E_1 der auf der Achse senkrecht stehenden Brennpunktssehne verbunden. Durch die Pole der Parabelsehnen $K(P_1)$ und $E_1(P_1)$ sind Parallelen zur Achse und zur Scheiteltangente gezogen. Schnittpunkt dieser Parallelen.

[Achse und Scheiteltangente] $y = x$.

43. Die Tangente in dem Endpunkt E_1 der auf der Achse senkrecht stehenden Brennpunktssehne E_2E_1 wird von der Tangente des beweglichen Parabelpunktes P_1 in D geschnitten. Schnittpunkt des Brennstrahls $F(D)$ und der Sehne $E_2(P_1)$.

[Achse und Scheiteltangente] $(x - \frac{1}{2}p)(x + \frac{1}{2}p) = 0$.

44. Um den Scheitel K einer Parabel dreht sich ein rechter Winkel, dessen Schenkel die Tangente des Endpunktes E_1 der auf der Achse senkrecht stehenden Brennpunktssehne in D_1 und die uneigentliche Gerade in D_2 schneiden. Schnittpunkt des Brennstrahls $F(D_1)$ und der Polare von D_2.

[Achse und Scheiteltangente] $y(x + y + \frac{3}{2}p) = 0$.

---

45. In der Richtlinie einer Parabel bewegt sich ein Punkt D, zu dessen Brennstrahl $F(D)$ durch den Scheitel K die Parallele gezogen ist. Schnittpunkt dieser Parallele und der Polare von D.

[Achse und Scheiteltangente] $(x - \frac{1}{4}p)^2 + y^2 = (\frac{1}{4}p)^2$.

---

46. Die Tangente des festen Parabelpunktes O wird von der Tangente des beweglichen Parabelpunktes P_1 in D geschnitten. Schnittpunkt des durch D gehenden Parabeldurchmessers und der Sehne $O(P_1)$ [und der durch O zur Tangente von P_1 gezogenen Parallele].

[Durchmesser und Tangente von O] $y^2 = px$ $[y^2 = \frac{1}{2}px]$.

47. Die Tangente des Endpunktes E_1 der auf der Parabelachse senkrecht stehenden Brennpunktssehne wird von der Tangente des beweglichen Parabelpunktes P_1 in D geschnitten. Schnittpunkt des durch D gehenden Parabeldurchmessers und der Sehne $E_1(P_1)$.

[Achse und Scheiteltangente der Parabel] $(y - \frac{1}{2}p)^2 = p(x - \frac{1}{4}p)$.

48. Die Endpunkte P_1 und P_2 einer beweglichen Parabelsehne, welche der Tangente des festen Parabelpunktes O parallel bleibt, werden aus O und dem uneigentlichen Parabelpunkt W projiziert. Schnittpunkt dieser Projektionsstrahlen.

[Durchmesser und Tangente von O] $y^2 = -2px$.

49. Auf dem Durchmesser des festen Parabelpunktes O bewegen sich zwei Punkte D und D_1, für welche $OD \cdot OD_1 = - b^2$ ist. Auf der Tangente des Punktes O liegt ein fester Punkt B, für welchen $OB = b$ ist. Schnittpunkt des Projektionsstrahls $B(D_1)$ und der Polare von D.

[Durchmesser und Tangente von O] $\quad x^2 = - b(y - b)$.

50. Auf dem Durchmesser des Parabelpunktes O liegt ein fester Punkt A, für welchen $OA = a$ ist; die Tangente des beweglichen Parabelpunktes P_1 schneidet die Tangente von O in D. Schnittpunkt des Durchmessers von $D[P_1]$ und der durch A zur Tangente von P_1 gezogenen Parallele.

[Durchmesser und Tangente von O]

$y^2 = \frac{1}{2} p(x - a)$ $\quad [y^2 = p(x - a)]$.

51. Zu der Tangente des festen Parabelpunktes O ist eine Parallele s gezogen, welche auf dem Durchmesser von O die Strecke $OA = a$ abschneidet; auf s bewegt sich der Punkt D. Schnittpunkt des Durchmessers und der Polare von D.

[Durchmesser und Tangente von O] $\quad y^2 = p(x + a)$.

52. Um den Brennpunkt F einer Parabel dreht sich ein rechter Winkel, dessen Schenkel die Tangenten in den Endpunkten E_1 und E_2 der auf der Achse senkrecht stehenden Brennpunktssehne in D_1 und D_2 schneiden. Schnittpunkt der Polaren von D_1 und D_2.

[Achse und Scheiteltangente] $\quad y^2 = 2px$.

53. Um den Scheitel K einer Parabel dreht sich ein Strahl, der die Tangente des Endpunktes E_1 der auf der Achse senkrecht stehenden Brennpunktssehne in D_1 und die uneigentliche Gerade in D_2 schneidet. Schnittpunkt des Brennstrahls $F(D_1)$ und der Polare von D_2.

[Achse und Scheiteltangente] $\quad (y - \frac{1}{4}p)^2 = \frac{1}{2}p(x - \frac{3}{8}p)$.

54. Um den Scheitel K einer Parabel dreht sich ein rechter Winkel, dessen Schenkel die Parabel zum zweiten Male in P_1 und P_2 schneiden; die Tangente in P_1 schneidet die Tangente des Scheitels K in D. Schnittpunkt des Brennstrahls $F(D)$ und der durch P_2 zur Achse gezogenen Parallele.

[Achse und Scheiteltangente] $\quad y^2 = 4p(x - \frac{1}{2}p)$.

55. Der eine Schenkel eines rechten Winkels, der sich um den Scheitel K einer Parabel dreht, schneidet die Richtlinie in D_1, der andere die Parabel zum zweiten Male in P_2. Schnittpunkt der Polare von D_1 und des Durchmessers von P_2.

[Achse und Scheiteltangente] $\quad y^2 = 4p(x - \frac{1}{2}p)$.

56. Ein beweglicher Parabelpunkt P_1 ist mit dem Scheitel K und dem einen Endpunkt E_1 der auf der Achse senkrecht stehenden Brennpunktssehne verbunden. Schnittpunkt der in K und E_1 auf $K(P_1)$ und $E_1(P_1)$ errichteten Lote [Schnittpunkt der Höhen des Dreiecks KE_1P_1]

[Achse und Scheiteltangente]

$(x - \frac{5}{4}p)^2 = -p(y - \frac{25}{16}p)$ $\quad$ $[(x + \frac{3}{4}p)^2 = p(y + \frac{9}{16}p)]$.

---

57. Auf dem Durchmesser des Parabelpunktes O liegt ein fester Punkt A, für welchen $OA = a$ ist; auf der Tangente von O bewegen sich zwei Punkte D und D_1, für welche $OD_1 : OD = p : a$ ist. Schnittpunkt des Projektionsstrahls $A(D)$ und der Polare von D_1.

[Durchmesser und Tangente von O] $\quad$ $(x - \frac{1}{2}a)^2 + y^2 = (\frac{1}{2}a)^2$.

58. Die Tangente des Scheitels K wird von der Tangente des beweglichen Parabelpunktes P_1 in D geschnitten. Schnittpunkt des Brennstrahls $F(D)$ und der Sehne $K(P_1)$.

[Achse und Scheiteltangente] $\quad$ $(x - \frac{1}{4}p)^2 + \frac{1}{2}y^2 = (\frac{1}{4}p)^2$.

59. Vom Fußpunkt H der Richtlinie ist auf die Tangente des beweglichen Parabelpunktes P_1 das Lot gefällt. Schnittpunkt dieses Lotes und der Scheitelsehne $K(P_1)$.

[Achse und Scheiteltangente] $\quad$ $\dfrac{(x + \frac{1}{4}p)^2}{(\frac{1}{4}p)^2} + \dfrac{y^2}{\frac{1}{8}p^2} = 1$.

60. Die Geraden, welche den beweglichen Parabelpunkt P_1 mit den Endpunkten E_1 und E_2 der auf der Achse senkrecht stehenden Brennpunktssehne verbinden, schneiden die Richtlinie in D_1 und D_2. Schnittpunkt der Strahlen $K(D_1)$ und $F(D_2)$, welche D_1 und D_2 aus dem Scheitel K und dem Brennpunkt F projizieren.

[Achse und Scheiteltangente] $\quad$ $\dfrac{(x - \frac{1}{4}p)^2}{(\frac{1}{4}p)^2} + \dfrac{y^2}{\frac{1}{8}p^2} = 1$.

61. Um den Scheitel K dreht sich ein rechter Winkel, dessen Schenkel die Parabel zum zweiten Male in P_1 und P_2 schneiden. Die Punkte P_1 und P_2 werden aus den Endpunkten E_1 und E_2 der auf der Achse senkrecht stehenden Brennpunktssehne projiziert. Schnittpunkt dieser Projektionsstrahlen $E_1(P_1)$ und $E_2(P_2)$.

[Achse und Scheiteltangente] $\quad$ $\dfrac{x^2}{p^2} + \dfrac{y^2}{\frac{4}{3}p^2} = 1$.

62. Die Tangenten der Endpunkte E_1 und E_2 der auf der Achse senkrecht stehenden Brennpunktssehne werden von der Tangente des beweglichen Parabelpunktes P_1 in D_1 und D_2 geschnitten. Schnittpunkt von $E_1(D_2)$ und $E_2(D_1)$.

[Achse und Scheiteltangente] $\quad$ $(x - \frac{5}{6}p)^2 + \frac{1}{3}y^2 = (\frac{2}{3}p)^2$.

63. Die Tangenten der Endpunkte E_1 und E_2 der auf der Achse senkrecht stehenden Brennpunktssehne werden von den Geraden, welche

den beweglichen Parabelpunkt P_1 mit E_2 und E_1 verbinden, in D_1 und D_2 geschnitten. Schnittpunkt der Polaren von D_1 und D_2.

[Achse und Scheiteltangente] $\quad (x - \frac{5}{6}p)^2 + \frac{1}{3}y^2 = (\frac{2}{3}p)^2.$

---

64. Durch den Brennpunkt F ist zur Tangente des beweglichen Parabelpunktes P_1 die Parallele gezogen und der Punkt A_1, in dem die Tangente von P_1 die Scheiteltangente schneidet, ist mit dem Fußpunkt H der Richtlinie verbunden. Schnittpunkt dieser Verbindungslinie $H(A_1)$ und des zur Tangente von P_1 parallelen Brennstrahls.

[Achse und Scheiteltangente] $\quad x^2 - y^2 = (\frac{1}{2}p)^2.$

65. Um den Scheitel K einer Parabel dreht sich ein rechter Winkel, dessen Schenkel die auf der Achse senkrecht stehende Brennpunktssehne in D_1 und die Richtlinie in D_2 schneiden. Schnittpunkt der Polaren von D_1 und D_2.

[Achse und Scheiteltangente] $\quad \frac{x^2}{(\frac{1}{2}p)^2} - \frac{y^2}{p^2} = 1.$

66. Die Tangenten der Endpunkte E_1 und E_2 der auf der Achse senkrecht stehenden Brennpunktssehne werden von den Geraden, welche den beweglichen Parabelpunkt P_1 mit E_2 und E_1 verbinden, in D_1 und D_2 geschnitten. Schnittpunkt der in D_1 und D_2 auf den Tangenten von E_1 und E_2 errichteten Lote.

[Achse und Scheiteltangente] $\quad (x + \frac{7}{6}p)^2 - y^2 = (\frac{4}{3}p)^2.$

---

67. Um den Punkt C der Parabelachse dreht sich ein Strahl, der die Parabel in P_1 und P_2 schneidet; die Punkte P_1 und P_2 sind mit den Endpunkten E_1 und E_2 der auf der Achse senkrecht stehenden Brennpunktssehne verbunden. Schnittpunkt von $E_1(P_1)$ und $E_2(P_2)$.

[Achse und Scheiteltangente] $\quad \frac{x^2}{\frac{cp}{2}} + \frac{y^2}{\frac{p^2 \cdot 2c}{2c - p}} = 1.$

§ 4. Ellipse (139).

1. Auf der Diagonale B_1B des Parallelogramms ABA_1B_1 bewegen sich zwei Punkte E und E_1, die mit B und B_1 einen harmonischen Wurf bilden. Schnittpunkt von $A(E)$ und $A_1(E_1)$.

[A_1A; B_1B] $\quad \frac{x^2}{a^2} + \frac{y^2}{b^2} = 1.$

2. Parallel zur Mittellinie OB eines Dreiecks A_1AB bewegt sich eine Gerade, die die Seiten AB und A_1B in D und D_1 schneidet. Schnittpunkt von $A(D_1)$ und $A_1(D)$.

[$OA = a$; $OB = b$] $\quad \frac{x^2}{a^2} + \frac{y^2}{b^2} = 1.$

3. Auf den Seiten $OA = a$ und $OB = b$ des Dreiecks OAB bewegen sich zwei Punkte D und E, für welche $AD \cdot BE = 2ab$ ist. Schnittpunkt von $A(E)$ und $B(D)$.

$$[OA;\ OB] \qquad \frac{x^2}{a^2} + \frac{y^2}{b^2} = 1.$$

4. Auf den Gegenseiten AB und A_1B_1 des Parallelogramms A_1ABB_1 bewegen sich zwei Punkte D und D_1 so, daß $AD \cdot A_1D_1 = AB^2$ ist. Schnittpunkt von $A(D_1)$ und $A_1(D)$.

[$A_1A = 2a$ und die durch die Mitte O von A_1A zu $AB = 2b$ gezogene Parallele]

$$\frac{x^2}{a^2} + \frac{y^2}{b^2} = 1.$$

5. Parallel zur Diagonale OC des Parallelogramms $OACB$ bewegt sich eine Gerade, welche die anstoßenden Seiten OB und BC in E und D schneidet. E wird aus dem Punkt A_1, der OA nach dem Verhältnis $1:2$ teilt, projiziert und D aus A. Schnittpunkt von $A_1(E)$ und $A(D)$.

$$[OA = a;\ OB = b] \qquad \frac{x^2}{a^2} + \frac{y^2}{b^2} = 1.$$

6. Auf den Diagonalen $A_1A = 2a$ und $B_1B = 2b$ eines Parallelogramms ABA_1B_1 bewegen sich zwei Punkte D und E, für welche $A_1D \cdot B_1E = 2ab$ ist. Schnittpunkt von $A(E)$ und $B(D)$.

$$[A_1A;\ B_1B] \qquad \frac{(x-a)^2}{a^2} + \frac{(y-b)^2}{b^2} = 1.$$

7. Auf einer Gerade liegen die drei Strecken $OA_1 = A_1C = CA = a$. Um C dreht sich ein rechter Winkel, dessen Schenkel das in O auf OA errichtete Lot in D und D_1 schneiden. Schnittpunkt von $A(D)$ und $A_1(D_1)$.

$$[OA \text{ und das Lot in } O] \qquad \frac{(x-2a)^2}{a^2} + \frac{y^2}{\frac{4}{3}a^2} = 1.$$

8. Auf dem in der Mitte O von A_1A errichteten Lot bewegen sich zwei Punkte D und D_1, für welche $OD \cdot OD_1 = c^2$ ist. A ist mit D und A_1 mit D_1 verbunden; aus A ist auf $A_1(D_1)$ und aus A_1 auf $A(D)$ das Lot gefällt. Schnittpunkt dieser Lote.

$$[A_1A \text{ und Mittellot}] \qquad \frac{x^2}{a^2} + \frac{y^2}{(a^2:c)^2} = 1.$$

9. Auf der Seite $C_1C = 2a$ eines Parallelogramms C_1CAA_1 bewegen sich zwei Punkte D und D_1, für welche $CD \cdot C_1D_1 = -a^2$ ist. Schnittpunkt von $A(D)$ und $A_1(D_1)$

[C_1C und die Verbindungslinie $MM_1 = b$ der Mitten von C_1C und A_1A]

$$\frac{x^2}{a^2} + \frac{(y-b)^2}{b^2} = 1.$$

10. Auf den Diagonalen OC und AB des Parallelogramms $OACB$ bewegen sich zwei Punkte D und D_1 so, daß ihre Verbindungslinie der Seite OA parallel ist. Schnittpunkt von $O(D_1)$ und $B(D)$.

$$[OA = 2a;\ OB = 2b] \qquad \frac{x^2}{a^2} + \frac{(y-b)^2}{b^2} = 1.$$

11. Parallel zu den Grundlinien $AB = 2c$ und $A_1B_1 = 2d$ eines Trapezes A_1ABB_1 bewegt sich eine Gerade, die die Diagonalen A_1B und AB_1 in E und E_1 schneidet. Schnittpunkt von $A(E)$ und $A_1(E_1)$.

[Die Seite $A_1A = 2a$ und die durch ihre Mitte gehende Parallele zu AB]

$$\frac{x^2}{a^2} + \frac{y^2}{cd} = 1.$$

12. Parallel zur Seite A_1B des Parallelogramms ABA_1B_1 bewegt sich eine Gerade, die die Diagonalen A_1A und B_1B in D und E schneidet. Schnittpunkt von $A(E)$ und $B(D)$.

[Die Diagonalen $A_1A = 2a$ und $B_1B = 2b$]

$$\frac{(x-\frac{1}{2}a)^2}{\frac{1}{2}a^2} + \frac{(y-\frac{1}{2}b)^2}{\frac{1}{2}b^2} = 1.$$

13. Auf der Diagonale OC des Parallelogramms $OACB$ bewegt sich ein Punkt P_1, durch den zu den Seiten OA und OB Parallelen gezogen sind, die OB und OA in R_1 und Q_1 schneiden. Aus dem Punkt A_1, der die Seite OA nach dem Verhältnis $1:2$ teilt, wird R_1 und aus B der Punkt Q_1 projiziert. Schnittpunkt von $A_1(R_1)$ und $B(Q_1)$.

$$[OA = 2a;\ OB = 2b] \qquad \frac{(x+a)^2}{2a^2} + \frac{(y-b)^2}{2b^2} = 1.$$

14. Um die Mitte O der Hypotenuse $A_1A = 2a$ eines gleichschenklig-rechtwinkligen Dreiecks A_1AB dreht sich ein rechter Winkel, dessen Schenkel die Katheten AB und A_1B in D und D_1 schneiden. Schnittpunkt von $A(D_1)$ und $A_1(D)$.

$$[OA;\ OB] \qquad \frac{x^2}{\frac{4}{3}a^2} + \frac{(y+\frac{1}{3}a)^2}{(\frac{2}{3}a^2)} = 1.$$

15. Der Punkt D teilt die Seite AB des Dreiecks A_1AB nach demselben Verhältnis wie der Punkt D_1 die Seite BA_1 (nicht A_1B). Schnittpunkt von $A(D_1)$ und $A_1(D)$.

[Die Seite $A_1A = 2a$ und ihre Mittellinie $OB = b$]

$$\frac{x^2}{\frac{4}{3}a^2} + \frac{(y+\frac{1}{3}b)^2}{(\frac{2}{3}b^2)} = 1.$$

16. Auf der Seite $A_1A = a$ des Dreiecks A_1AB gleitet eine Strecke Q_1Q von der unveränderlichen Größe $Q_1Q = a$. Die durch Q_1 und Q zu der Mittellinie $OB = b$ gezogenen Parallelen schneiden die Seiten BA_1 und BA in D_1 und D. Schnittpunkt von $A(D_1)$ und $A_1(D)$.

$[OA;\ OB]$ $$\frac{x^2}{\frac{4}{3}a^2}+\frac{(y+\frac{1}{3}b)^2}{(\frac{2}{3}b)^2}=1.$$

17. Auf der Höhe AH des gleichschenklig-rechtwinkligen Dreiecks A$S_1 S$ mit der Hypotenuse $S_1 S=a$ liegt ein Punkt T so, daß der Fußpunkt H der Höhe die Mitte von AT ist. Ein beweglicher Strahl von T schneidet die Katheten AS und AS_1 in D_1 und D. Schnittpunkt von $S(D)$ und $S_1(D_1)$.

[AH und das in A auf AH errichtete Lot] $$\frac{(x-\frac{1}{3}a)^2}{(\frac{2}{3}a)^2}+\frac{y^2}{\frac{4}{3}a^2}=1.$$

18. Um die Ecke T des Dreiecks $S_1 S T$ dreht sich ein Strahl, der die Geraden, welche S und S_1 mit dem Schwerpunkt A verbinden, in D_1 und D schneidet. Schnittpunkt von $S(D)$ und $S_1(D_1)$.

[Die Seite $S_1 S=2a$ und ihre Mittellinie $OT=b$]

$$\frac{x^2}{\frac{4}{3}a^2}+\frac{(y+\frac{1}{3}b)^2}{(\frac{2}{3}b)^2}=1.$$

19. Auf der Seite $S_1 S$ des Dreiecks $S_1 S T$ bewegt sich ein Punkt P_1, durch den zu den Seiten TS und TS_1 Parallelen gezogen sind. Schneiden diese Parallelen die Seiten TS_1 und TS in D und D_1, so ist der Ort für den Schnittpunkt der Verbindungslinien $S(D)$ und $S_1(D_1)$ eine Ellipse, die die Seiten TS und $T_1 S_1$ in S und S_1 berührt und durch den Schwerpunkt des Dreiecks $S_1 S T$ geht.

[Die Seite $S_1 S=2a$ und ihre Mittellinie $OT=b$]

$$\frac{x^2}{\frac{4}{3}a^2}+\frac{(y+\frac{1}{3}b)^2}{(\frac{2}{3}b)^2}=1.$$

---

20. Um den Mittelpunkt einer Ellipse dreht sich ein rechter Winkel, dessen Schenkel die Tangenten der Hauptscheitel A und A_1 in D und D_1 schneiden. Schnittpunkt der durch D zur Hauptachse gezogenen Parallele und der Polare von D_1.

[Achsen der Ellipse] $$y\left[x-\frac{a(a^2-b^2)}{b^2}\right]=0.$$

---

21. Um den Mittelpunkt O einer Ellipse dreht sich ein Strahl, der die Tangente des Hauptscheitels A in D und die Tangente des Nebenscheitels B in E schneidet. Schnittpunkt der Polare von D und der durch E zur Nebenachse gezogenen Parallele.

[Achsen der Ellipse] $$\left(x-\frac{a}{2}\right)^2=-\frac{a^2}{b}\left(y-\frac{b}{4}\right).$$

22. Auf einem beliebigen Durchmesser einer Ellipse mit dem Mittelpunkt O bewegt sich ein Punkt D und auf der Tangente seines einen Endpunktes A ein Punkt E so, daß $OD:AE=a:b$ ist, d. h. gleich

dem Verhältnis des Durchmessers und des ihm konjugierten. Schnittpunkt der Polaren von D und E.

[Die beiden konjugierten Durchmesser] $\left(x-\frac{a}{2}\right)^2=-\frac{a^2}{b}\left(y-\frac{b}{4}\right)$.

23. A_1A und B_1B sind zwei konjugierte Durchmesser einer Ellipse mit dem Mittelpunkt O. Die Strahlen, welche den beweglichen Ellipsenpunkt P_1 aus A und A_1 projizieren, schneiden eine Parallele zu A_1A, welche auf B_1B die Strecke $OC=2b$ abschneidet, in D und D_1. Schnittpunkt von $A_1(D)$ und $A(D_1)$.

[$OA=a$; $OB=b$] $x^2=-\frac{2a^2}{b}\left(y-\frac{b}{2}\right)$.

24. Eine bewegliche Ellipsentangente schneidet die Tangenten der Nebenscheitel B und B_1 in E und E_1. Schnittpunkt des durch E gehenden Durchmessers und der durch E_1 zur Nebenachse gezogenen Parallele.

[Achsen der Ellipse] $x^2=\frac{a^2}{b}y$.

25. Auf der kleinen Achse einer Ellipse bewegt sich ein Punkt P_1, dessen Verbindungslinie mit dem Hauptscheitel A die Ellipse zum zweiten Male in P_2 schneidet. Schnittpunkt des in P_1 auf der Nebenachse errichteten Lotes und der Gerade, welche den Ellipsenpunkt P_2 mit dem zweiten Hauptscheitel A_1 verbindet.

[Achsen der Ellipse] $y^2=\frac{b^2}{a}(x+a)$.

26. Die Tangente des Nebenscheitels B einer Ellipse wird von zwei beweglichen konjugierten Durchmessern in E und E_1 geschnitten. Schnittpunkt der Strahlen, durch welche E und E_1 aus den Hauptscheiteln A und A_1 projiziert werden.

[Achsen der Ellipse] $x^2=-\frac{2a^2}{b}\left(y-\frac{b}{2}\right)$.

---

27. Um den Mittelpunkt O einer Ellipse dreht sich ein rechter Winkel, dessen Schenkel die Tangenten der Hauptscheitel A und A_1 in D und D_1 schneiden. Schnittpunkt der Polaren von D und D_1.

[Achsen der Ellipse] $\frac{x^2}{a^2}+\frac{y^2}{(b^2:a)^2}=1$.

28. Zwei bewegliche konjugierte Durchmesser schneiden die Tangenten der Hauptscheitel A und A_1 in D und D_1. Schnittpunkt von $A(D_1)$ und $A_1(D)$.

[Achsen der Ellipse] $\frac{x^2}{a^2}+\frac{y^2}{(\frac{1}{2}b)^2}=1$.

29. Auf die beiden Strahlen, welche einen beweglichen Ellipsenpunkt P_1 aus den beiden Hauptscheiteln A und A_1 projizieren, sind aus den beiden Brennpunkten F und G die Lote gefällt. Schnittpunkt dieser Lote.

[Achsen der Ellipse] $$\frac{x^2}{e^2} + \frac{y^2}{(ae:b)^2} = 1.$$

30. Zwei bewegliche konjugierte Ellipsendurchmesser schneiden die beiden Richtlinien in D und D_1. Schnittpunkt der Polaren von D und D_1.

[Achsen der Ellipse] $$\frac{x^2}{e^2} + \frac{y^2}{(be:a)^2} = 1.$$

31. Um den Mittelpunkt einer Ellipse dreht sich ein rechter Winkel, dessen Schenkel die beiden Richtlinien in D und D_1 schneiden. Schnittpunkt der Polaren von D und D_1. [Schnittpunkt der Brennstrahlen $F(D)$ und $G(D_1)$].

[Achsen der Ellipse] $$\frac{x^2}{e^2} + \frac{y^2}{(b^2e:a^2)^2} = 1 \qquad \left[\frac{x^2}{e^2} + \frac{y^2}{(a^2e:b^2)^2} = 1\right].$$

32. Eine bewegliche Ellipsentangente schneidet die Tangenten der Hauptscheitel A und A_1 in D und D_1. Auf die Verbindungslinie $A_1(D)$ ist vom Brennpunkt F und auf die Verbindungslinie $A(D_1)$ vom Brennpunkt G das Lot gefällt. Schnittpunkt dieser Lote.

[Achsen der Ellipse] $$\frac{x^2}{e^2} + \frac{y^2}{(2ae:b)^2} - 1.$$

33. Zwei bewegliche konjugierte Durchmesser einer Ellipse schneiden [Eine bewegliche Ellipsentangente schneidet] die Tangenten der Hauptscheitel A und A_1 in D und D_1. Schnittpunkt der Brennstrahlen $F(D)$ und $G(D_1)$.

[Achsen der Ellipse] $$\frac{x^2}{e^2} + \frac{(a-e)^2 y^2}{b^2e^2} = 1.$$

34. Um den einen Brennpunkt F dreht sich ein Strahl, dessen Pol mit dem andern Brennpunkt G verbunden wird. Schnittpunkt von Strahl und Verbindungslinie (Mit anderen Worten: Ort für den Schnittpunkt der konjugierten Strahlen der beiden Brennpunkte).

[Achsen der Ellipse] $$\frac{x^2}{e^2} + \frac{(a^2+e^2)y^2}{b^2e^2}.$$

35. Um den Hauptscheitel A dreht sich ein Strahl, der die Ellipse in P_1 und die Tangente des zweiten Hauptscheitels A_1 in D_1 schneidet. Schnittpunkt der Sehne $A_1(P_1)$ und des durch D_1 gehenden Durchmessers $O(D_1)$.

[Achsen der Ellipse] $$\frac{(x+\frac{1}{2}a)^2}{(\frac{1}{2}a)^2} + \frac{y^2}{\frac{1}{2}b^2} = 1.$$

36. Auf einer beliebigen Gerade s bewegt sich ein Punkt P_1. Schnittpunkt der Polare und des Durchmessers von P_1.

[Der der Gerade s parallele Durchmesser und sein konjugierter, auf dem s die Strecke c abschneidet.]

$$\frac{x^2}{(ab:2c)^2}+\frac{\left(y-\frac{b^2}{2c}\right)^2}{(b^2:2c)^2}=1.$$

37. Aus dem Hauptscheitel A ist auf einem beweglichen Durchmesser und aus dem zweiten Hauptscheitel A_1 auf den konjugierten Durchmesser das Lot gefällt. Schnittpunkt dieser Lote.

[Achsen der Ellipse] $$\frac{x^2}{a^2}+\frac{y^2}{(a^2:b)^2}=1.$$

38. Ein beweglicher Ellipsenpunkt P_1 ist mit den Hauptscheiteln A und A_1 verbunden. Die in A und A_1 auf den Sehnen $A(P_1)$ und $A_1(P_1)$ errichteten Lote schneiden die Nebenachse in E und E_1. Schnittpunkt von $A(E_1)$ und $A_1(E)$ [$A(E)$ und $A_1(E_1)$].

[Achsen der Ellipse] $$\frac{x^2}{a^2}+\frac{y^2}{(a^2:b)^2}=1.$$

39. Aus dem einen Hauptscheitel A ist auf einen beweglichen Durchmesser und auf den ihm konjugierten Durchmesser aus dem entfernteren Brennpunkt G das Lot gefällt. Schnittpunkt dieser Lote.

[Achsen der Ellipse] $$\frac{[x-\frac{1}{2}(a-e)]^2}{[\frac{1}{2}(a+e)]^2}+\frac{4(a-e)y^2}{a^2(a+e)}=1.$$

40. Ein beweglicher Ellipsendurchmesser schneidet die Richtlinie des Brennpunktes G in D_1; der konjugierte Durchmesser schneidet die zweite Richtlinie in D. Die Punkte D dieser zweiten Richtlinie werden aus dem nähern Hauptscheitel A projiziert. Schnittpunkt von $A(D)$ und $G(D_1)$.

[Achsen der Ellipse] $$\frac{[x-\frac{1}{2}(a-e)]^2}{[\frac{1}{2}(a+e)]^2}+\frac{4(a-e)y^2}{a(a+e)^2}=1.$$

41. Die konjugierten Punkte D und D_1 einer Richtlinie werden aus dem nähern Scheitel A und dem Mittelpunkt O projiziert. Schnittpunkt von $A(D)$ und $O(D_1)$.

[Achsen der Ellipse] $$\frac{(x-\frac{1}{2}a)^2}{(\frac{1}{2}a)^2}+\frac{4ay^2}{(a^2-e^2)(a+e)}=1.$$

---

42. Auf den sich in O schneidenden Diagonalen des einer Ellipse umgeschriebenen Rechtecks bewegen sich zwei Punkte D und D_1, für welche $OD\cdot OD_1=a^2+b^2$ ist. Schnittpunkt der Polaren von D und D_1.

[Achsen der Ellipse] $$\frac{x^2}{a^2}-\frac{y^2}{b^2}=1.$$

43. Die Endpunkte D und D_1 einer beweglichen Ellipsensehne von konstanter Richtung werden

1. aus den Endpunkten A und A_1 des konjugierten Durchmessers,
2. aus den Endpunkten C und C_1 einer festen Sehne von konjugierter Richtung projiziert. Schnittpunkt der Projektionsstrahlen.

[$A_1 A = 2a$ und der konjugierte Durchmesser $2b$. — $C: c; d$]

$$1.\ \frac{x^2}{a^2} - \frac{y^2}{b^2} = 1, \qquad 2.\ \frac{x^2}{c^2} - \frac{(y-d)^2}{b^2 - d^2} = 1$$

oder

$$\frac{x^2}{c^2} - \frac{(y-d)^2}{(bc:a)^2} = 1.$$

44. Aus den Punkten D und D_1, in denen eine bewegliche Ellipsentangente die Tangenten der Hauptscheitel A und A_1 schneidet [in denen zwei konjugierte Durchmesser die beiden Richtlinien schneiden], sind auf die Geraden BA und BA_1, welche den Nebenscheitel B mit A und A_1 verbinden, die Lote gefällt. Schnittpunkt dieser Lote.

[Achsen der Ellipse]

$$-\frac{x^2}{(b^2:a)^2} + \frac{\left(y + \frac{a^2}{b}\right)^2}{b^2} = 1 \qquad \left[-\frac{x^2}{(b^2:e)^2} + \frac{\left(y - \frac{a^3}{be}\right)^2}{(ab:e)^2} = 1\right].$$

45. $A_1 A$ und $B_1 B$ sind zwei konjugierte Ellipsendurchmesser. Die Strahlen, welche einen beweglichen Ellipsenpunkt P_1 aus A_1 und A projizieren, schneiden Durchmesser und Tangente von B in D_1 und E. Der Punkt E wird aus dem Schnittpunkt C_1 der Tangenten in A und B_1 und der Punkt D_1 aus A projiziert. Schnittpunkt von $C_1(E)$ und $A(D_1)$.

[$A_1 A = 2a$; $B_1 B = 2b$] $$-\frac{(x-a)^2}{\frac{1}{8}a^2} + \frac{(y + \frac{1}{2}b)^2}{(\frac{1}{2}b)^2} = 1.$$

46. Auf einer Gerade, welche von der Nebenachse einer Ellipse die Entfernung c hat, bewegt sich ein Punkt P_1, der mit dem Mittelpunkt O und einem beliebigen Punkt S der Hauptachse, für welchen $OS = s$ ist, verbunden ist. Schnittpunkt des Projektionsstrahls $S(P_1)$ und des dem Durchmesser $O(P_1)$ konjugierten Durchmessers.

[Achsen der Ellipse] $$\frac{(x - \frac{1}{2}s)^2}{(\frac{1}{2}s^2)} + \frac{4a^2(c-s)y^2}{b^2 c s^2} = 1.$$

47. $A_1 A$ und $B_1 B$ sind zwei konjugierte Durchmesser einer Ellipse mit dem Mittelpunkt O. Die Strahlen, welche den beweglichen Ellipsenpunkt P_1 aus A und A_1 projizieren, schneiden eine Parallele zu $A_1 A$, welche auf $B_1 B$ die Strecke $OC = c$ abschneidet, in D und D_1. Schnittpunkt von $A_1(D)$ und $A(D_1)$.

[$A_1 A = 2a$; $B_1 B = 2b$] $$-\frac{x^2}{\frac{a^2 c^2}{4b^2 - c^2}} + \frac{\left(y - \frac{2b^2 c}{4b^2 - c^2}\right)^2}{\left(\frac{bc^2}{4b^2 - c^2}\right)^2} = 1.$$

§ 5. Hyperbel.

1. Auf der Diagonale OC des Parallelogramms $OACB$ bewegt sich eine Strecke DD_1 von der konstanten Länge CO (nicht OC). D ist mit A verbunden und D_1 mit dem Punkt A_1, der OA nach dem Verhältnis 1 : 2 teilt. Schnittpunkt von $A(D)$ und $A_1(D_1)$.

$[OA = a;\ OB = b]$ $\qquad \frac{x^2}{a^2} - \frac{y^2}{b^2} = 1.$

2. Von einem gleichschenkligen Trapez A_1ADD_1 ist die Seite A_1A fest und ebenso die Richtungen der Grundlinien AD und A_1D_1. Bewegt sich nun die Seite DD_1 unter Beibehaltung ihrer Richtung, so beschreibt der Schnittpunkt der Diagonalen $A(D_1)$ und $A_1(D)$ eine gleichseitige Hyperbel.

[Die Seite $A_1A = 2a$ und die sie halbierende Parallele zu DD_1]

$x^2 - y^2 = a^2.$

3. Zu der Diagonale A_1B des Parallelogramms A_1ABB_1 ist eine bewegliche Parallele gezogen, die die Gegenseiten AB und A_1B_1 in D und D_1 schneidet. Schnittpunkt von $A(D_1)$ und $A_1(D)$.

$[A_1A = 2a;\ A_1B = 2d]$ $\qquad \frac{(x-a)^2}{a^2} - \frac{y^2}{d^2} = 1.$

4. Die Grundlinie A_1A des Dreiecks A_1AB wird durch D und D_1 harmonisch geteilt. Durch D ist zu AB und durch D_1 zu A_1B die Parallele gezogen. Schnittpunkt dieser Parallelen.

[$A_1A = 2a$ und die Mittellinie $OB = b$] $\qquad \frac{x^2}{a^2} - \frac{y^2}{b^2} = 1.$

5. Auf dem einen Schenkel des Winkels $A = 135^0$ liegt der feste Punkt A_1, auf dem andern bewegt sich der Punkt D. Schnittpunkt der Verbindungslinie $A_1(D)$ und des Mittellotes von AD.

[$A_1A = 2a$ und Mittellot] $\qquad x^2 - y^2 = a^2.$

6. Auf der Diagonale AB_1 des Quadrates A_1ABB_1 bewegt sich ein Punkt P_1, der mit den Endpunkten A_1 und B der andern Diagonale verbunden ist. Auf $A_1(P_1)$ ist aus A und auf $B(P_1)$ aus der Mitte O von A_1A das Lot gefällt. Schnittpunkt dieser Lote.

[$A_1A = 2a$ und Mittellot] $\qquad (x - \tfrac{1}{2}a)^2 - y^2 = (\tfrac{1}{2}a)^2.$

7. Auf der Kathete BA des gleichschenklig-rechtwinkligen Dreiecks A_1AB bewegt sich ein Punkt P_1, der mit A_1 und der Mitte M der zweiten Kathete BA_1 verbunden ist. Auf $A_1(P_1)$ ist aus A und auf $M(P_1)$ aus der Mitte O von A_1A das Lot gefällt. Schnittpunkt dieser Lote.

$[OA = a;\ OB = b]$ $\qquad -(x - \tfrac{1}{2}a)^2 + (y - \tfrac{3}{2}a)^2 = 2a^2.$

8. Um die Mitte M der Hypotenuse B_1B eines gleichschenklig-rechtwinkligen Dreiecks OB_1B dreht sich ein Strahl, der die Katheten

OB und OB_1 in E und E_1 schneidet. Schnittpunkt der in E und E_1 auf den Katheten errichteten Lote.

[$OM = a$ und das Lot in O auf OM] $\quad (x-a)^2 - y^2 = a^2$.

9. Auf der Höhe OB des gleichschenkligen Dreiecks A_1AB bewegen sich zwei Punkte D und D_1, für welche $OD \cdot OD_1 = c^2$ ist. Schnittpunkt der von D und D_1 auf AB und A_1B gefällten Lote.

[$OA = a$; $OB = b$] $\quad -\frac{x^2}{(bc:a)^2} + \frac{y^2}{c^2} = 1$.

10. Auf den Gegenseiten AB und B_1A_1 des Parallelogramms ABA_1B_1 bewegen sich zwei Punkte D und D_1, für welche $AD \cdot A_1D_1 = AB \cdot A_1B_1$ ist. Schnittpunkt von $A(D_1)$ und $A_1(D)$.

[Die Diagonale $A_1A = 2a$ und die durch die Mitte von A_1A zu $AB = b$ gezogene Parallele]

$$\frac{x^2}{a^2} - \frac{y^2}{(\frac{1}{2}b)^2} = 1.$$

11. Auf der Seite $C_1C = 2a$ eines Parallelogramms C_1CAA_1 bewegen sich zwei Punkte D und D_1, für welche $CD \cdot C_1D_1 = -a^2$ ist. Aus den Endpunkten A_1 und A der Gegenseite werden die Punkte D und D_1 projiziert. Schnittpunkt von $A_1(D)$ und $A(D_1)$.

[C_1C und die Verbindungslinie $MM_1 = b$ der Mitten M und M_1 von C_1C und A_1A]

$$-\frac{x^2}{\frac{1}{2}a^2} + \frac{(y-\frac{1}{2}b)^2}{(\frac{1}{2}b)^2} = 1.$$

12. Parallel zu den Grundlinien $AB = 2c$ und $B_1A_1 = 2d$ eines Trapezes ABA_1B_1 bewegt sich eine Gerade, die die Seiten A_1B und AB_1 in E und E_1 schneidet. Schnittpunkt von $A(E)$ und $A_1(E_1)$.

[Die Diagonale $A_1A = 2a$ und die sie halbierende Parallele zu den Grundlinien]

$$\frac{x^2}{a^2} - \frac{y^2}{cd} = 1.$$

13. Um den Schwerpunkt S des Dreiecks A_1AB dreht sich ein Strahl, der die Seiten AB und A_1B in D und D_1 schneidet. Schnittpunkt von $A(D_1)$ und $A_1(D)$.

[Die Seite $A_1A = 2a$ und ihre Mittellinie $OB = b$]

$$-\frac{x^2}{\frac{4}{3}a^2} + \frac{(y-\frac{2}{3}b)^2}{(\frac{2}{3}b)^2} = 1.$$

14. A_1ACC_1 ist ein gleichschenkliges Trapez mit den Grundlinien $A_1A = 4a$ und $C_1C = 2a$ und der Höhe $3a$. Auf der Grundlinie A_1A bewegt sich ein Punkt P_1, dessen Verbindungslinien mit C und C_1 die Diagonalen AC_1 und A_1C in D und D_1 schneiden. Schnittpunkt von $A(D_1)$ und $A_1(D)$.

[Die Grundlinie A_1A und ihr Mittellot]

$$-\frac{x^2}{\frac{36}{5}a^2}+\frac{(y-\frac{18}{5}a)^2}{(\frac{12}{5}a)^2}=1.$$

15. Auf den Schenkeln eines Winkels $O=2\varphi$ bewegen sich zwei Punkte D und E, für welche $OD\cdot OE=c^2$ ist. Durch D und E sind zu den Schenkeln die Parallelen gezogen. Schnittpunkt dieser Parallelen.

[Die Halbierungslinien des Winkels O] $\quad \frac{x^2}{4c^2\cos\varphi^2}-\frac{y^2}{4c^2\sin\varphi^2}=1.$

16. Um den Punkt T der Diagonale B_1B eines Parallelogramms ABA_1B_1 dreht sich ein Strahl, der die Gegenseiten AB und A_1B_1 in D und D_1 schneidet. Schnittpunkt von $A(D_1)$ und $A_1(D)$.

[Die Diagonalen $A_1A=2a$ und $B_1B=2b$, die sich in M schneiden; $MT=\frac{1}{2}b$]

$$-\frac{x^2}{3a^2}+\frac{(y-2b)^2}{3b^2}=1.$$

---

17. Um den Scheitel A einer Hyperbel dreht sich ein rechter Winkel, dessen einer Schenkel die Nebenachse in E schneidet. Schnittpunkt des andern Schenkels und der Polare von E.

[Achsen der Hyperbel] $\quad y\left(x-a+\frac{b^2}{a}\right)=0.$

---

18. Die Tangenten der Endpunkte eines Hyperbeldurchmessers A_1A werden von einer beweglichen Tangente in D_1 und D geschnitten. Schnittpunkt des Projektionsstrahls $A_1(D)$ und der durch D_1 zu A_1A gezogenen Parallele.

[A_1A und der konjugierte Durchmesser] $\quad y^2=-\frac{b^2}{2a}(x+a).$

19. Zu der Tangente des Hyperbelpunktes A ist durch den Mittelpunkt O der Hyperbel die Parallele gezogen; auf der Tangente und dem parallelen Durchmesser bewegen sich zwei Punkte D und D_1, für welche $AD\cdot OD_1=b^2$ ist. Schnittpunkt der Polaren von D und D_1.

[$OA=a$ und der konjugierte Durchmesser] $\quad y^2=-\frac{b^2}{a}(x-a).$

20. Die Schenkel eines rechten Winkels, der sich um den Scheitel A einer Hyperbel dreht, schneiden die Hyperbel in P_1 und die Nebenachse in E; der Hyperbelpunkt P_1 ist mit dem zweiten Scheitel A_1 verbunden. Schnittpunkt dieser Verbindungslinie $A_1(P_1)$ und der Polare von E.

[Achsen der Hyperbel] $\quad y^2=-\frac{b^4}{a^3}(x+a).$

---

21. Aus dem einen Scheitel A einer Hyperbel ist auf einen beweglichen Durchmesser und auf den ihm konjugierten Durchmesser aus dem andern Scheitel A_1 das Lot gefällt. Schnittpunkt dieser Lote.

[Achsen der Hyperbel] $$\frac{x^2}{a^2} - \frac{y^2}{(a^2 : b)^2} = 1.$$

22. Um den einen Scheitel A_1 einer Hyperbel dreht sich ein Strahl, der die Tangente des andern Scheitels A in D schneidet. Schnittpunkt dieses Strahls $A_1(D)$ und der Polare von D.

[Achsen der Hyperbel] $$\frac{x^2}{a^2} - \frac{y^2}{\frac{1}{2} b^2} = 1.$$

23. Auf den Asymptoten einer Hyperbel bewegen sich zwei Punkte D und E, deren Abszissen die konstante Differenz a haben. Schnittpunkt der Polaren von D und E.

[Achsen der Hyperbel] $$-\frac{x^2}{a^2} + \frac{(y \pm b)^2}{b^2} = 1.$$

24. Die Scheiteltangenten einer Hyperbel werden von einer beweglichen Tangente in D und D_1 geschnitten. Schnittpunkt der Brennstrahlen $F(D)$ und $G(D_1)$.

[Achsen der Hyperbel] $$\frac{x^2}{e^2} - \frac{(a - e)^2 y^2}{b^2 e^2} = 1.$$

25. Zwei konjugierte Durchmesser einer Hyperbel schneiden die beiden Richtlinien in D und D_1. Schnittpunkt der Brennstrahlen $F(D)$ und $G(D_1)$.

[Achsen der Hyperbel] $$\frac{x^2}{e^2} - \frac{y^2}{(be : a)^2} = 1.$$

26. Auf der Richtlinie des Brennpunktes F bewegt sich ein Punkt D, der mit dem zweiten Brennpunkt G verbunden ist. Schnittpunkt des Projektionsstrahls $G(D)$ und der Polare von D.

[Achsen der Hyperbel] $$\frac{x^2}{e^2} - \frac{(a^2 + b^2) y^2}{b^2 e^2} = 1.$$

27. Die Scheiteltangenten einer Hyperbel werden von einer beweglichen Tangente des zugehörigen Hauptkreises in D und D_1 geschnitten. Schnittpunkt der von D und D_1 auf die Asymptoten gefällten Lote.

[Achsen der Hyperbel] $$-\frac{x^2}{b^2} + \frac{\left(y - \frac{a^2}{b}\right)^2}{a^2} = 1.$$

28. Ein beweglicher Hyperbelpunkt P_1 ist mit den Scheiteln A und A_1 verbunden; $A(P_1)$ schneidet die erste Asymptote in D, $A_1(P_1)$ die zweite Asymptote in D_1. O ist der Mittelpunkt der Hyperbel, M die Mitte von OA und M_1 die Mitte von OA_1. Schnittpunkt der Projektionsstrahlen $M(D)$ und $M_1(D_1)$.

[Achsen der Hyperbel] $\frac{x^2}{\frac{1}{8}a^2} - \frac{(y+\frac{1}{2}b)^2}{(\frac{1}{2}b)^2} = 1.$

29. Durch einen beweglichen Hyperbelpunkt P_1 sind Parallelen zu den Asymptoten gezogen, welche die Asymptoten in D und D_1 schneiden.

[Achsen der Hyperbel]

1. Schnittpunkt der in D und D_1 auf den Asymptoten errichteten Lote.

$$\frac{x^2}{\left(\frac{a^2+b^2}{2a}\right)^2} - \frac{y^2}{\left(\frac{a^2+b^2}{2b}\right)^2} = 1.$$

2. Schnittpunkt der Brennstrahlen $F(D)$ und $G(D_1)$.

$$[b^2x^2 - (ay+be)^2]\left[\frac{x^2}{\frac{4e^4}{4e^2+a^2}} - \frac{\left(y+\frac{abe}{4e^2+a^2}\right)^2}{\left(\frac{2be^2}{4e^2+a^2}\right)^2} - 1\right] = 0.$$

§ 6. Kegelschnitt.

1. Auf einer Gerade s, die die Strecke A_1A in O schneidet, bewegen sich zwei Punkte D und D_1, für welche $OD \cdot OD_1 = b^2$ ist. Schnittpunkt von $A(D)$ und $A_1(D_1)$.

[$OA = a$ und s; $OA_1 = a_1$]

$$\frac{[x-\frac{1}{2}(a+a_1)]^2}{\left(\frac{a-a_1}{2}\right)^2} - \frac{y^2}{\frac{b^2(a-a_1)^2}{4aa_1}} = 1.$$

2. Auf dem einen Schenkel des rechten Winkels O liegen die Punkte AA_1S. Um S dreht sich ein rechter Winkel, dessen Schenkel den zweiten Schenkel von O in D und D_1 schneiden. Schnittpunkt von $A(D)$ und $A_1(D_1)$.

[Die Schenkel des Winkels O; $OA = a$; $OA_1 = a_1$; $OS = s$]

$$\frac{[x-\frac{1}{2}(a+a_1)]^2}{\left(\frac{a-a_1}{2}\right)^2} + \frac{y^2}{\frac{s^2(a-a_1)^2}{4aa_1}} = 1.$$

3. Auf dem einen Schenkel des Winkels O liegen die festen Punkte A und A_1, auf dem andern Schenkel liegt der feste Punkt B. Zum Schenkel OB ist eine bewegliche Parallele gezogen, welche die Verbindungslinien AB und A_1B in D und D_1 schneidet. Schnittpunkt von $A(D_1)$ und $A_1(D)$.

[$OA = a$; $OB = b$. — $OA_1 = a_1$]

$$\frac{[x-\frac{1}{2}(a+a_1)]^2}{\left(\frac{a-a_1}{2}\right)^2} - \frac{y^2}{\frac{b^2(a-a_1)^2}{4aa_1}} = 1.$$

4. Auf der Mittellinie OB des Dreiecks A_1AB bewegen sich zwei Punkte D und D_1, für welche $BD \cdot BD_1 = c^2$ ist. Schnittpunkt von $A(D)$ und $A_1(D_1)$.

$$[OA = a;\; OB = b] \qquad \frac{(c^2 - b^2)x^2}{a^2c^2} + \frac{(y-b)^2}{c^2} = 1.$$

5. Die Schenkel eines rechten Winkels, der sich um die Mitte O von $E_1E = 2a$ dreht, schneiden eine im Abstand $h[a]$ zu E_1E gezogene Parallele in D und D_1. Schnittpunkt der Projektionsstrahlen $E(D)$ und $E_1(D_1)$.

[Achsen der Hyperbel]

$$-\frac{x^2}{\frac{a^2h^2}{a^2-h^2}} + \frac{\left(y - \frac{a^2h}{a^2-h^2}\right)^2}{\left(\frac{ah^2}{a^2-h^2}\right)^2} = 1. \qquad [x^2 = -2a(y - \tfrac{1}{2}a)].$$

6. Um die Mitte O der Hypotenuse $A_1A = 2a$ eines gleichschenklig-rechtwinkligen Dreiecks A_1AB dreht sich ein rechter Winkel, dessen Schenkel die Katheten AB und A_1B in D und D_1 schneiden. Die Punkte D und D_1 werden aus den Punkten C und C_1 der Hypotenuse A_1A projiziert. Schnittpunkt von $A(D_1)$ und $A_1(D)$.

$$[OA;\; OB. - C_1O = OC = c] \qquad \frac{x^2}{\frac{c^2(c-a)^2}{a(a-2c)}} + \frac{\left(y + \frac{c^2}{a-2c}\right)^2}{\left[\frac{c(c-a)}{a-2c}\right]^2} = 1.$$

7. Auf der Gerade, welche die Mitten M und O der Seiten $A_1A = 2a$ und A_1B des Dreiecks A_1AB verbindet, liegt der Punkt T. Um diesen dreht sich ein Strahl, welcher die Seite $AB = 2b$ in D und die Seite A_1B in D_1 schneidet. Schnittpunkt von $A(D_1)$ und $A_1(D)$.

$$[MA;\; MT = s] \qquad \frac{sx^2}{a^2(s-b)} - \frac{(y-b)^2}{b(s-b)} = 1.$$

8. Auf der Grundlinie C_1C eines Trapezes C_1CAA_1 bewegen sich zwei Punkte D und D_1, für welche $CD \cdot C_1D_1 = -c^2$ ist. Schnittpunkt von $A(D)$ und $A_1(D_1)$ [Schnittpunkt von $A(D_1)$ und $A_1(D)$].

[C_1C und die Verbindungslinie $MM_1 = b$ der Mitten M und M_1 der Grundlinien $C_1C = 2c$ und $A_1A = 2a$]

$$\frac{x^2}{\frac{ac^2}{2c-a}} + \frac{\left(y - \frac{bc}{2c-a}\right)^2}{\left(\frac{bc}{2c-a}\right)^2} = 1 \quad \left[-\frac{x^2}{\frac{ac^2}{2c+a}} + \frac{\left(y - \frac{bc}{2c+a}\right)^2}{\left(\frac{bc}{2c+a}\right)^2} = 1\right].$$

MIX
Papier | Fördert gute Waldnutzung
FSC® C083411

Zeitfracht Medien GmbH
Ferdinand-Jühlke-Straße 7
99095 Erfurt, Deutschland
produktsicherheit@kolibri360.de